A mi madre, Ana,
que me inició en el gusto por las Matemáticas

Un Club matemático para la diversidad

Mª Luz Callejo de la Vega
Departamento de Didáctica de las Matemáticas
I.E.P.S. (Instituto de Estudios Pedagógicos Somosaguas)
Madrid

Prólogo: Miguel de Guzmán
Universidad Complutense de Madrid

NARCEA, S.A. DE EDICIONES

Dr. Federico Rubio y Galí, 9. 28039 Madrid
I.S.B.N.: 84-277-1070-4
Depósito legal: M. 4.523-1994
Impreso en España. Printed in Spain
Impresión: Grafiris. Fuenlabrada (Madrid)

Indice

Presentación de la colección «Secundaria *para todos*»

Uno de los desafíos más importantes con que se enfrenta hoy el profesorado es el de atender a las distintas necesidades educativas de sus alumnos y alumnas. Si quieren llevar a cabo una enseñanza eficaz, es esencial que reflexionen continuamente y adapten la enseñanza a las características diversas de su alumnado. El proceso de enseñanza y aprendizaje tendrá éxito en la medida en que cada profesor o profesora adecue su intervención y responda a la diversidad de *capacidades, intereses, motivaciones* y *estilos* peculiares de aprender que se manifiestan en cualquier grupo-clase. La individualización de la enseñanza es, desde este punto de vista, una difícil meta de todo Sistema educativo, porque integrar la diversidad en los Centros educativos no consiste en irla eliminando ni en actuar como si ésta no existiera. Los Centros no son instrumentos de igualación, sino ámbitos donde todos los alumnos y alumnas tienen las mismas posibilidades de progresar, según sus características personales y sociales, y de recibir una educación de calidad que les permita incorporarse a la sociedad con plenos derechos y deberes.

Salir al encuentro de las necesidades educativas especiales en la escuela ordinaria implica mucho más que abrir sus puertas y admitir a todos los niños. Requiere un planteamiento radical de lo que *todos* los Centros tienen que ofrecer *a todos* los niños y niñas.

Este reto educativo y político supone una búsqueda de soluciones para aunar elementos básicos de currículo, como son: tronco común y optatividad, contenidos académicos y funcionales, tratamiento común e individualizado.

Desde una perspectiva estrictamente curricular son varias las vías de respuesta que propone el Ministerio de

Educación en la actual Reforma de las Enseñanzas [1]. Estas no deben contemplarse como respuestas alternativas, sino más bien simultáneas y complementarias. En los Diseños Curriculares aparecen las siguientes: la propia naturaleza de Diseño Curricular Base (DCB), abierto y flexible y con distintos niveles de concreción; la optatividad curricular; las adaptaciones curriculares; la diversificación y los programas de garantía social.

Desde esta progresión, se entiende la *atención a la diversidad* como uno de los ejes vertebradores del currículo de Educación Secundaria.

La finalidad que persigue el modelo que se ha adoptado en la propuesta curricular de la Reforma educativa es proponer desde la Administración «un currículo lo suficientemente abierto, flexible y general como para responder a las necesidades que son comunes al conjunto de la población escolar y dejar que sean los docentes —que son quienes conocen directamente los rasgos peculiares de su alumnado— quienes vayan concretando las intenciones educativas en sucesivos pasos, ajustándose progresivamente a las necesidades específicas de los distintos alumnos y alumnas» [2].

Una vía privilegiada de atención a la diversidad es la *Programación* que cada profesor o profesora elabora para su grupo-clase. En ella ha de tener en cuenta una serie de aspectos que permitan individualizar lo más posible el proceso de enseñanza-aprendizaje.

La *optatividad* es otra de las vías de atención a la diversidad. Su objetivo es ofrecer a todo el alumnado la posibilidad de alcanzar los objetivos generales de la Etapa, en cuanto a capacidades, «siguiendo itinerarios diferentes de contenidos, favoreciendo los aprendizajes globalizados y funcionales y facilitando así la transición a la vida adulta al ampliar la oferta educativa y las posibilidades de orientación dentro de ella».

No se pueden olvidar aquí los aspectos *transversales* del currículo ni la ampliación de contenidos hacia campos culturales y profesionales diversos. También

---

[1] Véase, Ley Orgánica de Ordenación General del Sistema Educativo (LOGSE) y disposiciones legales posteriores.

[2] MEC (1992): *Adaptaciones Curriculares*. Cajas Rojas. Sobre este tema, ver SANTAMARTA, A. (1993): *El reconocimiento de la diversidad en la organización del curriculum*. IEPS, Madrid.

desde este ángulo se acerca nuestra Colección a la diversidad.

La Colección «*Secundaria para todos*» responde a estas iniciativas oficiales de *atención a la diversidad,* desde el convencimiento de que asegurar la calidad de la enseñanza es uno de los retos fundamentales de la educación del futuro, en la cual el docente es el elemento clave. Abordar su permanente renovación y dotarle de los materiales adecuados es contribuir a asegurar la calidad educativa que deseamos ante el carácter mutable, diversificado y complejo de la sociedad del futuro.

Narcea, S. A. de Ediciones continúa así su ininterrumpida trayectoria de colaboración a la formación del profesorado, en la que lleva trabajando desde el inicio de su actividad y en la que ocupa sin duda un puesto destacado.

Cada volumen de esta Colección aborda, junto a una reflexión sobre la *diversidad,* temas referidos a las distintas *Áreas del Currículo de Secundaria.* Entre ellos se ofrecen, desde el marco conceptual y la legislación vigente, modelos de programaciones, adaptaciones curriculares, actividades y Unidades didácticas experimentadas en el aula. Los libros que la componen son producto de la experiencia de un amplio sector de profesionales. Aunque están escritos fundamentalmente para profesores, su lectura resulta esencial para todos los interesados en mejorar la Educación, tanto desde la política, como desde la familia, la tutoría, la orientación o la docencia.

Prólogo

El núcleo fundamental de la actividad matemática es sin duda la resolución de problemas. Por ello no resulta nada extraño el hecho de que la investigación actual en Educación Matemática consagre una buena parte de sus esfuerzos a desentrañar en qué consiste la actividad eficaz de resolución de problemas y cuáles son los mecanismos adecuados para conseguir que los estudiantes de Matemáticas de diferentes niveles logren convertirse en expertos resolutores de problemas. El ejercicio de la mente humana es aún demasiado misterioso para nosotros.

La actividad de **resolución de problemas** *tiene muchos rasgos comunes con el ejercicio de un arte, como por ejemplo la pintura. En ambos casos hay muchos aspectos transmisibles del buen quehacer del gran experto, del gran artista. Esta transmisión tiene lugar adentrándose en el taller del experto, adivinando sus esquemas de percepción, de pensamiento, reflexionando explícitamente sobre las formas peculiares de proceder del maestro, tratando de mirar las cosas con una mirada diferente, experimentando de cerca cómo moldea inicialmente la materia de que va a tratar, cómo prepara sus instrumentos, los adecuados para cada tarea, cómo en los ratos de estancamiento hace vagar su mente a través de lo hondo de su experiencia por si allí se encontrara un atisbo de inspiración.*

Más adelante el discípulo se coloca él mismo ante problemas semejantes, unos tal vez propuestos por el maestro, otros los que a él mismo le surgen de modo espontáneo o rebuscando en el ambiente. Se embarca, se adentra, se obsesiona, se atasca, se bloquea, se acerca al maestro buscando consejo... En el mismo taller hay otros discípulos tratando de absorber el estilo de pensamiento y acción del maestro, así como sus técnicas. Los que están en estadios más avanzados tal vez son capaces de ayudar a los más nuevos. Tal vez perciben mejor las dificultades del que comienza.

Poco a poco se va haciendo el discípulo más independiente, es capaz de enfrentarse sin tanta ayuda con problemas más intrincados, propios, se pregunta a sí mismo por otros retos que el maestro mismo no ha atacado, los resuelve de modo original, se adentra en otras escuelas, se entera de los otros problemas que allí están aún vivos, les aplica sus técnicas, las que él conoce y que allí resultan aún inéditas, tal vez con ello logra obtener la solución de situaciones que en esa nueva escuela no era posible resolver.

Una clase de Matemáticas a cualquier nivel debería parecerse a un ejercicio de adquisición de percepciones y capacidades nuevas por parte de los alumnos semejante al descrito. Sería magnífico que cada uno de nuestros profesores fuera capaz de engendrar un clima en que esta capacidad de gustar la belleza del ejercicio de la Matemática fuera desarrollándose en sus alumnos. Cuando tiene lugar una tal situación, la vivencia deja en los alumnos una marca permanente.

A esto, que no suele ser posible en circunstancias normales, María Luz Callejo se ha aproximado mediante la puesta en marcha de un Club matemático. Estudiantes con un interés intenso por las Matemáticas se reúnen periódicamente para trabajar juntos en la actividad más típica de la Matemática, la resolución de problemas bien escogidos, con una gradación adecuada, bajo la tutela de una persona experimentada. La experiencia del Club matemático debería ser repetible por muchos de nuestros profesores, a fin de que sus efectos fueran pasando paulatinamente a la experiencia normal de la clase de cada día.

El lector de esta obra tendrá una excelente oportunidad de acompañar a María Luz Callejo en primer lugar en sus interesantes reflexiones en torno a la actividad de resolución de problemas, que vienen avaladas por su propia visión desde la atalaya de sus experiencias en el Club matemático. En la segunda parte de la obra, podrá adentrarse en la observación directa de un buen número de estudiantes, intensamente motivados y bien dotados para la actividad matemática.

Las experiencias y los análisis de María Luz Callejo no son solamente profundos y esclarecedores desde el punto de vista teórico. Sería muy deseable que la experiencia de la autora encontrase un fuerte eco en nuestra comunidad matemática. Actividades semejantes contribuirán notablemente a mejorar el panorama de la educación en nuestro país.

Miguel DE GUZMAN
Junio 1993

Introducción

> «La educación matemática no es otra cosa que el desarrollo de la actividad matemática, y no hay actividades sin problemas».
>
> A. Z. Krygowska

Se ha repetido mucho que «hacer Matemáticas es resolver problemas» y prácticamente nadie negaría esta afirmación. Además, en las últimas décadas se ha tomado más conciencia a nivel internacional de la prioridad de la resolución de problemas en la enseñanza de las Matemáticas como puede verse en los Diseños Curriculares de las diferentes Comunidades Autonómicas de España; en el Curriculum Nacional y el Informe Cockcroft en Gran Bretaña; Una Agenda para la Acción y los Estándares Curriculares y para la Evaluación en los Estados Unidos, por citar sólo algunos ejemplos. Pero, en la práctica escolar las cosas suelen suceder de otra manera. Bajo la denominación de «problema», se propone a los alumnos cuestiones matemáticas de tipos muy diferentes. La mayor parte del tiempo, se plantean «problemas» en los que el algoritmo o los conocimientos que hay que aplicar acaban de ser presentados en clase o han sido estudiados recientemente. La educación matemática suele desarrollar el rigor lógico, el sentido práctico, el razonamiento y las facultades de abstracción, pero a menudo no ayuda a los estudiantes a afrontar «verdaderos problemas», es decir, situaciones nuevas cuya resolución necesita una combinación original de saberes y métodos, mucha creatividad y la utilización de razonamientos plausibles.

¿Por qué no se acostumbra a plantear en los cursos de Matemáticas la resolución de «verdaderos problemas» en el sentido que se ha definido anteriormente? La primera respuesta que puede venir a la mente es que la resolución de «verdaderos problemas» no es una actividad al alcance de todos los estudiantes. Pero se ha demostrado que incluso los monos son capaces de resolver problemas (cf. Koehler, 1927). La única diferencia entre los individuos más dotados y los menos dotados es que los primeros resolverán problemas difíciles, mientras que los segundos resolverán problemas más simples, pero tanto unos como otros son capaces de tener un comportamiento de investigación.

Quizá la razón por la cual no se proponen sistemáticamente «verdaderos problemas» en el transcurso de la escolaridad es más profunda: ello exigiría a la institución escolar y al profesorado cambiar el desarrollo habitual de los cursos de Matemáticas. Por ejemplo:

- los horarios estrictos y el tiempo limitado no son adecuados para este género de actividad porque con frecuencia es necesario incubar las ideas durante algún tiempo antes de elaborar el procedimiento de resolución de un problema
- en consecuencia, la evaluación del aprendizaje de la resolución de problemas no puede reducirse a una prueba de lápiz y papel en la que se resuelven algunos problemas en un tiempo acotado, porque mientras que un fracaso aislado no es significativo, un éxito puede ser bastante revelador. Además los procesos de búsqueda son tan importantes como la respuesta aportada a la cuestión
- en la actividad matemática escolar los aspectos afectivos y emotivos se ignoran en la práctica, pero la resolución de un «verdadero problema» es una «aventura» en la que se implican los afectos del individuo y que queda grabada en la mente de quienes la han vivido.

Por tanto las dificultades para abordar la asignatura de Matemáticas desde el enfoque de la resolución de problemas son reales.

En la experiencia que se describe en este libro se ha tratado de superar alguna de las dificultades anteriores trabajando la resolución de problemas fuera del contexto escolar, en el marco de un *Club matemático* donde un grupo reducido de alumnos y alumnas de Bachillerato se dedican por gusto y voluntariamente a trabajar las Matemáticas a partir de los problemas. El libro se divide en dos partes. La primera, más teórica, trata de responder a dos preguntas: ¿qué procesos rigen la resolución de problemas?, ¿se puede enseñar a resolver problemas?; en la segunda se desarrolla el planteamiento de la primera parte con experiencias vividas en el *Club matemático IEPS.*

La *primera parte* comprende dos capítulos. En el primero se abordan los procesos que rigen la resolución de problemas desde tres ángulos: el cognitivo, el afectivo y el pragmático. Esto servirá para poner las bases, en el segundo capítulo, de una propuesta metodológica para trabajar la resolución de problemas, propuesta que se ha ensayado en el *Club matemático* y de la que se expondrá sus dificultades y su alcance. La *segunda parte,* más larga, consta de seis capítulos. En los capítulos 3, 4 y 5 se cuenta el funcionamiento y la organización del *Club matemático IEPS* y se dan ejemplos de experiencias en el mismo, tanto del trabajo personal como de grupo. El capítulo 6 está dedicado a la evaluación de los aprendizajes de los estudiantes. En los dos últimos capítulos se presentan y comentan algunos problemas que se han propuesto a los miembros del *Club matemático.*

En la obra se pone de relieve que se puede favorecer el aprendizaje de la resolución de problemas bajo ciertas condiciones, pero que el camino que hay que recorrer es arduo y difícil aunque merece la pena explorarlo y adentrarse en él, pues de vez en cuando se producen destellos de luz que iluminan todo el camino y que compensan esfuerzos y trabajos aparentemente infructuosos. Confío en que dar a conocer estas dificultades no desanime a quienes creen que el corazón de la Matemática es precisamente la resolución de problemas, como ya dijo el matemático P. Halmos.

Este trabajo no hubiera sido posible sin la colaboración desinteresada de muchas personas. Quiero desde aquí agradecer su cooperación a las alumnas y alumnos que han pasado por el Club desde el curso 1985-86, cuyos trabajos son el sustrato de este libro. De todos ellos he aprendido mucho, no sólo de Matemáticas sino también de «saber estar» tratando de aprender unos de otros, valorando los procesos de pensamiento de cada compañero o compañera y afrontando siempre la resolución de problemas con deportividad y buen humor. También a quienes me alentaron en la investigación que originó este trabajo, especialmente a Josette Adda de la Universidad Lumière de Lyon que lo dirigió, a Claude Gaulin cuyas críticas me han servido para mejorarlo y que me invitó a pasar varias semanas en la Universidad Laval donde pude trabajar en la documentación bibliográfica, a Miguel de Guzmán que ha tenido la amabilidad de escribir el Prólogo. Por último a mis colegas del IEPS, a Concha Vegas del consejo editorial de Narcea que me ha animado a escribir este libro y que ha sido paciente con mi ritmo de trabajo y a Teresa Cabello que leyó el manuscrito y me hizo acertadas observaciones.

PARTE I
La resolución de problemas, una actividad compleja

Introducción

En esta parte se va a tratar de profundizar a nivel teorico-práctico en la resolución de problemas, intentando responder a las siguientes preguntas:

¿Qué procesos rigen la resolución de problemas?
¿Se puede enseñar a resolver problemas?

La resolución de un problema es una de las actividades humanas más complejas porque en ella intervienen no sólo conocimientos sino también afectos y porque está influenciada por el contexto en que se presenta el problema. Se trata de una tarea que se puede aprender pero de la que no se sabe muy bien cómo se pueda enseñar a *todos* los alumnos, y no sólo a los más capaces y a los más motivados por las Matemáticas.

En el primer capítulo de esta parte se profundizará en los procesos que rigen la resolución de problemas, tanto desde el punto de vista de las experiencias de algunos matemáticos que han manifestado cuáles son los procesos de su pensamiento ante esta actividad, como desde el punto de vista de la investigación didáctica. En el segundo capítulo se tratará de responder a la segunda pregunta atendiendo a distintos aspectos implicados en favorecer este aprendizaje: la enseñanza de heurísticas, el modo de trabajo de los alumnos, la comunicación de los procesos de pensamiento y las ideas de los alumnos sobre la actividad matemática. Las respuestas a estas preguntas, con su carga de subjetividad, pero apoyadas en la documentación bibliográfica, en mi propia experiencia y en la observación atenta y metódica de algunos estudiantes permitirán, al final de esta parte, delimitar y esbozar un modelo de enseñanza. Este modelo se ha aplicado a un grupo de alumnos y alumnas de Bachillerato cuyo trabajo será objeto de la segunda parte del libro en la que se describirá la experiencia del *Club matemático IEPS* .

1

El proceso de resolver problemas

La palabra «problema»[1] se utiliza frecuentemente en el ámbito de la educación matemática para designar cuestiones de diversa naturaleza a las que debe responder el alumno[2]. Viene a ser como «un cajón de sastre» que reúne actividades que se proponen a los estudiantes persiguiendo distintas finalidades y cuya resolución exige aplicar diferentes conocimientos, habilidades y capacidades que normalmente forman parte de la programación de Matemáticas. Actualmente se tiende a delimitar el significado de este término en el ámbito escolar[3] atendiendo a distintos puntos de vista, el *psicológico* (el sujeto que aborda el «problema» y los procesos mentales implicados en su resolución), el *curricular* (el papel que juegan los «problemas» en la enseñanza de las Matemáticas), el *matemático* (qué es un «problema») y el *didáctico* (cómo se enseña a resolver «problemas») (cf. Kilpatrick, 1985). Por ello comenzaremos este capítulo que trata de los procesos que rigen la resolución de problemas, discutiendo sobre la noción de «problema» y precisando de qué forma la emplearemos.

---

[1] Se usará la palabra problema entrecomillada para hacer referencia a este término en sentido amplio y sin comillas para designarla en la acepción que se adoptará en este trabajo.

[2] Para que la lectura del texto resulte más sencilla, se ha evitado utilizar conjuntamente el género femenino y masculino en aquellos términos que admiten ambas posibilidades. Así, cuando se habla de «niño» o «alumno», se entiende que se refiere también a la «niña» o «alumna»; y aludir al «profesor» no excluye a las profesoras.

[3] Las orientaciones didácticas del área de Matemáticas tanto en la Enseñanza Primaria como Secundaria, dedican un apartado a hacer esta clarificación.

UNA NOCION RELATIVA: ¿EJERCICIO O PROBLEMA?

Dentro del contexto escolar se entiende que los «problemas» no son sólo aquéllos que han trabajado los grandes matemáticos, sino también otras cuestiones más sencillas que se proponen fuera del ámbito de la investigación de los profesionales de esta disciplina. En este sentido G. Polya (1981) propuso una clasificación de los «problemas», en relación a los conocimientos y a las experiencias previas de los alumnos y a la situación en que éstos se proponen. Este autor distinguió cuatro tipos de «problemas»:

- *los problemas en que la regla que hay que aplicar salta a la vista* porque acaba de ser presentada o estudiada en clase
- *los problemas en que hay que elegir la regla que se debe aplicar* y que se trabajó en clase recientemente
- *los problemas en que hay que elegir una combinación de reglas* previamente estudiadas
- finalmente, *los problemas en que hay que investigar*: se trata de problemas cuya resolución exige una combinación original de reglas y el uso de razonamientos plausibles.

El término «problema» se suele reservar a veces para designar actividades en el curso de las cuales el alumno debe buscar, hacer frente a situaciones nuevas y establecer relaciones, y en las que el profesor trata de suscitar la curiosidad del estudiante y de motivarle para que persevere en la investigación. Es importante notar que el tiempo que se dedica a la resolución de un problema no puede preverse de antemano y que la inversión de energía y de afectividad es importante en esta tarea (cf. IREM de Strasbourg, 1973).

Puede resultar clarificador hacer la distinción entre ejercicio (problema rutinario) y problema (problema no rutinario) atendiendo a distintos aspectos:

- *el comportamiento que debe seguir el alumno para llegar a la solución* : cuando se trata de un ejercicio basta que aplique mecánicamente conocimientos ya adquiridos; en cambio, si se trata de un problema es necesario que se familiarice con la situación, busque, relacione, etc. hasta elaborar una estrategia que le conduzca a la solución

- *el objetivo que persigue el profesor* cuando propone un ejercicio es que el alumno aplique conocimientos de forma rutinaria, mientras que cuando propone un problema es que investigue
- *el tiempo a emplear* es previsible en la resolución de un ejercicio y más difícil de estimar en la resolución de un problema que puede durar un rato, días, semanas o meses
- *la dimensión afectiva* : la resolución de ejercicios no suele suscitar emociones importantes, mientras que la resolución de problemas supone una carga afectiva importante.

Para C. Gaulin (1982):

> «La diferencia entre un ejercicio y un "verdadero problema" es relativa. Lo que para una persona constituye un problema no rutinario puede muy bien ser un simple ejercicio para otra; todo depende de los conocimientos y experiencias anteriores del alumno» (p. 40).

Pero a veces, como señala E. de Bono (1972):

> «Puede suceder que la situación es un problema porque se contempla de una determinada manera. Vista de forma diferente, el camino a seguir puede aparecer con tal evidencia que el problema deje de existir» (p. 149).

Por tanto, para los autores que se acaban de citar el concepto de «problema» es relativo, pues atiende a aspectos subjetivos y de contexto.

En este trabajo se reservará el término «problema» para designar una situación que plantea una cuestión matemática cuyo método de solución no es inmediatamente accesible al sujeto que intenta responderla porque no dispone de un algoritmo que relacione los datos y la incógnita o los datos y la conclusión, y debe, por tanto, buscar, investigar, establecer relaciones, implicar sus afectos, etc., para hacer frente a una situación nueva. Es pues un concepto relativo al sujeto que intenta resolverlo y al contexto en que se plantea la cuestión.

Si bien esta definición tiene en cuenta el punto de vista psicológico, difiere de la que utilizan los psicólogos del Procesamiento de la Información. Estos engloban bajo la denominación de «problema» tanto problemas rutinarios como otros problemas más complejos pero muy estructurados como *puzzles* (p.e. las Torres de Hanoi), juegos lógicos, criptogramas o problemas de ajedrez (cf. Glaeser, 1983).

Hasta aquí se ha acuñado una noción de problema. Desde el punto de vista didáctico interesa analizar también cómo el contexto escolar en el que se presentan los problemas y las ideas que acerca de la actividad matemática tienen los alumnos condicionan sus comportamientos cuando tratan de resolver problemas. Ambos aspectos se estudiarán en el tercer apartado de este capítulo.

LA RESOLUCION DE PROBLEMAS: EL PUNTO DE VISTA DE ALGUNOS MATEMATICOS

Aún se está lejos de establecer una teoría que explique cómo se produce la resolución de problemas, sin embargo se conocen algunos de los fenómenos que tienen lugar en el transcurso de este proceso, descritos de forma magistral por Henri Poincaré en la célebre conferencia que pronunció ante la Sociedad de Psicología de París; también se conocen las diferentes formas en que los matemáticos se aproximan a los problemas que fueron expuestas por Jacques Hadamard a partir del testimonio de matemáticos ilustres. Por último, George Polya ha descrito algunas de las estrategias que se suelen utilizar para resolver problemas. Veremos a continuación estas y otras aportaciones.

Etapas en la resolución de un problema

Las cuatro etapas del acto creativo descritas por G. Wallas (1926): *familiarización, incubación, inspiración y verificación* se reconocen universalmente y se pueden aplicar a la resolución de problemas. En efecto, ante esta tarea se comienza con un trabajo consciente de preparación o de *familiarización* que conducirá a la comprensión de los mecanismos de la situación; se continúa con un período inconsciente o semiconsciente de *incubación* de las ideas con las que se ha trabajado en la fase anterior; a la incubación suele seguir la *inspiración* o iluminación sobre la forma de relacionar los elementos del problema y de llegar a la solución; por último está la fase de *verificación* de esta solución. Hay que hacer notar que estas fases no siguen necesariamente este orden, pues si tras la familiarización con el problema y la incubación de ideas no se produce la inspiración, hay que volver a familiarizarse de nuevo con el mismo para tratar, una vez más, de que se produzca la iluminación. Veámoslo más en detalle.

Familiarización

En la fase de familiarización se trata de comprender la significación global de la situación planteada para buscar posibles estrategias de resolución: *varias mejor que una*, y esto por dos razones: porque de la calidad surge la cantidad y porque la primera idea que viene a la cabeza no es necesariamente la mejor. Como señalaba G. Polya (1981):

> «El buen investigador se parece a un buen general: sabe que un ataque bien preparado puede fracasar y prevé una línea de retirada. Un buen plan debe elaborarse de manera bastante flexible y bastante adaptable para responder a las dificultades imprevisibles que se encontrarán».

Para buscar estas estrategias es necesario a veces explorar casos particulares, casos límites o casos análogos a aquél que plantea el problema. Algunas técnicas pueden ayudar a ello: reformular el problema, por ejemplo cambiando de contexto matemático; intentar diferentes representaciones gráficas de la situación, colorear estas representaciones o concebirlas de forma dinámica; descomponer o recomponer la situación; cambiar la función de los elementos que intervienen en la misma, etc. (cf. de Bono 1972). También pueden servir de guía en esta fase los consejos o *estrategias heurísticas* descritas por

G. Polya (1972). Estas estrategias son, a su juicio, «naturales, simples, triviales y surgen del sentido común» y los individuos suelen trabajar con ellas sin explicitarlas. Su lista trata precisamente de sacarlas a la luz y se puede resumir como sigue:

— El problema, ¿es semejante a otros que ya conoces?, ¿cómo se resuelven éstos?, ¿alguna idea te podría servir?
— Imagínate un problema más fácil para empezar y resuélvelo, intenta luego aplicar el método de resolución al problema propuesto.
— Experimenta con casos particulares, ¿te dan alguna pista sobre la posible solución?
— Haz un dibujo o una representación gráfica de la situación.
— ¿Puedes elegir una buena notación para pasar del lenguaje natural al matemático y expresar así el enunciado de forma que puedas manejar mejor las relaciones expresadas en el problema?
— Supón el problema resuelto, ¿cómo se relaciona la situación de partida con la situación final?
— ¿El problema presenta alguna simetría o regularidad?
— ¿El caso general es más sencillo que éste particular?

Incubación

Al trabajo consciente de familiarización con el problema, suele seguir en ocasiones un período en el que la mente se ocupa de otras cosas. Según abundantes testimonios, el semiconsciente y el inconsciente continúan trabajando con el problema, incubando las ideas que se activaron en la fase anterior. Como señaló J. Hadamard (1975):

> «Todo trabajo mental, y en particular el trabajo de descubrimiento, implica la cooperación del inconsciente, ya sea superficial ya sea (bastante a menudo) más o menos profundo; en este inconsciente se produce, tras un trabajo preliminar consciente el desencadenamiento de ideas que Poincaré ha comparado con una interacción de átomos en orden más o menos disperso» (p. 106).

Para profundizar en este fenómeno puede leerse la quinta parte del libro de M. de Guzmán *Para pensar mejor.*

Inspiración

Un verdadero problema de investigación no se suele resolver de una sola vez sino que hay que abordarlo en repetidas ocasiones, esperando que en alguna de ellas se produzca una inspiración total o parcial. La inspiración es el momento en que se ve claro, el momento del «eureka», de la recompensa al esfuerzo y al trabajo, y conduce a la elaboración de una estrategia de resolución que consta a su vez de varios procesos simultáneos:

- la *formalización* de la situación en un contexto matemático, que puede ser o no el mismo que aquél en que venía formulado el problema. Precisamente uno de los bloqueos en la resolución de un problema es querer hacerlo en el mismo contexto en que ha sido planteado
- el empleo de un modo de *razonamiento* (inducción, deducción, analogía, reducción al absurdo, progresivo, regresivo, por casos, etc.)
- la *representación gráfica* de la situación o la elección de una notación adecuada para manejar de forma operativa los datos y las relaciones del problema
- la aplicación de una o de varias *heurísticas.*

Este proceso que conduce a la inspiración se asemeja según G. Polya (1966) al quehacer de una ciencia experimental :

> «En la ciencia, como en la vida diaria, cuando nos enfrentamos a una nueva situación, nuestra primera respuesta suele ser una intuición. Puede ser que la intuición no dé en el blanco, pero lo intentamos, y, de acuerdo al grado de éxito obtenido, la modificamos más o menos. Así, después de varios ensayos y modificaciones, empujados por la observación y conducidos por la analogía, podemos llegar a una intuición más satisfactoria. El hombre de la calle no encuentra sorprendente que el naturalista trabaje de este modo. El conocimiento del naturalista puede estar mejor ordenado con vista a seleccionar las analogías apropiadas, sus observaciones pueden ser más intencionadas y más cuidadosas, pueden dar

nombres fantásticos a sus intuiciones y llamarlas "generalizaciones tentativas", pero el naturalista debe adaptar su mente a la nueva situación mediante la intuición, como lo hace el hombre común. Y el hombre de la calle no se sorprende de oír que el naturalista intuye como él mismo. Puede sorprenderle más a este hombre oír que el matemático es también intuitivo. El resultado del trabajo creador del matemático es el razonamiento demostrativo, una prueba, pero la prueba se descubre por razonamiento plausible, es decir, por intuición» (pp. 464-465).

Verificación

Tras el trabajo creador que ha conducido a la elaboración de un plan de solución viene el proceso de verificación de la solución por medio de un razonamiento demostrativo. Unas veces se confirma la inspiración con una demostración y otras veces sucede lo contrario. La verificación es pues un momento de emociones fuertes que puede resultar gozoso o por el contrario descorazonador.

La descripción de George Polya

La descripción más clásica y conocida del proceso de resolución de problemas es la de G. Polya (1972), según la cual, para resolver un problema se necesita:

1. Comprender el problema.
2. Concebir un plan.
3. Ejecutar el plan.
4. Examinar la solución obtenida.

La primera etapa es de familiarización con el problema y su objetivo es provocar la inspiración mediante la concepción de un plan, el cual, una vez desarrollado, se verá o no confirmado mediante el examen de la solución obtenida. Estas fases no siguen necesariamente este orden, lo que se puede constatar analizando procesos reales de resolución y, es más, algunas secuencias del proceso son difíciles de encuadrar en algunas de ellas.

G. Polya ha acompañado cada una de estas fases de

preguntas que tratan de imitar el diálogo socrático. Este tipo de diálogo está expuesto de forma magistral en *El Menón* de Platón (1980). En el diálogo, Sócrates va conduciendo a un esclavo que entiende la lengua griega de forma que éste, careciendo de conocimientos matemáticos, responde al problema que le plantea Sócrates con ayuda de un dibujo. Platón trata de poner de manifiesto a través de las preguntas que Sócrates hace al esclavo que el camino de acceso al conocimiento matemático, en este caso el descubrimiento de un nuevo resultado, es la reminiscencia: basta recordar siguiendo las instrucciones de Sócrates (cf. Cañón, 1993). Pero si el diálogo no está tan dirigido como aparece en este texto, el resolutor se ve confrontado con la decisión de elegir un procedimiento, por ello G. Polya (1958) se planteó la siguiente pregunta:

> «¿No se podría formular de manera general, es decir, independientemente de la materia específica de los problemas particulares, procedimientos de resolución y 'razones razonables' para elegir entre estos procedimientos, el más apropiado a tal o cual etapa del trabajo?» (p. 281)

y su respuesta fue:

> «Aunque no hay regla precisa, hay indicaciones que son a menudo útiles» (p. 281)

Estas indicaciones no son reglas particulares sino cinco principios muy generales, extraídos de su propia experiencia y

> «apenas accesibles a los métodos usuales de la experimentación psicológica: hay demasiadas "variables", se trata de procesos psicológicos demasiado complejos, demasiado "ramificados"» (p. 284)

Estos principios son:

- el principio de *economía* y su complementario, el principio de *ausencia de fronteras*. Por un lado no hay que ir más allá del problema planteado sin necesidad, pero por otro lado no se pueden delimitar de antemano los conocimientos que habrá que emplear

- el principio de *perseverancia* y su complementario, el de *variedad*. Si por una parte no se debe abandonar un aspecto examinado antes de que nos haya sugerido algo útil, por otra parte es necesario examinar tantos aspectos como sea posible, intentar ver siempre algo nuevo, sin volver demasiado pronto a los puntos ya examinados y sobre todo, no volver sobre ellos sin aportar algún elemento nuevo, algún cambio de actitud
- principios de *preferencia:* las materias relacionadas claramente con el problema, los conocimientos disponibles y los problemas auxiliares.

Distintas formas de aproximarse a un problema

J. Hadamard (1975) ha señalado que el trabajo preliminar de familiarización con el problema, la incubación y la iluminación

> «parecen tener lugar de forma análoga en muchos investigadores en Matemáticas. Por el contrario, las representaciones concretas están lejos de ser las mismas para todos» (p. 96).

Las diferencias están

> «ya sea en la naturaleza de las representaciones, ya sea en la forma en que influyen en el trabajo mental. Está claro que algunos tipos de representaciones pueden dar al pensamiento un curso más lógico, otros un curso más intuitivo (...). Se utilizan generalmente imágenes y éstas son a menudo de naturaleza geométrica» (pp. 107-108).

Estas representaciones concretas

> «son generalmente utilizadas por el espíritu para fijar combinaciones (de ideas) y hacer de ellas la síntesis» (p. 106).

Por su parte, H. Poincaré (1932) ha descrito dos tipos de espíritus matemáticos, el *lógico* y el *intuitivo*, de la forma siguiente:

«Unos están ante todo preocupados por la lógica; al leer sus obras, se está tentado de creer que han avanzado paso a paso, con el método de un Vauban que dirige trabajos de aproximación contra una plaza fuerte, sin abandonar nada al azar. Los otros se dejan guiar por la intuición y hacen desde el primer asalto conquistas rápidas, pero a veces precarias, como intrépidos guerreros» (p. 11).

«No es la materia que tratan la que les impone uno u otro método. Si se dice a menudo que los primeros son analistas y si se llama a los otros geómetras, eso no impide que los primeros continúen siendo analistas incluso cuando tratan cuestiones geométricas mientras que los segundos son geómetras incluso cuando se ocupan del análisis puro. Es la misma naturaleza de su espíritu la que los hace lógicos o intuitivos y no pueden despojarse de ella cuando tratan un tema nuevo» (p. 12).

J. Hadamard no estaba completamente de acuerdo con la descripción de los espíritus lógicos de H. Poincaré porque creía que la lógica interviene después de una intuición inicial. J. Hadamard ha caracterizado estos estilos según que la familiarización, la incubación y la iluminación se desarrollen más o menos profundamente en el inconsciente; que el pensamiento esté más o menos dirigido y que el individuo utilice diversas representaciones auxiliares. Según J. Hadamard, en los espíritus lógicos la zona donde las ideas se combinan es bastante superficial, el pensamiento está bastante dirigido y las representaciones auxiliares son más bien palabras; en los espíritus intuitivos la zona en que las ideas se combinan es profunda, la dispersión de ideas grande y las representaciones auxiliares son imágenes.

A partir de las clasificaciones anteriores, V.A. Krutetskii (1976) ha distinguido tres tipos de espíritus matemáticos en los alumnos: *analítico*, *geométrico* y una combinación de ambos, el *armónico*. En los primeros predomina la componente lógico-verbal sobre la visual-pictórica y trabajan con esquemas abstractos incluso en aquellos problemas que sugieren conceptos de tipo visual. En los segundos, por el contrario, domina la componente visual-pictórica sobre la lógica-verbal, necesitan interpretar y expresar visualmente relaciones matemáticas abstractas y suelen utilizar representaciones gráficas para resolver problemas. En los terceros hay una combinación de ambos componentes, aunque puede primar una sobre la otra. Más adelante desarrollaremos en detalle estas descripciones.

Emociones

Hemos dicho anteriormente que la afectividad juega un papel importante en el proceso de resolución de un problema. El matemático P. Halmos (1991) ha señalado que el estilo matemático está relacionado con las emociones:

> «¿Son las Matemáticas algo emocional? La gente suele decir que no, pero yo creo que sí lo son. Un matemático es una persona y tiende a sentir emociones fuertes sobre qué parte de la Matemática está dispuesto a soportar y naturalmente, emociones fuertes sobre otras personas y sobre la clase de Matemáticas que les gusta.
>
> Por ejemplo, '¿qué prefieres, números o dibujos, símbolos o gráficos, álgebra o geometría?'. Yo soy principal mente un hombre de números, y no sólo me ponen nervioso los dibujos, sino incluso la gente que los prefiere» (p. 34).

Pero también se experimentan sentimientos a lo largo de las etapas que se siguen en la resolución de un problema. Estos sentimientos pueden hacer de motor que impulse para buscar una solución o, por el contrario, bloquear dicho proceso debido al peso de las emociones negativas. Durante la familiarización se suele experimentar una tensión en la búsqueda de un plan de resolución, tensión que en algunos casos puede desembocar en interés y en otros en ansiedad; cuando se produce la inspiración se tienen sentimientos positivos que cobran más o menos intensidad según las expectativas que se tengan sobre el éxito de dicho plan; por último en el momento de la verificación de la solución se puede sentir placer o frustración, según que una demostración confirme o no la validez del plan previsto.

> *En resumen, hay múltiples aspectos del conocimiento y de la conducta relacionados con la resolución de problemas: conocimientos del campo específico; toma de decisiones acerca de la delimitación del campo de conocimientos a explorar, de la selección de conocimientos a aplicar, de la forma de planificar el trabajo, de la elección de una estrategia para resolver el problema, sobre si continuar un camino emprendido o abandonarlo, etc.; estilos matemáticos: lógico o intuitivo, geométrico o analítico; actitudes como la perseverancia, la flexibilidad o el espíritu reflexivo y, por último, emociones y sentimientos.*

LA RESOLUCION DE PROBLEMAS: EL PUNTO DE VISTA DE LA INVESTIGACION DIDACTICA

A continuación vamos a analizar la resolución de problemas desde el punto de vista didáctico y desde tres planos: el cognitivo, el afectivo y el contexto socio-cultural, y profundizaremos en las manifestaciones de cada uno de ellos. Por último veremos algunos bloqueos relacionados con estos planos.

Cognición

Cuando un sujeto se enfrenta a la resolución de un problema trata de acceder a los conocimientos que posee relacionados en algún sentido con la situación propuesta, los selecciona y ve el modo de utilizarlos en el problema. Tiene pues que recuperar algunos de los conocimientos de que dispone y que gestionar la manera de usarlos. Por tanto podemos distinguir dos tipos de conocimientos que denominaremos *base de conocimientos* y *metaconocimientos*. La base de conocimientos es el conjunto de conocimientos que están disponibles en la memoria del sujeto para ser utilizados: hechos, definiciones, algoritmos, métodos de resolución, heurísticas, etc. Los metaconocimientos se pueden definir de manera general y vaga como los conocimientos acerca de los conocimientos de que disponemos. A continuación vamos a detenernos en estos últimos.

Metaconocimientos

Desde que Flawell acuñó este término en 1976, y a medida que se ha ido investigando en metacognición, se han ido delimitando dentro de esta categoría distintos apartados. Por ejemplo, J. Garofalo y F. Lester (1985) han considerado dos aspectos relacionados entre sí:

1. Los *conocimientos y creencias* acerca de los fenómenos cognitivos.
2. La *regulación* y el *control* de los actos cognitivos.

El primer aspecto se refiere a lo que una persona conoce y «cree» acerca de sus propias habilidades y recursos cognitivos en relación a la ejecución de tareas específicas. Se incluyen aquí las «creencias», que pueden basarse o no en hechos empíricos. A menudo se distingue dentro de este aspecto de la metacognición tres categorías según que la metacognición se relacione con el *sujeto*, la *tarea* o la *estrategia*. Los conocimientos metacognitivos incluidos en la categoría del *sujeto* son los conocimientos que una persona tiene acerca de sí misma sobre sus conocimientos, sus capacidades y sus limitaciones, por ejemplo, «creer que resuelve mejor los problemas que puede representar en forma gráfica»; los incluidos en la categoría de la *tarea* son los conocimientos que tiene un sujeto sobre la ejecución de una tarea, por ejemplo, su grado de dificultad o la tipificación que se puede hacer de la misma; los incluidos en la categoría de la *estrategia* son los conocimientos de estrategias cognitivas generales o específicas así como de su empleo para abordar y llevar a cabo una tarea, esto es, cuándo deben usarse y cómo deben aplicarse.

El segundo aspecto se refiere a las decisiones que se toman para tratar de comprender la naturaleza de un problema y resolverlo, lo que incluye seleccionar contenidos, planificar acciones, seleccionar estrategias apropiadas para llevar a cabo un plan, tomar decisiones para mejorar este plan, evaluar la validez de dicho plan y, en caso necesario, revisar o abandonar planes o estrategias inadecuados.

Por su parte A.H. Schoenfeld (1987) ha distinguido tres aspectos de la metacognición:

1. Los *conocimientos acerca de los propios procesos de pensamiento.*
2. El *control* o autorregulación.
3. Las *creencias* e intuiciones que constituyen el «punto de vista matemático» sobre uno mismo, sobre el contexto, sobre el tema, sobre las matemáticas, que determinan la conducta de un individuo.

La diferencia entre la conducta de un novicio y la de un experto cuando resuelven un problema se sitúa habitualmente en el plano metacognitivo: en la manera de usar sus conocimientos, la forma de dirigir sus esfuerzos y la toma de decisiones a lo largo del proceso de resolución.

Cómo mejorar la metacognición

Existen algunos medios para mejorar las destrezas metacognitivas, ya se trate de incrementar el grado de autoconocimiento, de explicitar o de tomar conciencia del proceso de regulación del conocimiento.

A.H. Schoenfeld (1987) ha señalado algunas estrategias didácticas para mejorar el proceso de regulación:

- *revisar, analizar y valorar el proceso de resolución de un problema en relación al comportamiento de los expertos.* Para ello se registran en vídeo procesos de resolución de problemas intentando recoger la máxima información de los mismos de modo que el resolutor explique oralmente lo que está haciendo, para qué lo está haciendo y de qué manera piensa que puede ayudar en la resolución del problema. Luego se compara el comportamiento del novicio con el del experto
- *el profesor resuelve un problema delante de los alumnos* tratando de explicitar sus procesos mentales, sus decisiones, sus bloqueos, etc. en la búsqueda de la solución, presentándose así como *modelo de conducta metacognitiva*
- *el profesor resuelve un problema con toda la clase*, haciendo de moderador y regulador del proceso e invitando a la discusión

- *los alumnos resuelven problemas en pequeño grupo* y el profesor interviene ocasionalmente sin dar pistas ni sugerir la solución, haciéndoles preguntas acerca de lo que están realizando con objeto de que tomen conciencia del proceso que están siguiendo.

Así haciendo explícitos los mecanismos implícitos de control y evaluación del pensamiento se puede reflexionar sobre dichos mecanismos, evaluarlos, cambiarlos, flexibilizarlos, adaptarlos, etc.

La metarreflexión hace emerger los fenómenos que se producen en nuestra mente a nivel inconsciente y semiconsciente y que éstos pasen de un plano implícito a un plano explícito. El hábito de la metarreflexión permite conocer las capacidades y los límites de nuestra mente. Por ello, como señala M. de Guzmán (1991):

> «Si pretendemos mejorar nuestros procesos de pensamiento en el tratamiento de problemas de forma eficaz es absolutamente necesario disponer de técnicas que nos permitan examinarlos a fondo, compararlos con los modelos que nos fijamos como deseables, para así poder señalar nuestras líneas de acción y detectar nuestros progresos hacia el objetivo de crear en nosotros hábitos eficientes» (p. 55).

Las técnicas para tomar conciencia de los procesos de pensamiento son la *introspección* o autorreflexión en el curso del proceso, y la *retrospección* o reflexión una vez concluido el mismo. Para favorecerlos se hacen registros de diversa naturaleza denominados *protocolos*. Estos pueden tener diversos soportes: *grabación en vídeo*, como hace A. Schoenfeld, *o en cinta magnetofónica*, tratando en ambos casos de expresar el pensamiento en voz alta en el curso de la resolución, o de hacerlo al menos a intervalos fijos; *elaboración de informes escritos* en el curso de la resolución o una vez concluido este proceso. Estos protocolos se pueden analizar de forma global (macroscópica) o local (microscópica) como veremos más adelante, lo que permite apreciar por ejemplo la manera de abordar el problema, la formas de atacarlo, los cambios de rumbo, la revisión sobre lo que se ha hecho, el parecer sobre los caminos emprendidos, etc.,así como comparar el proceso con el modo de proceder de los expertos. Sin embargo, algunos investigadores que aceptan los protocolos como fuente de datos, piensan que pedir a una persona que verbalice su pensamiento o lo escriba mientras resuelve un problema puede afectar al propio proceso. A pesar de ello actualmente no se dispone de mejores técnicas para acceder a nuestros procesos de pensamiento.

Afectos

El papel de la afectividad en la resolución de problemas es muy importante y, sin embargo, se ha estudiado poco. G. Polya no lo ha tratado explícitamente en sus obras sobre resolución de problemas, y las investigaciones de los psicólogos se han centrado sobre todo en el estudio de la cognición. Pero desde hace unos años han empezado a aparecer trabajos sobre este tema (cf. McLeod y Adams, 1989) y se han elaborado modelos de enseñanza que tienen en cuenta la influencia del factor afectivo en el proceso de resolución de problemas (cf. Mason, Burton y Stacey, 1988).

Se pueden considerar tres aspectos de la afectividad en la resolución de problemas: las *emociones*, las *actitudes* y las *creencias* (cf. McLeod, 1992). Estas tres categorías se relacionan entre sí y con la cognición. Por ejemplo, ya se ha visto que las creencias se pueden considerar como un apartado de la metacognición. En la figura de abajo aparecen estos tres aspectos de la afectividad en un continuo, según que predomine la componente cognitiva o la componente afectiva y que la respuesta sea más o menos intensa y más o menos estable:

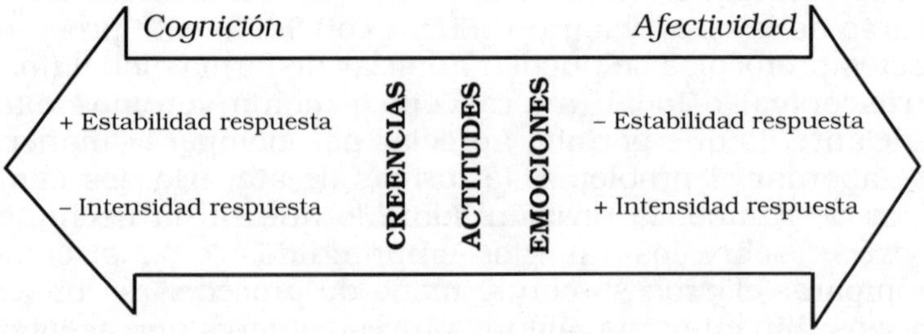

A continuación vamos a detenernos en las creencias y en las actitudes, pues ya hemos dedicado un apartado a las emociones.

Creencias

Una imagen de la Matemática es la de una ciencia objetiva, dogmática y neutra, que no vehicula ningún tipo de valores. Quienes así lo creen la cualifican como la disciplina de la abstracción, la razón, el formalismo, la objetividad, la justificación, la racionalidad, lo general, lo teórico y el trabajo mental. Estos valores forman parte de una concepción de la Matemática que privilegia la ciencia hecha, presentada en forma logico-deductiva, sobre la ciencia por hacer, es decir, la creación del conocimiento matemático a través de un proceso experimental-inductivo. Según esta otra visión, la Matemática se identifica también con lo concreto, la emotividad, lo informal, lo subjetivo, el descubrimiento, la intuición, lo particular, lo utilitario y la experimentación (cf. Ernest, 1991). Estas ideas sobre la Matemática, junto con la experiencia que proporciona la enseñanza formal de esta disciplina, van forjando un conjunto de creencias sobre esta materia que condicionan la manera de afrontar la resolución de problemas. Estas creencias se pueden clasificar según su objeto de la siguiente forma: *creencias sobre las Matemáticas*, *sobre uno mismo*, *sobre la enseñanza de las Matemáticas* y *sobre el contexto escolar* (cf. McLeod, 1992).

En relación a la resolución de problemas, si los alumnos sólo están habituados a trabajar problemas rutinarios o ejercicios, sus ideas acerca de la actividad matemática no les ayudan a resolver verdaderos problemas. Entre estas ideas destacamos las siguientes (cf. Callejo, 1992):

- las actividades matemáticas se resuelven normalmente en pocos minutos si se conocen los conceptos y destrezas presentados en clase por el profesor. Si un alumno se queda «pegado» o «en blanco» durante un tiempo, tiene la impresión de perder el tiempo
- para responder las cuestiones matemáticas se busca directamente una estrategia de resolución y se profun-

diza en esa dirección. Si no se tiene éxito se abandona el trabajo definitivamente

- la resolución de una cuestión matemática se acaba cuando se encuentra la solución
- el resultado es más importante que el proceso seguido. Si no se encuentra la solución se ha fracasado.

Estas creencias dan lugar a comportamientos que no ayudan a los estudiantes a intentar resolver problemas con ciertas esperanzas de éxito, por las siguientes razones:

- si los alumnos piensan que un problema se resuelve en pocos minutos, se sentirán desanimados y lo abandonarán si al cabo de un cierto tiempo no han encontrado la solución; sin embargo, la resolución de un problema exige una inversión importante de tiempo y mucha perseverancia en la tarea
- si los estudiantes creen que la resolución de un problema sólo exige la aplicación automática y directa de saberes y habilidades, invertirán más tiempo en «hacer» que en reflexionar sobre el problema, sobre lo que hacen y sobre para qué les sirve lo que están haciendo
- si los alumnos no son capaces de revisar el camino seguido y consideran que un problema es una cuestión cerrada, no le sacarán al proceso todo el jugo posible tratando, por ejemplo, de generalizar el resultado o de buscar problemas análogos que se resuelvan de la misma forma.

En el Anexo 1 exponemos en forma de cuestionario para los alumnos una lista de creencias acerca de la resolución de problemas (cf. Schoenfeld, 1985; IREM de Strasbourg, 1973; Woods, 1987).

Actitudes

Una actitud es una predisposición positiva o negativa que determina las intenciones de una persona e influye en su comportamiento. Las actitudes tienen una componente cognitiva que se manifiesta en las creencias subyacentes a dicha actitud, una componente afectiva que se manifiesta en los sentimientos de aceptación o de rechazo de la tarea o de la materia y una componente intencional o de tendencia a un cierto tipo de comportamiento (cf. Serrano, 1989).

Esta definición es de tipo general y es válida para cualquier tipo de actividad, sea cual fuere su objeto. Si el objeto es la Matemática, se pueden distinguir dos grandes categorías:

— *actitudes hacia la Matemática*
— *actitudes matemáticas.*

Las primeras se refieren a la *valoración* y el *aprecio* de esta disciplina y al *interés* por esta materia y por su aprendizaje y subrayan más la componente afectiva que la cognitiva; aquélla se manifiesta en términos de *interés, satisfacción, curiosidad, valoración,* etc.

Las actitudes matemáticas, por el contrario, tienen un carácter marcadamente cognitivo y se refieren al modo de utilizar capacidades generales como la *flexibilidad de pensamiento,* la *apertura mental,* el *espíritu crítico,* la *objetividad,* etc., que son importantes en el trabajo en Matemáticas. Para que estos comportamientos puedan ser considerados como actitudes hay que tener en cuenta la dimensión afectiva que debe caracterizarlos, es decir, distinguir entre lo que un sujeto es capaz de hacer (capacidad) y lo que prefiere hacer (actitud).

Una actitud positiva hacia la Matemática y, en particular, hacia el enfrentamiento con tareas matemáticas complejas, es fundamental para iniciar a los alumnos en la resolución de problemas. Para ello se deben propiciar experiencias gratificantes en relación con este área. Presupuesta esta actitud positiva, es necesario además abordar las cuestiones matemáticas con apertura mental, planteándose preguntas, interrogándose, permaneciendo abiertos a cualquier idea que pueda venir a la cabeza; pero al mismo tiempo hay que tener un espíritu crítico ante las posibles vías de solución así como considerar el carácter objetivo del razonamiento demostrativo en Matemáticas.

Contexto

El proceso de enseñanza/aprendizaje de las Matemáticas no se puede estudiar desligado del medio cultural, social e institucional en el que tiene lugar. Por una parte cualquier grupo humano dispone de una serie de herramientas para clasificar, ordenar, cuantificar, medir, comparar, orientarse, planificar, razonar de forma lógica, relacionar, deducir, etc., herramientas que sin ser específicamente matemáticas se relacionan con la actividad matemática. Pero la mayoría de las veces se trata al alumnado como si no conociera más Matemáticas que las que se enseñan en clase. Por otra parte la educación formal en Matemáticas tiene lugar en una institución, la institución escolar, en la que el discurso se rige por unas leyes que son diferentes de las del discurso habitual. Por último, el objetivo que se persigue cuando se trabaja la resolución de problemas es que los alumnos desarrollen las actitudes propias de la comunidad matemática, es decir, las predisposiciones mentales y los hábitos intelectuales deseables para ejercitar esta actividad. Nos encontramos pues con tres aspectos ligados al contexto: la «*etnomatemática*» o Matemáticas presentes en cualquier cultura humana, entendiendo el término cultura en su acepción antropológica (cf. D'Ambrosio, 1985), la *pragmática del cuestionamiento escolar* y la *inculturación matemática* o valores y actitudes matemáticas compartidas por la comunidad matemática. Aquí nos vamos a detener en los dos últimos aspectos.

Pragmática del cuestionamiento escolar

J. Adda (1985) ha señalado que no se puede hacer un estudio didáctico de las respuestas de los alumnos a las cuestiones de Matemáticas sin tener en cuenta la institución desde donde se pregunta a los alumnos y ha mostrado algunas de las diferencias entre los presupuestos de la comunicación habitual y los presupuestos de las cuestiones matemáticas escolares:

- mientras que en el cuestionamiento habitual «la cuestión no es absurda (si lo parece se piensa que se ha entendido mal)», en el cuestionamiento escolar «la cuestión puede ser absurda (...) pero no es demasiado fácil (si lo parece, se piensa que se ha entendido mal)» (p. 227)
- mientras que en el cuestionamiento habitual «quien interroga suele ignorar la respuesta (...) y la cuestión incluso puede no tener respuesta», en el cuestionamiento escolar «aunque la cuestión sea difícil tiene seguramente una respuesta y quien interroga la conoce (o al menos sabe que puede responder)» (p. 227)

- en el cuestionamiento escolar «de la respuesta depende una evaluación (...) y la cuestión sirve seguramente para evaluar algo. (...). Mientras que en una cuestión 'normal' el interrogador debe buscar una información sobre el tema de la cuestión, aquí el interrogador busca una información sobre el interrogado» (p. 227)
- en el cuestionamiento escolar «la cuestión se refiere a un nivel escolar, a un programa» y en general, por una parte «todos los datos se deben utilizar» y por otra parte los datos son suficientes para encontrar una solución del problema y frecuentemente esta solución es única.

Por tanto detrás de una pregunta del profesor hay siempre una «metapregunta» del estudiante o intento de adivinar la respuesta que espera el profesor o profesora sobre la cuestión planteada.

En relación al contexto en que se plantea un problema, hemos visto que G. Polya hace una distinción entre problemas según que se planteen o no en el marco de aplicación directa de unos conocimientos previamente enseñados. En este sentido, cuando el esquema de enseñanza habitual del profesor es comenzar explicando conceptos o procedimientos, ilustrarlos con algunos ejemplos, proponer actividades de ejercitación y práctica para fijar los aprendizajes y plantear actividades de recapitulación al final de la unidad de aprendizaje, los alumnos se ahorran en cierto modo el esfuerzo de tener que *elegir* los conocimientos que tienen que aplicar a la situación propuesta. Sucede lo mismo con algunos libros de texto y otros llamados de «problemas» en los que las actividades de final de cada capítulo son de mera aplicación de lo aprendido en el mismo. Esto genera *fenómenos parásitos* (cf. Adda, 1976) como, por ejemplo, los siguientes:

- *asociar automáticamente un cierto tipo de cuestiones aparentemente análogas con un algoritmo*, por ejemplo los problemas de máximos y mínimos con la búsqueda de los ceros de la derivada de una función
- *asociar un problema con el contexto en que se propone*, tratando de aplicar lo último que se ha aprendido
- *suponer una gradación de dificultades* cuando se proponen varias cuestiones sucesivas o un problema con varios apartados.

Estos comportamientos o reflejos condicionados, no sólo se dan en los alumnos sino que también se ponen de manifiesto en las conductas de los profesores cuando se enfrentan a la resolución de problemas propuestos en ciertos contextos (cf. Bouvier, 1982).

Inculturación matemática

A.H. Schoenfeld (1992) ha acuñado el término «inculturación» para designar las formas propias de proceder del matemático. Según este autor, el estudiante debe ser imbuido de ciertos hábitos y actitudes matemáticas como la perseverancia en el trabajo, el interés, la motivación, la flexibilidad, el espíritu reflexivo y crítico, la apertura en la forma de percibir los problemas, y de otras tantas actitudes hacia las Matemáticas como una valoración positiva de las mismas y de su papel en la formación intelectual y como herramienta para la resolución de problemas de la vida cotidiana y de otras ciencias. Para ello hay que crear ambientes donde se respire el espíritu inquisitivo, de búsqueda, de investigación, de cuestionamiento, propios del quehacer matemático.

Bloqueos

Al hilo de los apartados anteriores han ido apareciendo una serie de bloqueos u obstáculos que impiden percibir un problema en la forma adecuada o encontrar un camino que conduzca a la solución. Estos bloqueos tienen su origen en los mismos planos que hemos analizado anteriormente: el cognitivo, el afectivo y el contexto. Aquí de forma resumida vamos a enumerarlos siguiendo el trabajo de J.L. Adams (1986). Para profundizar más se pueden consultar los capítulos 3, 4 y 5 del libro de M. de Guzmán, *Para pensar mejor.*

Bloqueos de origen cognitivo

Son de tres tipos: *perceptivos, uso de un lenguaje inadecuado* y *rigidez mental.* Los bloqueos *perceptivos* impiden percibir de forma clara el problema o la información necesaria para resolverlo. Se pueden presentar de diversas maneras:

- clasificando el problema dentro de un tipo determinado que se resuelve de una cierta forma
- delimitando excesivamente el dominio de investigación del problema imponiéndole más condiciones que las expresadas en el enunciado
- experimentando dificultad para contemplar un problema desde distintos puntos de vista para poder así prever varias vías de solución
- manifestando incapacidad para ver cosas que habitualmente se ignoran, por ejemplo, los triángulos superpuestos ABD y ACD del trapecio de la figura de abajo:

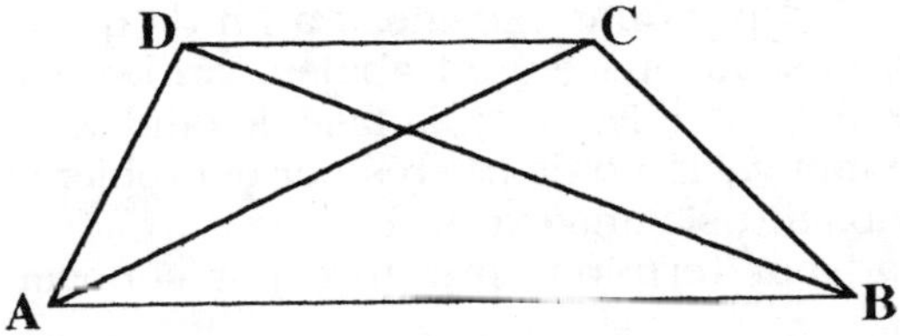

El *uso de un lenguaje inadecuado*, ya sea gráfico o simbólico, impide formalizar la situación planteada en el enunciado de la forma más operativa posible. Por ejemplo, el siguiente problema se resuelve fácilmente representando los montones de cerillas en un diagrama cartesiano y las jugadas con movimientos en el mismo; la solución se muestra más difícil si se utiliza un diagrama en árbol y se registran los montones mediante pares, y más difícil aún si los montones se representan visualmente con palotes.

Jugando con cerillas

Es un juego para dos jugadores.
Sobre una mesa hay dos montones de cerillas, con 5 cerillas cada uno. Cada jugador, por turno, puede coger una cerilla de un montón o una cerilla de cada montón. Pierde el que coge la última cerilla.

¿Tiene ventaja alguno de los jugadores? Si es así, ¿cómo debe jugar para ganar siempre?

Por último la *rigidez mental* impide la flexibilidad de pensamiento necesaria para cambiar de estrategia o modificarla en el curso de la resolución de un problema.

Bloqueos de origen afectivo

Estos bloqueos tienen las manifestaciones siguientes:

- temor a correr un riesgo
- desconfianza en las propias capacidades para resolver problemas
- dificultad para soportar la situación de incertidumbre que se crea en el proceso de resolución de un problema
- excesivo juicio crítico
- incapacidad para incubar ideas a fin de que el inconsciente y el semiconsciente trabajen con los conocimientos que se han activado en la fase de familiarización
- falta de motivación o de interés por el problema o, por el contrario, entusiasmo excesivo
- ansiedad por terminar pronto o por conocer la solución.

Bloqueos de origen cultural

Se manifiestan en creencias como las siguientes:

- la fantasía y la reflexión son una pérdida de tiempo
- los juegos son cosa de niños
- resolver un problema es algo serio y el sentido del humor está fuera de lugar
- la razón, la lógica, las cifras, la utilidad y lo práctico son «buenos»; los sentimientos, la intuición, los juicios cualitativos, el placer son «malos».

O por :

- buscar «la» respuesta del problema
- distracciones
- falta de estímulo externo.

En resumen, para resolver un problema es necesario conocer el campo específico al que se refiere el problema, saber regular y controlar dichos conocimientos y afrontarlo con las actitudes matemáticas adecuadas. Esta tarea intelectual está impregnada de emociones que están presentes de formas diversas a lo largo del proceso de resolución y de bloqueos cognitivos, afectivos y socioculturales.

Pero el contexto en que se proponen habitualmente los ejercicios y los problemas en el ámbito escolar genera en los estudiantes convicciones que no son las más adecuadas para resolver problemas —un problema se resuelve en poco tiempo, se ataca directamente y lo que importa es el resultado—. Por tanto es necesario favorecer en los alumnos actitudes como la flexibilidad de pensamiento y un espíritu abierto, crítico y reflexivo frente a la actividad matemática.

—2

¿Se puede enseñar a resolver problemas?

Está claro que se puede aprender a resolver problemas matemáticos pero, ¿se puede enseñar a resolver problemas?, es decir, ¿la instrucción en resolución de problemas es suficiente para que los alumnos aprendan a resolver más problemas y lo hagan mejor? Las respuestas dadas a esta pregunta desde la investigación didáctica muestran que proponer a los estudiantes problemas variados, ayudarles a abordar la resolución de problemas de forma adecuada y mostrarles un repertorio de estrategias heurísticas, son condiciones necesarias pero no suficientes para mejorar la habilidad de resolver problemas. Pero, ¿se puede ir más allá?, ¿se puede enseñar el arte de descubrir, de elaborar una estrategia original de resolución de un problema?. Dicho con otras palabras, *¿se puede enseñar la heurística?*. Esta pregunta centrará este capítulo que comenzaremos viendo las respuestas que dieron algunos matemáticos célebres a la cuestión anterior así como las ideas que esbozaron para favorecer el aprendizaje de la resolución de problemas. A continuación describiremos una metodología que trata de desarrollar en los alumnos y alumnas las predisposiciones mentales y los hábitos intelectuales deseables para resolver problemas y que está centrada en:

- el desarrollo de los procesos del pensamiento matemático,
- la reflexión sobre dichos procesos y
- la comunicación de ideas.

Esta metodología se ha puesto en práctica en el *Club matemático IEPS* (Callejo, 1988, 1990, 1993) donde un grupo reducido de participantes se ha dedicado por gusto y voluntariamente a la resolución de problemas, lo que ha permitido constatar el alcance y las limitaciones de la metodología en cuestión. En la segunda parte del libro se expondrá y comentará el funcionamiento de este Club matemático, se darán ejemplos de trabajos de los alumnos, de entrevistas, de puestas en común y de discusiones y se presentarán los recursos utilizados.

¿SE PUEDE ENSEÑAR LA HEURISTICA?

Para tratar de responder a la pregunta de si se puede enseñar la heurística expondremos de manera crítica cuatro aspectos implicados en favorecer este aprendizaje:

a) la enseñanza de estrategias heurísticas;
b) el modo de trabajo de los alumnos y alumnas;
c) la manera de valorar el trabajo de resolución;
d) las ideas de los alumnos y alumnas sobre la actividad matemática.

Enseñanza implícita de heurísticas versus enseñanza explícita de heurísticas

G. Polya (1972) dio una lista de estrategias heurísticas como «hacer un dibujo o un esquema de la situación», «suponer el problema resuelto», «imaginar un problema más sencillo», «buscar alguna simetría o regularidad», que a su juicio son sugerencias naturales, sencillas, obvias y de sentido común que se utilizan frecuentemente en la resolución de problemas y que él trató de hacer explícitas. Esta lista se podría completar con otras estrategias que son más específicas de las distintas ramas de la Matemática, como la Geometría o la Teoría de números.

Para A.H. Schoenfeld (1985) las estrategias descritas por G. Polya son *etiquetas* que designan familias de estrategias semejantes y, a diferencia de los algoritmos, no son prescriptivas sino descriptivas. Esto quiere decir que mientras un algoritmo indica minuciosamente lo que hay que hacer, paso a paso, para aplicarlo, sin dejar lugar a que quepa ninguna duda sobre su aplicación, estas estrategias describen de manera general un procedimiento de resolución, pero una vez seleccionada una de ellas hay que decidir cómo usarla. Por ejemplo, la estrategia «*imaginar un problema más sencillo*» se puede emplear de muchos modos, según que un parámetro n juegue en el problema un papel relevante (entonces se puede dar a n los valores 1, 2, 3, etc.), que trate de polinomios (en este caso quizá convenga examinar un polinomio que se pueda factorizar fácilmente), o de conceptos espaciales (entonces se podría trabajar con una figura que presente más regularidades o con una situación sometida a menos condiciones), etc. Por tanto aplicar esta estrategia supone tomar una serie de decisiones:

- pensar en usarla (lo que no es trivial)
- decidir qué versión de la estrategia utilizar
- buscar problemas apropiados más sencillos que sean útiles para resolver el problema
- hacer la elección correcta del problema más sencillo
- resolver el problema más sencillo buscando una forma de utilizar con éxito su solución para poder encontrar la solución del problema propuesto.

Lo mismo podríamos decir de las otras estrategias heurísticas. Por ejemplo, para aplicar la estrategia «*hacer una representación gráfica de la situación*» es necesario:

- pensar en hacer una representación gráfica
- generar representaciones gráficas que sean útiles para la resolución del problema
- decidir la finalidad de esta representación en el contexto de la resolución del problema: ilustrar la situación, ayudar a conjeturar, ayudar a demostrar, resumir el enunciado, estructurar el pensamiento, etc.
- modificar la representación gráfica elegida o su interpretación en el caso de que no ayude a resolver el problema. Esta modificación en el dibujo o en su interpretación puede producirse de varias formas:
  — por *generalización*, reemplazando un elemento constante por una variable (dinamización), sobre todo en el caso de representaciones geométricas. Se puede materializar de forma física el dinamismo de una figura mediante los programas de ordenador que permiten construir en la pantalla la casi totalidad de las figuras de la geometría plana que se encuentran a

nivel de la Educación Secundaria, modificarlas o transformarlas (por ejemplo, *Cabri-Géométre*, creado en la Universidad Joseph Fourier de Grenoble);

— por *particularización*, reemplazando una variable por una constante, añadiendo una condición;
— por *analogía*, dibujando una representación estructuralmente equivalente a la primera, de forma que conserve sus elementos y relaciones;
— por *cambio de interpretación*, relacionando los elementos de la situación de una forma nueva;
— por *introducción o eliminación de elementos*;
— por *cambio de estrategia de resolución* del problema

- resolver el problema con ayuda de la representación elegida.

Si se trata de «*explorar alguna simetría en el problema*», ésta puede presentarse de distintos modos según los elementos que sean intercambiables entre sí:

- *simetría de los datos* si todos o algunos de los datos se pueden permutar entre sí porque jueguen el mismo papel en la situación propuesta
- *simetría de la situación inicial* presentada en el problema *respecto de la situación a la que se quiere llegar*
- *simetría* puramente *geométrica*.

Además habrá que hacer las mismas elecciones, adaptaciones y aplicaciones que se han planteado anteriormente.

Si se trata de «*encontrar una analogía con otro problema*», hay que decidir dónde centrar la analogía:

- en la cuestión planteada
- en el contexto de la situación del problema
- en los datos
- en la estructura de los problemas, de modo que se pueda establecer una equivalencia entre los datos, las relaciones y las cuestiones de los mismos.

Como señala A.H. Schoenfeld (1979) podemos concluir que:

> «Encontrar una heurística apropiada no es condición suficiente para resolver bien un problema, pero es condición

> necesaria» (p. 330). «Una creencia general en la enseñanza de la heurística es que una vez que se ha aplicado una heurística en diversas formas, el sujeto ya está preparado para aplicarla (...). Sin embargo cuando el sujeto encuentra algo que está más allá de su experiencia no sabe cómo hacerlo. Esta dificultad es mayor cuando la solución de un problema depende de más de una estrategia» (p. 332).

W. A. Wickelgren, en su libro *How to Solve Problems* (Cómo resolver problemas) de 1974, exponía que después de la enseñanza explícita de una heurística particular y tras haberla aplicado de diversas formas, el individuo estaba preparado para utilizarla. A juicio de A.H. Schoenfeld (1979) esta teoría es incompleta, pues además de seleccionar una heurística adecuada se debe usar una *estrategia directiva*, es decir, es necesario regular el proceso de aplicación de dicha heurística: no se trata sólo de hacer, sino de reflexionar sobre lo que se está haciendo y de cómo ello puede ayudar en la resolución del problema, pues:

> «Cuando las estrategias se enseñan de este modo no son heurísticas en el sentido de Polya; son meros algoritmos. La resolución de problemas es, en el espíritu de Polya aprender a enfrentarse con tareas nuevas y no familiares, cuando los métodos relevantes de solución (incluso si se dominan sólo parcialmente) no son conocidos. Cuando los estudiantes se ejercitan en los procedimientos de solución en la forma anterior, no desarrollan el conjunto de destrezas que Polya y otros matemáticos que trabajan el pensamiento matemático tienen en mente» (Schoenfeld, 1992, p. 354).

Las investigaciones acerca de si la enseñanza explícita de heurísticas según el modelo:

- *describir una heurística particular*
- *poner un ejemplo de aplicación de la heurística a un problema*
- *proponer a los alumnos problemas para que se ejerciten en su uso*

puede mejorar la habilidad para resolver problemas, son controvertidas. Por un lado algunas investigaciones muestran que cuando los estudiantes conocen diversas estrategias heurísticas tienen más recursos para abordar la resolución de un problema, de modo que si no han elegido una estrategia de forma acertada, conocen otros modos de afrontar la tarea (cf. Suydam, 1987); por otro lado aún no hay una evidencia clara de que se pueda mejorar la capacidad para resolver problemas enseñando sólo heurísticas. Sin embargo, si las heurísticas se enseñan en el contexto de una estrategia directiva, las dificultades para aplicarlas se pueden superar (cf. Schoenfeld, 1979).

Resumiendo, el modelo basado en la enseñanza explícita de estrategias heurísticas tiene varios puntos débiles:

- no tiene en cuenta los procesos de tipo metacognitivo presentes en la resolución de un problema, como por ejemplo la elección, adaptación y aplicación de la estrategia en cuestión
- no considera que un problema se puede resolver de distintos modos utilizando estrategias diversas e incluso varias estrategias a la vez
- enseñar a los alumnos a ejercitarse en una estrategia específica usándola de diversos modos les ahorra el trabajo de elegir la estrategia apropiada para cada ocasión.

Pero, *¿se puede enseñar algo más que heurísticas particulares?* Autores como G. Polya, A. Schoenfeld, H. Freudenthal y G. Glaeser se han planteado la pregunta de si se puede enseñar la heurística (en singular), esto es, el arte de elaborar estrategias de resolución de problemas. H. Freudenthal (1983) ha denominado «tácticas» a los consejos de Polya tales como «considerar un caso particular» o «suponer el problema resuelto», etc. y las ha distinguido del comportamiento general en la búsqueda de la solución de un problema que ha denominado «estrategia». Piensa que las tácticas se pueden enseñar, pero difícilmente las estrategias:

> «Mi idea acerca de la enseñanza de las estrategias es tratar de que una vez que se resuelve el problema se tome conciencia inmediatamente de la estrategia que se ha seguido de forma que se guarde en la memoria pero de una forma general como para no atenerse a ella al pie de

> la letra. Las estrategias sólo son válidas si se tiene en cuenta la flexibilidad para su aplicación. Más que apodícticamente deberían ser aprendidas heurísticamente. Y esto tiene que ver con el aprendizaje de la heurística según mi terminología. Respecto al problema de la enseñanza de la heurística debo decir y al mismo tiempo confesar que no lo he resuelto» (p. 42).

Por su parte G. Glaeser (1980) dice:

> «Todo lo que se puede hacer es entrenar a los estudiantes para que resuelvan problemas variados y para que saquen consecuencias de cada tentativa. Esta preparación se podrá considerar eficaz si el estudiante llega a resolver más a menudo y más rápido los problemas que les serán propuestos. El entrenamiento consistirá pues, tras una sesión de trabajo de investigación de una o dos horas, en examinar, analizar y criticar el camino seguido» (pp. 207-208).

La opción tomada en el Club matemático IEPS respecto de la enseñanza de heurísticas ha sido proponer problemas a los estudiantes con la intención de describir las estrategias heurísticas en la medida en que los sujetos las hubiesen ensayado y aplicado a estos problemas, pasando así de un uso implícito a una descripción explícita de las mismas. Se ha tenido en cuenta que al resolver un problema se pueden aplicar varias heurísticas, ya sea porque se puede resolver de distintos modos, ya sea porque se precise una combinación de ellas.

Por ejemplo, consideremos el siguiente problema:

La casa de mi amiga

«*Una amiga mía se ha comprado una parcela que tiene forma de triángulo equilátero y que tiene por lindes tres carreteras. ¿Dónde debe construir su casa para que el hacer tres caminos que vayan desde ésta a cada una de las carreteras le resulte lo más barato posible ?*»

Se empieza proponiendo el problema a los estudiantes. Normalmente éstos comienzan examinando casos particulares (ortocentro, vértices), lo que les conduce a algunos a formular la siguiente conjetura: «La casa puede emplazarse en cualquier lugar porque la suma de distancias de cualquier punto del triángulo a los lados parece constante». Luego intentan justificarla de varios modos: a) demostrando la conjetura para los puntos de los lados o de las alturas y reduciendo el caso general a uno de estos casos particulares; b) trazando segmentos que unen un punto cualquiera del triángulo con los vértices e intentando establecer una relación entre los triángulos dibujados en la figura; c) formalizando el problema en el dominio de la Geometría analítica y resolviéndolo de manera algebraica; d) trazando por un punto cualquiera del triángulo tres paralelas a los lados y obteniendo la solución de manera gráfica gracias a que las tres alturas de un triángulo equilátero son iguales:

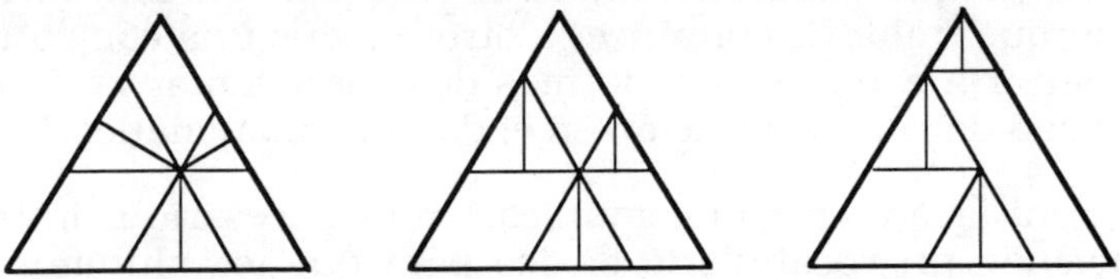

El proceso de reflexión, análisis y exposición de las vías seguidas para resolverlo, permite poner de manifiesto no sólo las heurísticas empleadas (resolver primero un problema más sencillo, elegir una notación adecuada, trazar líneas auxiliares para descomponer la figura y establecer nuevas relaciones), sino también cómo surgieron las ideas y cuáles fueron las dificultades y los bloqueos encontrados en el proceso.

Comunicación de los procesos de pensamiento matemático versus trabajo individual con lápiz y papel

«Las Matemáticas no se hablan, se escriben»; «las Matemáticas no se discuten, se aceptan» ... son ideas acerca de la enseñanza de las Matemáticas que dan lugar a plantear exclusivamente actividades individuales de «lápiz y papel», dejando de lado otras como los trabajos en grupo, las discusiones en pequeño o en gran grupo y las puestas en común. Sin embargo la comunicación del pensamiento matemático es importante para aprender a resolver problemas por las siguientes razones:

- porque una de las condiciones básicas para que se produzcan aprendizajes en procesos tan complejos como la resolución de problemas es facilitar un clima de libertad para animar a los alumnos a expresar sus ideas. Además, como afirma D. Pimm (1990): «Decir las cosas en voz alta tiene una fuerza especial y, con frecuencia, las ideas sólo pueden examinarse de forma adecuada cuando se exteriorizan en cierta medida»
- porque conocer mejor el funcionamiento de la mente de otras personas es una manera de mejorar la habilidad para resolver problemas por dos motivos principales: primero porque se pueden descubrir nuevas formas de aproximarse a un problema, de percibirlo, de atacarlo; segundo porque permite constatar que los otros también tienen bloqueos, vacilaciones, fallos, etc., lo que debilita el miedo a «fracasar» en esta tarea
- porque tratar de convencer a otros de que una conjetura es cierta es una de las formas de experimentar la necesidad de la demostración en el dominio matemático.

Para favorecer esta comunicación es necesario ir introduciendo un vocabulario básico para que los alumnos y alumnas puedan expresar sus ideas matemáticas con conceptos como «conjetura», «demostración», «contra-ejemplo», etc., para que empleen las denominaciones de algunas estrategias heurísticas como «suponer el problema resuelto», «buscar pautas y regularidades», «resolver un problema más sencillo» o de los diversos tipos de razonamiento en Matemáticas: «deductivo», «inductivo», «por casos», «por analogía», «regresivo», «por reducción al absurdo», etc.

La opción tomada en el Club matemático IEPS ha sido introducir progresivamente un vocabulario básico que permitiese a los estudiantes hablar de forma precisa, clara y correcta sobre los procesos del pensamiento matemático y favorecer el trabajo en grupo, la puesta en común y la discusión de ideas como medios de explicitar heurísticas, bloqueos, intuiciones y formas de percibir los problemas.

Procesos versus productos

Algunas actividades matemáticas se pueden plantear razonablemente en términos de «productos» en el sentido de que su finalidad es que el alumno o alumna obtenga una solución correcta por la aplicación de un algoritmo, el planteamiento y la resolución de una ecuación o la construcción de una figura. Sin embargo la resolución de problemas no se puede plantear de este modo pues es una tarea compleja que exige un trabajo serio de familiarización con la situación, de búsqueda y de selección de estrategias, el cual no conduce necesariamente a encontrar la solución. En este trabajo el alumno o la alumna puede llegar a comprender el problema, a concebir estrategias que pueden ser válidas, y sin embargo no llegar a dar una respuesta. Para poder valorar este proceso es necesario tener alguna traza del mismo, ya sea escrita o verbal y emplear más tiempo y atención que en la evaluación de un resultado.

Los alumnos y alumnas del Club matemático han elaborado un protocolo de resolución que les ha permitido tomar conciencia de sus procesos de pensamiento, exponerlos al grupo y darlos a conocer a la coordinadora de la actividad.

Inculturación matemática

Hemos visto que los alumnos y alumnas tienen unas ideas previas acerca de lo que es la Matemática y la actividad matemática, originadas en parte por la «pragmática del cuestionamiento escolar» (cf. Adda, 1985), esto es, por los presupuestos de la comunicación en clase de matemáticas que difieren de los presupuestos del discurso habitual. Además, si los alumnos y alumnas sólo están habituados a trabajar problemas rutinarios o ejercicios, sus ideas acerca de la actividad matemática están mediatizadas por este tipo de tarea .

En el Club matemático se ha tratado de hacer explícitas las ideas de los alumnos y alumnas acerca de la resolución de problemas utilizando cuestionarios o aprovechando los procesos de discusión de los problemas y se ha intentando desestabilizar aquellas convicciones que no favoreciesen las actitudes adecuadas para resolver problemas, diseñando situaciones didácticas adecuadas a tal fin.

PROPUESTA METODOLOGICA PARA TRABAJAR LA RESOLUCION DE PROBLEMAS

En el Club matemático:

1. *Se ha propuesto a los estudiantes* ***problemas*** *con distinto grado de dificultad, en los que los conocimientos matemáticos a aplicar fueran sencillos y que se prestaran a la particularización y a la generalización.*

2. *Se ha pedido a los estudiantes que tratasen de registrar el proceso de resolución con la mayor cantidad posible de datos, mediante un* ***protocolo escrito****.*

3. *Se ha pedido a los alumnos que* ***reflexionasen sobre el proceso seguido*** *que habían registrado en el protocolo.*

4. *Se han hecho* ***puestas en común*** *y* ***discusiones en grupo*** *acerca del proceso de resolución de cada problema. De esta forma se trataba de hacer explícitas aquellas ideas, estrategias, razonamientos, bloqueos, etc., presentes en el proceso de resolución.*

Elaboración de un protocolo de resolución

Los estudiantes han elaborado protocolos dividiendo la hoja de resolución en dos columnas, una hacía de borrador y en la otra trataban de explicar: las ideas que consideraban importantes en el curso de la resolución, lo que intentaban hacer y su parecer sobre todo ello. En la resolución de problemas en grupo un estudiante hacía de secretario y registraba el proceso. Poco a poco los estudiantes se han ido habituando a realizar estos protocolos que les exigían un esfuerzo adicional en la resolución de los problemas, pero gracias a ello la retrospección ha sido más fácil de hacer y se ha introducido un elemento de *control* en el proceso (cf. Schoenfeld, 1985). En el capítulo 4 se presentarán algunos ejemplos de realización, análisis y evaluación de protocolos.

Reflexión sobre el proceso seguido

En el Club matemático se ha invitado a los estudiantes a reflexionar sobre el proceso de resolución de cada problema, ya se tratase de un trabajo personal o en grupo. Para facilitarlo:

- los participantes han elaborado protocolos escritos de resolución, como se acaba de ver
- se ha entrevistado a los participantes pidiéndoles que contaran el proceso y que dijeran su percepción sobre el mismo
- los estudiantes han puesto en común sus procesos de resolución, analizando las ideas que les conducían a la solución y los bloqueos que les impedían llegar hasta el final.

De esta forma los miembros del Club se han habituado poco a poco a reflexionar y a hacerse preguntas del tipo, ¿qué pasaría si... cambiamos los datos, la cuestión, las condiciones del problema? Las preguntas del Anexo 2 pueden ayudar a reflexionar sobre el proceso seguido. En el capítulo 4 se presentará un ejemplo de reflexión sobre la resolución de un problema.

Trabajo en grupo

Cuando los problemas se han ensayado en grupo un *moderador* o una moderadora ha ayudado a seguir la metodología de trabajo propuesta para resolver el problema y un *secretario* o secretaria ha tomado notas. Esto ha hecho posible la discusión al final de la sesión sobre el comportamiento seguido. En el Club matemático yo intervenía como moderadora para canalizar la discusión sin ofrecer nunca una respuesta ni dar una opinión. Un estudiante del Club era el secretario. En algunas ocasiones yo misma he asumido los dos papeles.

Las funciones del moderador o moderadora eran las siguientes:

- decidir el momento de cambiar de fase en el curso de la resolución (exposición de ideas, selección de las

mismas, aplicación a la resolución del problema, verificación de la solución)
- impedir la valoración de ideas antes de que llegase el momento de elegir una estrategia de resolución para trabajar seriamente con ella
- moderar las intervenciones a fin de evitar que varias personas hablasen al mismo tiempo, que se interrumpiese a alguien o que un estudiante monopolizase la palabra
- pedir al secretario que recordase la lista de ideas cuando había un prolongado silencio
- proponer el problema al comienzo de la sesión y recordarlo en el caso en que la atención se desviase de la cuestión planteada.

En las primeras sesiones de resolución de problemas en grupo la moderadora suele intervenir muchas veces pues los estudiantes no tienen el hábito de trabajar en grupo y se precipitan para elegir una estrategia de resolución antes de pasar a esta fase del proceso.

Esta forma de trabajo es difícil porque hay que compaginar ritmos diferentes y estilos a veces opuestos y porque es necesario dejar lugar a que se produzca la incubación de ideas. En el capítulo 5 se hará un relato de la resolución de un problema en grupo.

Comunicación de ideas

La comunicación de ideas matemáticas es también difícil en el Club, tanto para quien las expresa como para quien las escucha. Esta comunicación resulta particularmente complicada cuando se trata de una discusión o de una puesta en común. Por ello se puede facilitar del siguiente modo:

- suscitando la participación de todos los componentes del grupo, animando a los más pasivos y evitando que alguien monopolice la palabra
- impidiendo que se juzguen las ideas expuestas: en caso de que alguien no considere una conjetura pertinente, una idea plausible o un demostración verdadera, sólo se le permite pedir explicaciones

- evitando que se desechen ideas porque no hayan resultado útiles; por el contrario se trata de favorecer que se profundice en ellas para ver si se pueden explotar
- propiciando el análisis de los bloqueos que se presentan en el transcurso de la resolución
- pidiendo que se generalicen los datos del problema o el resultado obtenido.

Como moderar resulta difícil, se pueden registrar algunas puestas en común o discusiones en magnetófono a fin de analizar críticamente este trabajo, prestando atención a los siguientes aspectos: *¿cuándo interviene el moderador?, ¿de qué forma lo hace?, ¿para decir qué?, ¿cuáles son las consecuencias de cada una de sus intervenciones?, ¿qué hacía el sujeto o el grupo antes de que interviniese el moderador?, ¿qué ha hecho el sujeto o el grupo después?* De esta manera el moderador va tomando conciencia de su estilo como guía de la actividad de los alumnos y tratará de mejorar su modo de proceder a fin de no imponer su criterio, no cortar ni juzgar ideas, sino por el contrario, tratar de orientar, de desbloquear y de ayudar a los estudiantes a expresar en voz alta su pensamiento. En el capítulo 7 se hará la transcripción y el análisis de una discusión.

DIFICULTADES PARA LA APLICACION DE ESTA PROPUESTA

Antes se han ido señalando algunas dificultades de aplicación de la metodología propuesta, ahora se reunirán en torno a tres apartados: la naturaleza de las actividades propuestas, el modo de trabajo de los alumnos y alumnas y el modo de intervención del profesor o profesora.

En relación con la naturaleza de las actividades propuestas

Si los alumnos y alumnas están poco habituados a resolver problemas, sus ideas acerca de la actividad matemática no son las más adecuadas para resolver problemas complejos; por tanto es necesario que sufran un proceso de «aculturación» (cf. Schoenfeld, 1989) para que vayan asimilando nuevas ideas sobre la actividad matemática.

En relación al modo de trabajo de los alumnos y alumnas

Si los alumnos y alumnas están poco habituados a expresar verbalmente sus procesos de pensamiento, a trabajar en grupo y a debatir sus ideas, la metodología expuesta requiere un aprendizaje de estas habilidades y hábitos de trabajo. Para ello hay que tratar de fomentar un clima de libertad para la comunicación, intentando que se aplacen los juicios sobre las ideas que se exponen hasta familiarizarse con las mismas. El coordinador de la actividad debe propiciar este clima, diversificando los tipos de comunicación, comenzando por comunicaciones más sencillas y entrevistando a los participantes.

En relación al modo de intervención del profesor o profesora

Este modelo de intervención conlleva un estilo de profesor que es un mero guía de la actividad del alumno. Esto tiene consecuencias a tres niveles: el puramente matemático, el didáctico y el personal (cf. Burkhardt y Schoenfeld, 1988):

- a nivel puramente *matemático* el profesor deberá percibir las implicaciones de las diferentes aproximaciones de los estudiantes al problema: si éstas son buenas o no; en este último caso ver cómo ayudar a los estudiantes para que lo sean
- a nivel *didáctico*, el profesor deberá decidir cuándo intervenir, qué sugerencias proporcionar, cómo desbloquear una situación o cómo reconducirla, etc.
- a nivel *personal*, el profesor se encontrará quizá en una situación un tanto inusual y en cierto modo incómoda pues no podrá planificar siempre de antemano todas las situaciones didácticas que se le puedan plantear, por ejemplo, las respuestas que se les pueden ocurrir a los alumnos o sus posibles aproximaciones al problema.

Para llegar a sentirse a gusto con este modo de intervención el profesorado necesitará ir forjando una experiencia en esta línea a fin de incrementar la confianza y la seguridad en sus propios recursos personales.

ALCANCE DE LA PROPUESTA

Tras una primera etapa de tres cursos de desarrollo del Club matemático, se ha analizado en profundidad la evolución de 10 estudiantes que han permanecido en el mismo durante un año al menos (cf. Callejo, 1991, 1994). Este estudio ha mostrado que la evolución de los estudiantes a lo largo de su estancia en el Club ha sido positiva pero diversa: por una parte la metodología puesta en práctica ha favorecido ciertos aprendizajes en cada uno de los sujetos estudiados; por otra parte esta metodología no ha garantizado que en cada sujeto y para cada una de las variables analizadas (actitudes frente a la resolución de problemas, aplicación de heurísticas y grado deconocimiento propio) se haya producido una evolución positiva. A continuación se describe esta evolución con relación al empleo de representaciones gráficas, según que los estudiantes mostrasen preferencia por métodos algebraicos o geométricos.

Estudiantes que prefieren métodos geométricos

Ignacio [1] y **Antón** son dos chicos que permanecieron en el Club durante dos cursos y que han mostrado sus preferencias por las interpretaciones visuales de las relaciones matemáticas, incluso cuando de trataba de relaciones abstractas. Durante su permanencia en el Club han adquirido un dominio de las representaciones gráficas en la resolución de problemas y han desarrollado capacidades que la educación matemática recibida hasta entonces no les había favorecido. En los primeros meses de entrenamiento no resolvían los problemas de Geometría, pero más tarde han utilizado con éxito procedimientos tales como: la ampliación del espacio físico de la representación gráfica que ilustraba el enunciado de un problema geométrico y la reinterpretación de las representaciones gráficas gracias a su descomposición y recomposición.

[1] Los nombres de los participantes en el Club son ficticios.

Ignacio ha empleado a veces con éxito sus conocimientos de Ciencias Físicas para dinamizar representaciones asociadas a problemas planteados de forma estática; sus conocimientos de programación le han sugerido representaciones no habituales en la resolución de problemas no geométricos. Los otros participantes en el Club han estado atentos a estos procedimientos aunque no los hayan interiorizado.

Antón ha manifestado al final de su entrenamiento que al comienzo de esta experiencia se quedaba bloqueado ante los problemas geométricos. A pesar de sus esfuerzos, en las primeras sesiones no sabía relacionar las propiedades de las representaciones geométricas dibujadas con la cuestión del problema. El pensaba que la educación matemática recibida, demasiado formalista, estaba en la base de este bloqueo y que este entrenamiento le ha ayudado a superarlo. En efecto, **Antón** ha aprendido a elegir bien las representaciones gráficas para resolver no sólo algunos problemas de tipo geométrico sino también otros planteados en otro contexto; también ha aprendido a modificar las representaciones hasta encontrar una buena estrategia de resolución y a dibujar varias representaciones gráficas utilizando su flexibilidad perceptiva.

Estudiantes que prefieren métodos algebraicos

Fermín y **Angel** son dos chicos que han permanecido en el Club tres y dos cursos respectivamente. Han mostrado sus preferencias por reducir todo tipo de problemas a otros algebraicos equivalentes. Durante su entrenamiento en el Club han descubierto que el uso de representaciones gráficas era absolutamente necesario en la resolución de ciertos tipos de problemas y a veces permitía elaborar métodos elegantes u originales.

Fermín ha tomado conciencia durante el entrenamiento de su personalidad en relación al empleo de representaciones gráficas (preferencia por el empleo de métodos algebraicos y, en consecuencia, por el uso de la Geometría analítica en la resolución de problemas geométricos) y ha intentado contrarrestar sus bloqueos más importantes (rigidez perceptiva que se manifiesta en la interpretación de representaciones geométricas desde un solo punto de vista y negligencia en el empleo de representaciones gráficas o de propiedades geométricas de las figuras). Al final del entrenamiento ha intentado abordar, a veces con éxito, los problemas geométricos no sólo por vía analítica sino también por vía geométrica, percibiendo las relaciones geométricas elementales que conducen a soluciones más cortas y elegantes.

La personalidad de **Angel** resolviendo problemas es parecida a la de **Fermín**, pero además emplea colores en el dibujo de representaciones gráficas. Esto no le ha ayudado a cambiar de punto de vista en la interpretación de ciertas relaciones geométricas. **Angel**, guiado por su sentido estético, ha hecho notar los comportamientos de sus compañeros **Ignacio** y **Antón** en relación al empleo de representaciones gráficas y ha intentado imitar sus procedimientos de resolución pero sin éxito, porque no ha sabido hacer siempre la buena elección de la representación o de su función en el proceso de resolución, o no ha contemplado las propiedades de las representaciones que ayudaban a la resolución. El entrenamiento ha favorecido en él una actitud abierta frente al empleo de representaciones gráficas pero **Angel** no ha llegado a interiorizar los procedimientos de sus compañeros para llegar al fin buscado: encontrar soluciones simples y elegantes.

Es habitual que las primeras representaciones gráficas dibujadas por estos dos estudiantes hayan influenciado la sucesión de representaciones elaboradas en el curso del proceso de resolución. El papel dc esta primera representación era frecuentemente ilustrar el enunciado del problema.

Estudiantes que emplean métodos geométricos y algebraicos

Los seis estudiantes restantes no han mostrado una preferencia clara por los métodos algebraicos o geométricos.

Sc trata de una participante, **Ana**, que ha permanecido en el Club durante dos cursos, de tres chicos, **Jaime**, **Alvaro**, y **Julián**, y de dos chicas, **Paula** y **María**, que han permanecido en el Club un curso. Estos estudiantes han subordinado las representaciones gráficas al tipo de problema, es decir, a problemas geométricos o de relaciones espaciales. Durante el entrenamiento han desarrollado una actitud reflexiva y crítica en el empleo de representaciones gráficas y han adquirido una cierta flexibilidad perceptiva.

Ana ha mostrado desde el principio una flexibilidad perceptiva que ha puesto de manifiesto cuando ha cambiado de representación gráfica o la ha contemplado desde diferentes puntos de vista. Pero ha experimentado dificultades para desbordar el marco físico delimitado por las representaciones que ilustraban ciertos problemas geométricos. Su falta de reflexión en el empleo de la representación elegida le ha impedido a veces resolver algunos problemas, pues normalmente se precipitaba rápidamente sobre un procedimiento de resolución. Más tarde ha llegado a familiarizarse con el problema antes de elegir una estrategia de resolución y ha empleado las representaciones de forma más reflexiva. Solamente en una ocasión ha ampliado el espacio físico de la representación que ilustraba el enunciado de un problema.

Jaime ha mostrado al principio falta de flexibilidad perceptiva y más tarde ha llegado a establecer diferentes tipos de relaciones en una misma representación gráfica. Sin embargo, eso no le ha ayudado a resolver mejor los problemas.

Alvaro ha aprendido a lo largo del entrenamiento a ser más sistemático y a sacar más provecho del empleo de representaciones gráficas. Al final de este entrenamiento ha resuelto mejor los problemas geométricos.

Al final del entrenamiento se ha constatado en **Julián** las mismas dificultades que al comienzo: falta de flexibilidad para cambiar de punto de vista en la interpretación de una representación gráfica y, en consecuencia, para sacar más partido de las representaciones que dibuja en el curso de la resolución de los problemas.

Paula dibujaba al principio de la experiencia en el Club una representación gráfica para resolver un problema. Más tarde ha dibujado varias y ha resuelto mejor los problemas.

A su llegada al Club **María** dominaba bastante bien el uso de representaciones geométricas. Durante su estancia en el mismo ha hecho notar ciertos procedimientos utilizados por sus compañeros: el hecho de hacer una interpretación dinámica de una representación, el de cambiar de contexto matemático, en particular pasar al dominio geométrico y el de hacer el esquema visual de una situación abstracta. Pero las hojas de resolución de las que disponemos no nos permiten constatar la aplicación práctica de estas ideas.

CONCLUSION

Retomemos la cuestión inicial: *¿se puede enseñar a resolver problemas?* Tras un trabajo sistemático de cuatro cursos (1985-86, 1986-87, 1987-88, 1992-93) en el *Club matemático IEPS* puedo decir que cada vez estoy más convencida de que se puede aprender a resolver problemas, que se puede favorecer este aprendizaje, pero que es difícil de enseñar. Se puede proponer problemas sugerentes, despertar el interés por esta actividad matemática, dar pautas, indicaciones, ayudar a los estudiantes a explicitar sus procesos de pensamiento y a reflexionar sobre ellos, etc. Pero la manera de abordar la resolución de problemas es algo muy personal y en este sentido lo que se puede hacer es ayudar a cada estudiante a descubrir su propio estilo, sus capacidades y sus limitaciones. No se trata pues de transmitir a los estudiantes métodos, reglas heurísticas o «trucos», sino las actitudes profundas que han conducido a ellos, partiendo de su propia experiencia. Para ello es necesario combinar la práctica, con una metodología de trabajo apropiada y el examen, el análisis, la discusión y la crítica de los procesos de resolución.

Pero la experiencia que se acaba de exponer se ha desarrollado fuera del aula, con el propósito de iluminar un aspecto importante de la educación matemática: la resolución de problemas. A partir de ella *¿qué se puede decir acerca del trabajo en resolución de problemas en el aula?* En el Club matemático se juega con ventaja respecto a las condiciones en que se desarrolla la educación formal y los cursos de Matemáticas de Secundaria: por una parte los participantes en él son alumnos motivados por las Matemáticas que tienen una experiencia positiva del aprendizaje de esta materia en el contexto escolar; por otra parte el objetivo no era introducir contenidos matemáticos, sino ejercitar a los alumnos en procesos propios de la actividad matemática que conducen al establecimiento de proposiciones y a la demostración de teoremas; por último, el número de alumnos era abarcable para el modo de trabajo: individual y en grupo, puestas en común y debates.

Sin embargo, en el ámbito de la educación formal las cosas suceden de otra manera: no todos los alumnos de una clase están motivados por las Matemáticas, la introducción de contenidos juega un papel importante en los cursos de Matemáticas y no resulta fácil articular una propuesta curricular centrada en la resolución de problemas en la que éstos constituyan un punto de partida para la introducción de conceptos, situándolos en el contexto que les dio origen, de manera que proporcionen situaciones a las que aplicar los conocimientos matemáticos. Por último, en cuanto a la dinámica de trabajo, a la organización de la clase y a la intervención del profesorado, esta propuesta exige que haya un número reducido de alumnos y que tengan ciertos hábitos de trabajo cooperativo.

Según esto, la aplicación al aula es difícil pero posible. Hace falta dar pequeños pasos en la dirección de aplicar métodos más activos y más inquisitivos que inviten a los alumnos y alumnas a plantearse sus propias preguntas, sus propios problemas, a comunicar sus ideas, a discutirlas y a trabajar con otros. Algunos grupos de profesores ya lo están haciendo y muchos más tendrán la ocasión de hacerlo ofertando como materia optativa del Segundo Ciclo de la Enseñanza Secundaria Obligatoria el *Taller de Matemáticas.* En éste se pretende, entre otros objetivos, favorecer en los alumnos el gusto por la actividad matemática, practicar el trabajo en equipo, enseñar a valorar y respetar las opiniones propias y ajenas. Este taller permite una mayor libertad al profesorado que una materia obligatoria que está sujeta a cubrir unos mínimos para todos los estudiantes.

PARTE II
Experiencias en un Club matemático

Introducción

> «La aplicación de formas diversas de organización de las actividades matemáticas fuera de la clase e incluso de la escuela para los alumnos interesados se convierte, en algunos países, en un elemento particularmente importante de la diferenciación natural y sana de la educación matemática.»
>
> A. Z. Krygowska

En esta parte, vamos a presentar una experiencia de resolución de problemas realizada fuera del contexto escolar, en un *Club matemático*. Empezaremos describiendo brevemente las características más importantes de los clubs matemáticos y presentaremos el *Club matemático IEPS*. Luego nos acercaremos al modelo de intervención educativa expuesto en el capítulo anterior a partir de situaciones reales registradas por escrito o en magnetófono. Veremos primero cómo se ha desarrollado el trabajo personal a través de los protocolos de resolución de los problemas y de la reflexión sobre el proceso de resolución; a continuación trataremos de las interacciones entre los alumnos a través del trabajo en grupo y de la comunicación de ideas y por último de la evaluación de los aprendizajes; en los capítulos finales comentaremos algunos problemas y actividades planteadas en el *Club matemático IEPS*.

—3

Los *Clubs matemáticos*

Un *Club matemático* es un ámbito para contemplar las Matemáticas desde ángulos que habitualmente no están presentes en la práctica escolar: el experimental, el estético, el recreativo y el cultural (cf. Guzmán, 1984b) y su finalidad es brindar una oportunidad de enriquecimiento a un grupo de alumnos y alumnas que son capaces de dedicar parte de su tiempo libre a trabajar esta materia, estimulados por la presencia de otros compañeros y por una o varias personas expertas que lo coordinan. Si un Club matemático se integra en la organización escolar, constituye una forma de desarrollar un currículo diferenciado que tiene en cuenta la diversidad de intereses y motivaciones de los alumnos.

Los Clubs matemáticos suelen agrupar a alumnos de uno o de varios Institutos de Educación Secundaria. Lo forman un número entre 10 ó 15 alumnos y un coordinador. La actividad se desarrolla en el período escolar, es decir, desde octubre hasta junio, de modo que no sobrecargue demasiado el trabajo ordinario de los participantes. Por ejemplo, se puede llevar a cabo en sesiones semanales de dos horas. En los Clubs matemáticos pueden participar todos los alumnos que lo deseen, de clases y niveles diferentes, para trabajar en la resolución de verdaderos problemas. El único requisito de admisión es el deseo de participar y estar motivado para investigar en Matemáticas.

El papel del coordinador es establecer un nuevo «contrato didáctico», es decir, una nueva relación entre el profesor y el alumno, entre el alumno y la Matemática. Para ello elige actividades que sean asequibles a los alumnos, en las que los contenidos que haya que aplicar estén a su alcance y que, al mismo tiempo, se presten a posibles generalizaciones; no se sitúa ante los participantes como un sabe-lo-todo puesto que no puede prever de antemano todas las vías de exploración de la situación propuesta ni todas las generalizaciones de la misma; trata de presentar la Matemática como una ciencia en la que la experimentación, la intuición y las conjeturas juegan un papel importante en el proceso de creación de la misma y, por tanto, no se construye como ciencia deductiva, y en la que la justificación o demostración de un resultado es un medio de convencerse a sí mismo y a los otros de la verdad de éste; por último, el coordinador o coordinadora facilita la comunicación del pensamiento matemático mediante la expresión oral y escrita, la discusión y el trabajo en grupo.

A continuación expondré los objetivos, la metodología, la organización y las actividades del *Club matemático IEPS*.

EL *CLUB MATEMATICO IEPS*

El *Club matemático IEPS* inició su andadura en el curso 1985-1986 con un grupo de estudiantes de Bachillerato de varios centros de Madrid. Cubrió una primera etapa hasta el curso 1987-1988 y se ha desarrollado en tres períodos:

— de Abril a Junio de 1986 (4 chicos)
— de Octubre de 1986 a Junio de 1987 (1 chica y 7 chicos)
— de Octubre de 1987 a Junio de 1988 (3 chicas y 3 chicos)

siendo el numero total de participantes de 14. Tras un paréntesis impuesto por la necesidad de sistematizar esta experiencia (Callejo, 1991), el *Club matemático IEPS* reanudó su marcha en el curso 1992-1993 (Callejo, 1993) con 10 estudiantes que asistieron regularmente.

Objetivos

Las actividades que se realizan en el *Club matemático IEPS* persiguen los siguientes objetivos:

1. Estimular la creatividad, el pensamiento lateral, la fluidez de ideas, el espíritu crítico y la objetividad confrontando a los participantes con verdaderos problemas.

2. Introducir a los alumnos y alumnas en temas que normalmente no figuran en los programas de Matemáticas. Por ejemplo: grafos, proporción áurea, aproximaciones del número π, temas de teoría de números, etc.
3. Promover el trabajo de grupo.

Organización

Las sesiones están desarrollándose semanalmente, los miércoles de 6 a 8 de la tarde, y la asistencia, no obligatoria, suele ser bastante regular. De no ser así resultaría imposible seguir la metodología de trabajo propuesta, ya que es necesario contar con una experiencia compartida por todos los alumnos y alumnas para que ninguno se desenganche del proceso de reflexión y de investigación que se va desarrollando a lo largo de las sesiones de trabajo y en el que suelen estar presentes acontecimientos de diversas reuniones.

La coordinadora del Club selecciona las actividades para proponérselas a los alumnos, trata de crear un clima de libertad para que los estudiantes puedan expresarse con espontaneidad y anima a la interacción verbal en el trabajo o en la discusión en grupo.

Es importante para la dinámica que se sigue que los participantes se dispongan alrededor de grandes mesas de trabajo para favorecer así tanto el trabajo individual como en grupo. En todas la sesiones se hacen los dos tipos de trabajo.

Metodología

En el capítulo 2 he presentado la metodología de trabajo que se sigue en el *Club matemático IEPS*, así como su alcance y las dificultades para ponerla en práctica. Aquí sólo la recordaré de forma resumida:

- propongo a los estudiantes una metodología de trabajo que comprende cuatro etapas:
  — familiarización con el problema;

— exploración inicial: búsqueda de varias estrategias de resolución;
— elección de una de estas estrategias y trabajo serio con ella;
— reflexión sobre el proceso seguido

- pido a los participantes que traten de registrar el proceso de resolución con la mayor cantidad posible de datos, mediante un protocolo escrito. Para ello en el trabajo personal dividen la hoja de resolución en dos columnas, una hace de borrador y en la otra tratan de explicar a lo largo del proceso: las ideas que consideran importantes en el curso de la resolución, lo que intentan hacer y su parecer sobre todo ello. En la resolución de problemas en grupo un estudiante hace de secretario y registra el proceso
- pido a los alumnos que reflexionen sobre el proceso seguido
- modero una discusión en grupo acerca del proceso de resolución de cada problema. De esta forma trato de hacer explícitas aquellas ideas, estrategias, razonamientos, bloqueos, etc, presentes en el proceso de resolución.

Actividades

En la primera etapa del *Club matemático* fui elaborando diferentes tipos de recursos para proponer a los alumnos. En ellos trataba siempre de plantear las actividades de forma motivadora, para que suscitasen interés y curiosidad, y de variarlas para no caer en la rutina. Unas veces eran un conjunto de problemas presentados en el calendario del mes, o propuestos a partir del estudio de un tema, o extraídos de un concurso; otras veces era un solo problema a resolver durante una o varias semanas o en tiempo limitado («problema del día»). A continuación expondré brevemente algunas de ellas.

Problema del día

Se trata de resolver individualmente un problema empleando como máximo una sesión de dos horas. Un ejemplo es el siguiente:

Partiendo conjuntos:
Consideramos el conjunto de números $S_n = \{1,2,3, ...,n\}$. *¿Para qué números naturales n se puede partir* S_n *en dos conjuntos disjuntos cuyos elementos sumen lo mismo? Por ejemplo para 2 no se cumple porque* $S_2 = \{1,2\}$ *no se puede partir de esa forma, pero 3 y 7 lo cumplen porque* $S_3 = \{1,2,3\}$ *se puede dividir como* $\{1,2\}$ *y* $\{3\}$ *y* $S_7 = \{1,2,3,4,5,6,7\}$ *como* $\{1,6,7\}$ *y* $\{2,3,4,5\}$.

Propuse este problema para que los asistentes investigaran durante una hora, en el transcurso de la cual invité a algunos a generalizar al caso de dividir el conjunto en tres partes. Los alumnos elaboraron un protocolo y, antes de comenzar la puesta en común, les pedí que repasasen lo que habían escrito, que reflexionasen sobre sus procesos e hiciesen un informe. Empecé la puesta en común invitándoles a que expresasen sus sentimientos: algunos habían sentido ansiedad por no llegar rápidamente a encontrar la solución, otros mucha curiosidad ante el problema, otros alegría porque sus ideas funcionaban, ... Todos habían obtenido la solución: «n es un número múltiplo de 4 o anterior a un múltiplo de 4». En la puesta en común nos centramos en la justificación de este resultado, pues ningún estudiante se había llegado a preguntar si la condición necesaria para que se cumpliese la propiedad era también suficiente. Para ello aplicamos un razonamiento por inducción que les introduje con la imagen del «efecto dominó»: si ponemos en fila infinitas fichas de dominó y nos aseguramos que cae la primera y que si cae una ficha cae la siguiente, entonces caerán todas las fichas. Al final dejamos como tarea para tratar en la siguiente sesión la generalización del problema a los casos de dividir el conjunto en, 3, 4, 5, ..., m partes.

Tres en raya

En esta actividad se forman dos equipos para jugar. Cada equipo intenta resolver el máximo de un conjunto de problemas dispuestos en un tres en raya. Los problemas no suelen presentar gran dificultad. El equipo que comienza el juego puede marcar una señal en una de las casillas del tres en raya con tal de que resuelva el problema situado en dicha casilla. El equipo que consiga colocar primero tres señales en horizontal, vertical o diagonal ha ganado. Presentamos un ejemplo en el Anexo 3.

Calendario del mes

El calendario del mes es también una colección de problemas dispuestos en los días del mes en curso. En el calendario se alternan problemas más sencillos con otros más complejos, curiosidades matemáticas, notas históricas, etc., así nos introducimos en temas interesantes, en la vida de matemáticos ilustres, etc. Los calendarios que utilizo en el Club los tomo de los que preparan algunos grupos y sociedades de profesores de matemáticas, o yo misma los adapto de los que aparecen mensualmente en la revista *Mathematics Teacher*. El calendario lo entrego a los participantes al comienzo del mes para que vayan resolviendo individualmente el problema propuesto cada día y poder hacer al final de este período una puesta en común. En ella prestamos especial atención a los problemas que encerraban algún tipo de dificultad y buscamos generalizar los resultados obtenidos.

Temas matemáticos

Esta actividad consiste en presentar a los componentes del Club temas que habitualmente no aparecen en los programas de estudios o que se prestan a un tratamiento más profundo del que se hace en éstos. Algunos temas son los siguientes:

La proporción áurea: Este tema trata sobre: Rectángulos áureos en el arte y en la vida cotidiana. Obtención de rectángulos áureos con regla y compás. Forma de obtener rectángulos áureos a partir de otro dado. Trazado de rectángulos áureos y de la espiral áurea con las órdenes del lenguaje LOGO. La razón áurea, la razón áurea en el arte, la razón áurea y la sucesión de Fibonacci, la razón áurea en la estrella de los pitagóricos.

Los dígitos de π. En este tema se hace un recorrido histórico por diversas aproximaciones del número π. Se comienza por un procedimiento experimental: las agujas de Buffon y su simulación de la experiencia con ordenador. Luego se hace una estimación de π mediante fracciones como producto infinito (Vieta) y como suma infinita (Leibnitz). Se termina con algunas curiosidades sobre el número π.

Cuadrados mágicos. Se presentan los cuadrados mágicos utilizando el del cuadro de Alberto Durero «Melancolía» y se hace una breve historia de los cuadrados mágicos. A continuación se exponen algunas maneras de obtener cuadrados mágicos: rotaciones y simetrías; cuadrados mágicos de orden impar. Por último se generaliza este concepto: cubos mágicos, toros mágicos, cuadrados mágicos de números negativos y fraccionarios.

Grafos. Este tema introduce la idea de *Grafo* a través de un juego, «Los retoños». A continuación se presenta el problema que dio origen a la teoría de grafos, los *puentes de Konigsberg*, así como su creador, el matemático suizo Leonardo Euler, y algunas de sus propiedades más notables.

Caminos. En este tema se trata de contar los caminos que hay entre dos puntos, siempre que se sigan unas direcciones determinadas, lo que permite presentar *el triángulo de Pascal.* Se dan otros ejemplos en que también aparece este triángulo de números. Por último se plantean algunos problemas de cálculo de probabilidades.

Laberintos. Los problemas que se tratan en este tema son los siguientes: ¿Cuál es la mejor manera de adentrarse en un laberinto desde la entrada para llegar a una meta interior? ¿Hay algún modo de alcanzar ésta y regresar al punto de partida sin hacer dos veces el mismo camino? ¿Puede evitarse el dar vueltas interminablemente? Supongamos que alguien se da cuenta de que se ha perdido, ¿cómo podrá hallar el camino de retorno a la entrada sin adentrarse aún más en el laberinto? Estas preguntas se responden empleando el concepto de *grafo asociado a un laberinto* y utilizando diversas reglas como la de la *mano derecha*, la de la *mano izquierda*, la de *Trémaux* y la de *Oystein Ore* y definiendo la *matriz asociada al grafo de un laberinto.*

Paseos al azar. Este tema, que se elaboró para profundizar en el problema de *El cubo y la mosca*, que se presentará más adelante, trata la cuestión de encontrar la probabilidad de que un objeto que se mueve al azar entre varios puntos llegue a alcanzar alguno de ellos. Para resolverlo se introducen los conceptos de «matriz estocástica» y de «cadena de Markov», sin pretensiones de hacer un estudio formal, y se presentan algunas propiedades que permiten resolver determinados problemas de caminos al azar.

Números primos. Este tema trata sobre: La criba de Eratóstenes. *¿Cuántos números primos hay?* Demostración de Euclides de que son infinitos. *¿Cómo se pueden obtener números primos?* Otras formas de obtener de números primos: números de Fermat, números de Mersenne. Números primos gemelos.

Números de Fibonacci. El contenido de este tema es el siguiente: La sucesión de Fibonacci. Propiedades. La sucesión de Lucas. Relaciones entre estas sucesiones. Suma de los cuadrados de los términos de la sucesión de Fibonacci y su interpretación geométrica. El triángulo de Pascal y la sucesión de Fibonacci. Filotaxia y números de Fibonacci.

En el Anexo 4 se incluyen estos temas.

En resumen, el Club matemático IEPS es una propuesta para trabajar la diversidad en Matemáticas en una sesión semanal de dos horas. Esta iniciativa puede desarrollarse también en los propios centros educativos y convertirse así en un elemento importante para la diversificación de la educación matemática de aquellos jóvenes que encuentran en los Clubs matemáticos la posibilidad de trabajar aspectos de esta disciplina complementarios con la formación que reciben en el Area de Matemáticas.

4

Trabajo personal: Reflexión sobre los procesos de pensamiento

> «Guarda una traza escrita de lo que haces, de las etapas de tu pensamiento, de lo que te sugiere trabajar en tal o cual vía, de lo que te detiene, te hace volver atrás, etc. Se trata de *anotar lo que no aparece nunca en una hoja de un alumno, en un artículo o en un libro*».
>
> A. Bouvier

En el *Club matemático* he invitado a los estudiantes a reflexionar sobre el proceso de resolución de cada problema, ya se tratase de un trabajo personal o en grupo. Para facilitarlo:

- los participantes han elaborado protocolos escritos de resolución o han utilizado la hoja de borrador para repasar el proceso seguido y han puesto en común estos procesos, analizando las ideas que les conducían a la solución y los bloqueos que les impedían llegar hasta el final
- yo misma les he entrevistado en ocasiones, pidiéndoles que me contaran el proceso y que me dijeran su percepción sobre el mismo.

En este capítulo veremos cómo se hace un protocolo de resolución, daremos algunos ejemplos, y nos detendremos en la reflexión de los estudiantes sobre el proceso de resolución de varios problemas.

REALIZACION DE PROTOCOLOS

Un protocolo es un registro de los fenómenos que han sucedido a lo largo del proceso de resolución de un problema, aunque no se haya llegado a obtener la solución. Este registro puede tener distintos soportes (vídeo, magnetófono, papel) y recoge dos tipos de informaciones:

— el contenido del proceso
— las observaciones sobre el mismo.

Según esto una hoja de borrador no se considera un protocolo de resolución porque el resolutor del problema no tiene la intención de explicitar lo que está pasando en su mente. Sin embargo, un borrador puede suministrar muchas más informaciones interesantes que una hoja en limpio en la que la solución del problema se presenta en forma de proceso lógico-deductivo.

Pero cuando un sujeto se enfrasca en la resolución de un problema, es normal que se olvide de anotar las observaciones del proceso, porque es difícil observar el trabajo mientras se trabaja, por ello se puede buscar una manera de recordarlo. Por ejemplo, se puede interrumpir el trabajo cada 10 ó 15 minutos con la alarma de un reloj despertador o reservar un espacio en la hoja de resolución para hacer los comentarios del proceso que sean pertinentes, como hemos hecho en el Club matemático. Las observaciones pueden referirse a diversos aspectos del proceso:

- lo que se está realizando
- lo que se está pensando
- el parecer sobre lo que se está haciendo
- los sentimientos por los que se está pasando.

Un protocolo se puede analizar desde un punto de vista microscópico o macroscópico. En el primer caso se estudian los aspectos puntuales del proceso de resolución que se denominan *episodios*, por ejemplo: relacionar el problema con otro ya resuelto, decidir aplicar una estrategia de resolución, experimentar un sentimiento de ansiedad, etc. En el segundo caso se estudia el proceso globalmente viendo el significado de cada uno de los episodios en relación a la totalidad del mismo.

El análisis de los episodios se puede hacer a partir de preguntas como las siguientes:

- ¿a qué etapa del proceso corresponde cada episodio: familiarización, búsqueda de estrategias, selección de una estrategia y desarrollo de la misma, reflexión sobre el proceso?
- ¿cómo se relaciona cada episodio con los que le preceden y con los que le siguen?
- ¿qué momentos han sido decisivos para el éxito o el fracaso del plan previsto?
- ¿qué bloqueos han aparecido?
- ¿qué sentimientos se han experimentado a lo largo del proceso?

El análisis macroscópico se puede realizar atendiendo a *lo que se hace* o a *lo que se siente*. Por ejemplo, la descripción que hace G. Polya para resolver un problema y que hemos presentado en el primer capítulo:

- comprensión del problema
- concepción de un plan
- realización del plan
- verificación de la solución obtenida,

corresponde a lo que hace un «resolutor ideal», es decir, un sujeto que avanza directamente y sin tropiezos hacia la solución del problema, sin quedar atascado en ningún momento y sin haber explorado caminos que no le condujeran directamente a la solución. El paradigma de dicha resolución aparece en su libro *Mathematical Discovery* (1981) con un problema en que se trata de calcular el volumen del tronco de una pirámide recta de base cuadrada. La figura que sigue es la representación gráfica de dicho proceso:

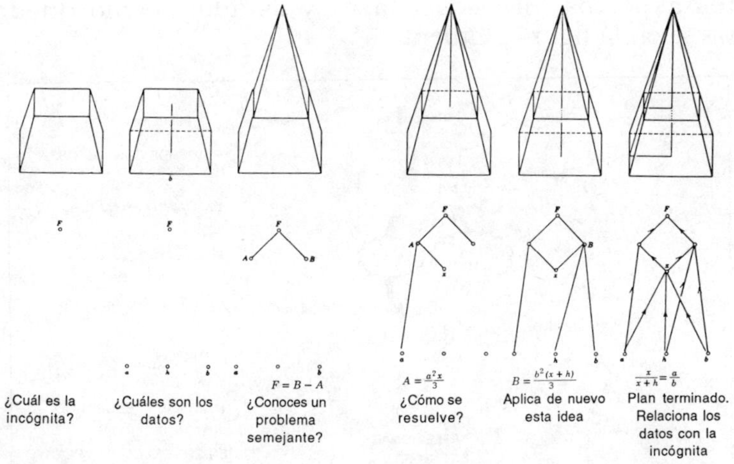

Tomado de *Mathematical Discovery*, G. Polya, Wiley, Nueva York, 1981 (ed. combinada), página 9.

A.H. Schoenfeld (1985) caracteriza las fases atendiendo también a lo que se hace, pero adaptándolas a lo que es un proceso real. Este autor distingue seis aspectos:

- lectura
- análisis
- exploración
- planificación
- mejora
- verificación.

Por su parte M. de Guzmán (1991) analiza los protocolos en relación a las cuatro fases de la metodología de trabajo que hemos presentado en el capítulo 2:

- familiarización
- búsqueda de estrategias
- realización
- revisión.

En relación a lo que se siente, J. Mason, L. Burton y K. Stacey (1988) describen en su libro *Pensar matemáti-*

camente la resolución de problemas atendiendo a distintos aspectos: procesos, fases y estados, como puede verse en la figura siguiente:

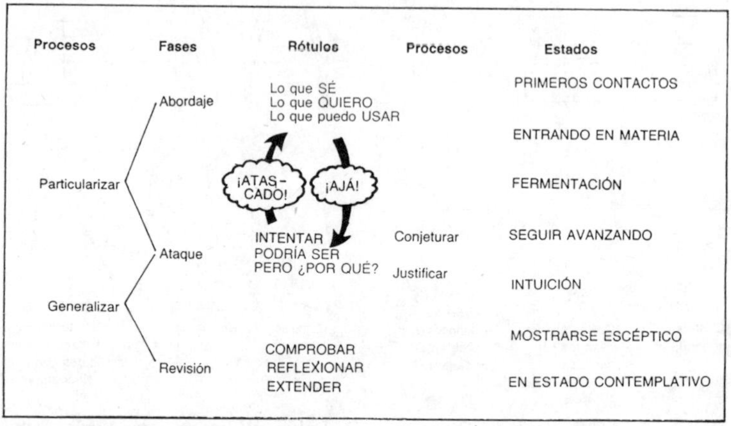

Tomado de: *Pensar matemáticamente,* J. Mason, L. Burton y K. Stacey, Labor-MEC, 1988.

Los estados afectivos del resolutor le ayudan a saber en qué fase se encuentra. Pero este modelo pretende ofrecer una ayuda para la instrucción en resolución de problemas, no un instrumento de análisis de protocolos.

Elaboración de protocolos en el *Club matemático IEPS*

Al proponer a los estudiantes del Club que elaboren protocolos persigo dos finalidades, por un lado favorecer el aprendizaje de la resolución de problemas y por otro analizar yo misma los protocolos centrándome en varios puntos que he hecho objeto de una investigación:

- la elección o no de una representación gráfica
- las características de las primeras representaciones gráficas dibujadas y lo bien fundada de esta elección y de sus interpretación en la aplicación de una estrategia que conduzca a la solución

- las modificaciones aportadas en el caso de que la representación gráfica o su interpretación hubiese sido mal elegida.

En este capítulo nos detendremos sólo en su aspecto didáctico.

Ya he dicho anteriormente que durante los dos primeros cursos de existencia del *Club matemático*, los estudiantes utilizaron el borrador como instrumento de reflexión sobre sus comportamientos, pero las observaciones directas y las entrevistas individuales pusieron en evidencia que tras concluir la resolución de un problema los alumnos olvidaban parte del proceso ignorando aquellos tanteos y caminos explorados que parece que no aportaron nada a la solución del problema. Por ello, a partir del curso 1987-88, los estudiantes han elaborado protocolos dividiendo la hoja de resolución en dos columnas.

A continuación expondré algunos ejemplos sencillos y bastante directos de protocolos de resolución. Más adelante tendremos ocasión de analizar procesos más complejos.

Matriz de signos [1]

Los términos de una matriz 100 x 100 son signos (+ o –). Se llamará operación elemental al cambio de todos los signos de una misma fila o de una misma columna. Al principio la matriz está compuesta de signos + exclusivamente. ¿Se puede llegar a obtener mediante un número finito de operaciones una matriz que tenga exclusivamente 1.970 signos –?

[1] Ver solución en página 211.

1/ Particularizo con una matriz 4 x 4	+ + + + – – – – + + + + → + + + + + + + + + + + + + + + + + + + +
2/ Descompongo 1.970	1.970= 2 x 5 x 197
3/ Veo cómo puede variar el número de signos: Para obtener un número par de signos, ¿debemos hacer un número impar de operaciones? No.	
4/ Interpreto geométricamente Pruebo para $r \geq 81$	3 rectas → 2 puntos 4 rectas → 4 puntos r rectas horizontales, R verticales $100\,r + 100\,R - 2Rr = 1.970$ $R = \frac{1.970 - 100\,r}{100 - 2r} < 100$ $1.970 - 100\,r < 10.000 - 200\,r$ $100\,r < 8.030$ $r > 80{,}3$ r = 81 → R = 98,87 no se puede r = 82 → R = 97,34 « « « r = 83 → R = 95,90 « « « r = 84 → R = 94,5 « « « r = 85 → R = 93,3 « « « r = 86 → R = 92,08 « « « r = 87 → R = 90,9 « « « r = 88 → R = 89,9 « « « r = 89 → R = 88,8 « « «
5/ Pruebo con operaciones	1 operación 100 x 1 = 100 2 operaciones 100 x 2 = 200 99 x 2 = 198 3 operaciones 100 x 3 = 300 99 x 2 + 98 = 296 4 operaciones 100 x 4 = 400 99 x 3 + 97 = 394 98 x 4 = 392 5 operaciones 100 x 5 = 500 99 x 4 = 392 98 x 3 + 97 x 2 = 488 98(n-2)+(100–(n–1))2 n operaciones 100 n 99 (n–1) + 100 – (n–1) 98(n–2) + (100 –(n–1)) 2 En general $m = \frac{1.970 - 100n}{100 - 2\,n} = \frac{50n - 987}{n - 50}$

	$50n - 987 \quad : \quad n - 50$ $-50n + 2.000 \qquad 50 + \frac{1.515}{n-50}$ $1515 = 5 \times 3 \times 101$
Pruebo para valores de n que den m natural, teniendo en cuenta que $\frac{1.515}{n-50}$ tiene que ser natural Como $0 < n < 100$ $0 < m < 100$ no nos vale ninguna de las soluciones enteras. Tampoco valen las decimales. Por tanto no hay solución.	$n = 151$, $m = 65$ $n = 45$, $m = -85$ $n = 47$, $m = 455$

Comentario

Este protocolo es de una estudiante de COU, que aquí llamaremos **Ana**, en su segundo año de permanencia en el *Club matemático*. La división en episodios y la enumeración de los mismos es nuestra.

El análisis de este protocolo muestra que **Ana** ha empezado anotando algunas ideas que les podrían ayudar a familiarizarse con el problema: considerar un caso más sencillo (episodio 1), descomponer el número 1.970 en su divisores primos (episodio 2), estudiar cómo podía variar el número de signos en función del número de operaciones (episodio 3). La última idea la ha llevado a concebir una estrategia para resolver el problema (episodio 4): representó una operación elemental en una fila como una recta horizontal y una operación elemental en una columna como una recta vertical y relacionó el número de signos menos de la matriz con los puntos de corte de dos haces de rectas verticales y horizontalcs, sin detenerse a analizar las propiedades de las operaciones elementales definidas en el enunciado, ni hacer un dibujo que permitiese ver más claramente cuántos signos menos hay tras cambiar r filas y R columnas. El problema lo redujo, pues, a encontrar valores naturales para r y R comprendidos entre 0 y 100 que cumpliesen la ecuación, valores que buscó acotando primero los valores que puede tomar r para que se cumpla la ecuación y haciendo una tabla para r y R, tabla que no llegó a completar sin explicar el motivo, pero que la hubiera llevado a encontrar la solución. El siguiente episodio, el 5, es un nuevo ataque al problema en el que subyace la misma idea de antes y que ha supuesto una nueva familiarización con el mismo estudiando el número de signos menos en relación al número de operaciones. Llegó así a obtener la misma ecuación que planteó anteriormente con r y R. Pero esta vez, para saber si m y n pueden tomar valores naturales comprendidos entre 0 y 100 que verifiquen la ecuación hace un cociente y trata de conseguir que el resto sea cero, lo cual no es posible y por tanto la solución al problema es que no se puede llegar a obtener 1970 signos menos realizando operaciones elementales.

El protocolo muestra que **Ana** no se ha lanzado a resolver el problema con la primera idea que le ha venido a la cabeza, sino que ha esbozado unas cuantas ideas para familiarizarse con el mismo antes de decidirse por una de ellas. La primera (episodio 4) era válida y le hubiera conducido a la solución de haberla llevado hasta el final; la segunda es la misma que la anterior, pero ha tratado de encontrar las soluciones a la ecuación, con las restricciones impuestas en el enunciado, de una forma más elegante. Pero la solución al problema se puede obtener de una manera aún más elegante por vía geométrica, interpretando la expresión

$$m = \frac{1.970 - 100n}{100 - 2n}$$

como la ecuación de una hipérbola equilátera que tiene como asíntotas n = 50 y m = 50. Por una traslación de ejes se tiene una ecuación más sencilla. Así, haciendo p = n - 50 y q = m - 50 se tiene:

$$p \times q = 1.515$$

siendo $-50 < p < 50$, $-50 < q < 50$. Basta descomponer 1.515 en factores primos para ver si esta ecuación tiene solución. Se deduce inmediatamente que es imposible escribir 1.515 como producto de dos enteros comprendidos entre –50 y 50.

Este protocolo explica algunas de las ideas que **Ana** ha ido teniendo a lo largo del proceso, pero no ofrece pistas sobre las razones de sus decisiones, sobre su parecer acerca de lo que estaba haciendo o de lo que estaba sintiendo; sin embargo presenta más información que una hoja con la redacción de la solución o que un borrador.

En una entrevista personal, **Ana** ha expresado que en la resolución de este problema ha hecho el esfuerzo, costoso para ella, de familiarizarse con el mismo antes de precipitarse en una vía de solución. Para ello ha analizado casos más sencillos antes de ver lo que pasaba con una matriz 100 x 110 o de trabajar con el 1.970. También ha dicho que dudaba de su modo de buscar las soluciones de la ecuación que relacionaba el número de signos y de operaciones, y que sospechaba que debía haber un método más elegante que ella no conocía.

Tres circunferencias[2]

Tres circunferencias del mismo radio pasan por un punto P. Demuestra que los otros tres puntos de intersección de cada dos de las circunferencias están sobre una circunferencia de radio igual al de las tres primeras.

1/ Me ha recordado mucho el problema del triángulo de Napoleón[3].	
2/ También problemas de Geometría de Diseño.	
3/ Hago el dibujo Hasta ahora, al realizar el proceso se ve una imagen simétrica Hay que hacer distintos dibujos para ver si sólo es una casualidad, y si no es así averiguar la razón por la que esto ocurre. Una vez hecho esto, quedaría demostrado.	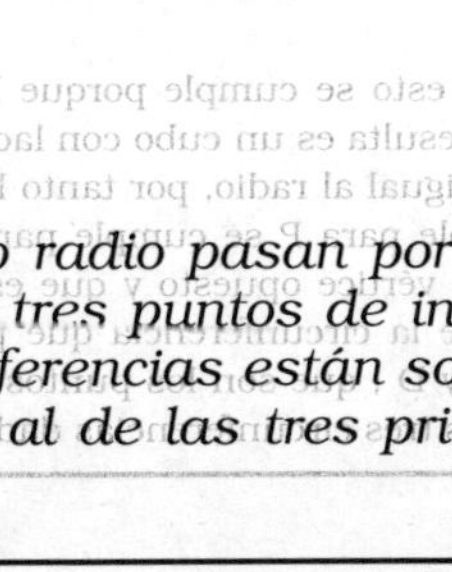

[2] Ver solución en página 200.
[3] Ver enunciado y solución en página195.

Las distancias entre P y los centros de las circunferencias (A,B,C) son iguales porque las circunferencias tienen el mismo radio. Además esta distancia es igual a la existente entre cada centro y los dos puntos de corte de su circunferencia (porque son radios)

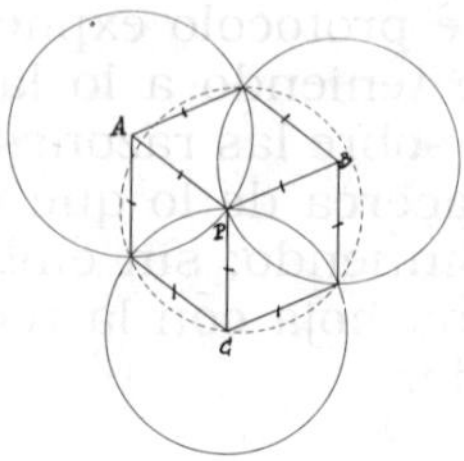

La figura que resulta sugiere un cubo en perspectiva. De hecho lo es porque son segmentos de igual longitud y paralelos. Para buscar el centro de la circunferencia que pasa por los tres puntos de corte, los segmentos trazados a partir de los puntos de corte (E,F y D) cumplen las siguientes condiciones:
— el que sale de E es paralelo a PB
— el que sale de F es paralelo a PA
— el que sale de D es paralelo a PC
Estos segmentos se cortan en P' que está a igual distancia de E, de F y de D que es el radio.

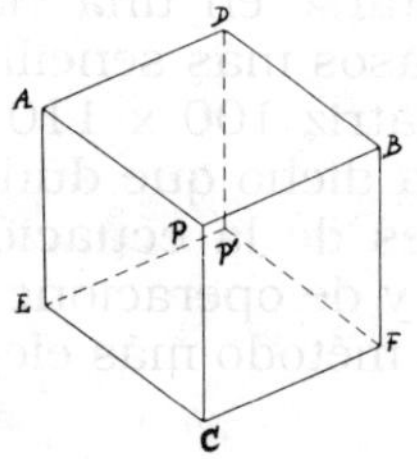

Todo esto se cumple porque la figura que resulta es un cubo con lados iguales e igual al radio, por tanto lo que se cumple para P se cumple para P' que es su vértice opuesto y que es el centro de la circunferencia que pasa por E, F y D , que son los puntos de corte de las tres circunferencias dadas.

Comentario

Este protocolo es de una estudiante de segundo de Bachillerato en su primer año de participación en el Club, que llamaremos **María**, que suele redactar bastante bien lo que le va sucediendo a lo largo del proceso de resolución. El protocolo muestra que ha seguido un camino bastante directo para resolver este problema. Empezó relacionando el problema con otros parecidos: el Triángulo de Napoleón (episodio 1) y problemas de Geometría que estudia en la asignatura de Diseño[4] (episodio 2), y ha-

[4] Los participantes del Club acuden habitualmente a sus conocimientos de Geometría de la asignatura de Diseño cuando quieren resolver problemas utilizando la Geometría clásica.

ciendo un dibujo que le ha dado la clave para resolver el problema de forma sencilla y elegante (episodio 3).

> **María** ha hecho la siguiente reflexión:
> «He tenido mucha suerte porque enseguida vi una figura en el espacio, un cubo, y he considerado las simetrías de la misma para resolver el problema. Mis conocimientos de Geometría de la asignatura de Diseño me han ayudado. La solución es muy bonita, muy sencilla, y la he encontrado casi directamente, yo creo que porque he tenido suerte en la forma de mirar el dibujo y porque he considerado las propiedades de la figura antes de ponerme a trazar líneas auxiliares cualesquiera.»

REFLEXION SOBRE LOS PROCESOS DE PENSAMIENTO

Como dijimos anteriormente, para mejorar nuestros procesos de pensamiento y también para liberar el semiconsciente y el inconsciente es necesario reflexionar sobre el propio comportamiento de resolución de problemas, preguntarse a uno mismo: qué camino he seguido; qué decisiones he tomado; si me he emperrado con una idea o, por el contrario, he barajado varias para abordar el problema; qué tipo de representaciones he empleado; cómo ha sido mi pensamiento: visual, analítico..., etc. Así, tomando como hábito la reflexión, podremos hacer emerger en parte los procesos que rigen nuestra mente y tomar conciencia tanto de nuestras capacidades para resolver problemas como de nuestros límites y bloqueos, para llegar a saber: qué problemas se me atraviesan y cuáles me resultan sugerentes; qué tipo de estrategias domino mejor para resolver problemas; cuál es la tendencia habitual de mi pensamiento, etc. Esta reflexión se puede hacer de muchas maneras:

— en el curso del proceso de resolución de un problema o introspección o
— una vez concluido éste o retrospección;

y escribirlo en una hoja o expresarlo oralmente en una entrevista o en una puesta en común. A continuación vamos a presentar la reflexión de un estudiante sobre la resolución del problema *Un camino entre P y Q*.

Iniciábamos la andadura del Club matemático IEPS. A **Fermín, Antón y César** les había resultado interesante la idea de dedicar unas horas a la semana a resolver problemas. Aquella tarde iban a trabajar por primera vez en la actividad denominada «problema del día»: se trataba de resolver un problema empleando como máximo una hora. Transcurrido este tiempo debían repasar su proceso, reflexionar sobre el mismo y contármelo en una entrevista individual. El problema elegido había sido propuesto en la fase final de la X Olimpiada Matemática Española (OME), en 1973, y era el siguiente:

Un camino entre P y Q

En el plano se consideran los puntos P(8,2) y Q(5,11) y un móvil se desplaza de P a Q según un camino que ha de cumplir las siguientes condiciones: El móvil parte de P y llega a un punto del eje «x», a lo largo del cual recorre un trayecto de longitud 1; después se separa de este eje y se dirige a un punto del eje «y» a lo largo del cual recorre un trayecto de longitud 2, se separa del eje y finalmente se dirige al punto Q. Entre todos los caminos posibles, determinar el de longitud mínima, así como esta misma longitud.

En las 29 hojas de resolución entregadas por los 36 estudiantes inscritos en la X edición de la OME se puede constatar la preferencia de los participantes por:

- resolver el problema en el mismo dominio en que se ha formulado, el de la Geometría analítica
- calcular la longitud mínima empleando el criterio del mínimo de una función gracias a las propiedades de las derivadas
- dibujar la representación gráfica que ilustra el desplazamiento del móvil en el primer cuadrante del plano, según las condiciones impuestas en el enunciado, sin extender el marco de esta representación a todo el plano, ni pensar en un camino de longitud equivalente al pedido.

Sólo dos estudiantes, ante la imposibilidad de continuar por la vía analítica, debido a la complicación de los cálculos, tomaron una dirección distinta: buscaron un camino equivalente al pedido, gracias a las propiedades de las translaciones y de las simetrías y dibujaron una representación gráfica que les permitía obtener la solución de forma sencilla y elegante:

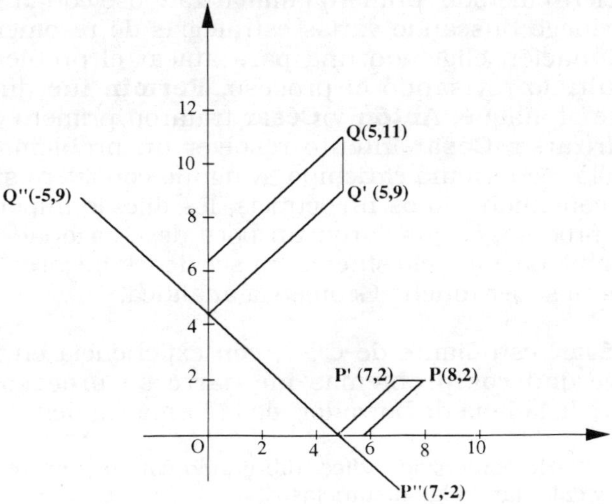

Estos comportamientos ponen claramente de manifiesto dos tipos de bloqueos en la resolución de problemas: uno dc tipo *pcrceptivo* que consiste en delimitar el espacio físico en el que se va a trabajar al primer cuadrante del plano porque en él se encuentra la trayectoria buscada (cf. Hoz, 1981) y otro de tipo *cultural*, en este caso originado por cierta «cultura escolar» que preconiza reducir cualquier problema geométrico a otro algebraico equivalente mediante automatismos, gracias a la Geometría analítica, sin necesidad de aplicar la intuición y el ingenio.

A los participantes en el Club les hacía ilusión afrontar el reto de resolver un problema de olimpiadas en tiempo limitado: en cierto modo iban a medirse con aquellos estudiantes que, presumiblemente, se encontraban entre los mejores de España. Se concentraron en la tarea y transcurrido un cuarto de hora aproximadamente, observé en la expresión de sus rostros cierta sensación de desazón: me daba la impresión de que no habían apreciado en su justa medida la dificultad de la tarea y que lo que en un principio les había parecido un mero problema de aplicación de sus conocimientos de Geometría analítica, se les estaba convirtiendo en un verdadero problema que se les resistía pese a su esfuerzo e interés por resolverlo. No usaron la hoja-guía (Anexo 5) que yo les había dado para que abordasen el problema con cierto método: primero familiarizándose con la situación, luego buscando varias estrategias de resolución, a continuación eligiendo una para atacar el problema, y por último revisando el proceso. **Fermín** fue directamente al ataque; **Antón** y **César** trataron primero de familiarizarse; **César** intentó resolver un problema más sencillo. Se terminó el tiempo. Ninguno consideró su trabajo concluido. No os preocupéis, les dije, lo importante es el proceso. Se quedaron un poco descorazonados. No les había bastado el esfuerzo, ni ser de los mejores de su clase, ni saber mucha Geometría analítica.

César, estudiante de COU, con experiencia en resolver verdaderos problemas me narró su proceso, con ayuda de la hoja de borrador, de la forma siguiente:

> «He comenzado, dice, dibujando caminos entre P y Q y calculando las distancias»

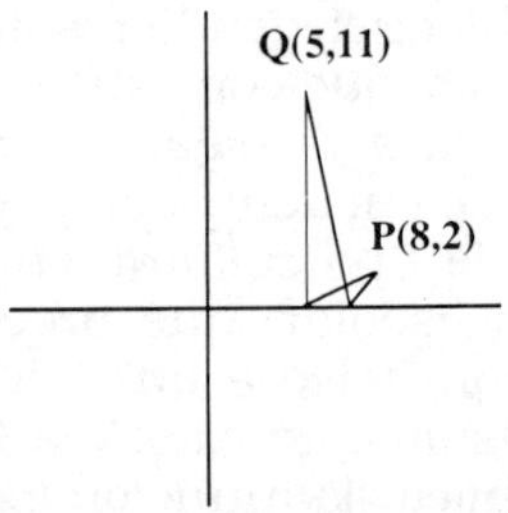

> Pero las ecuaciones me parecían muy complicadas.
> He considerado un caso más simple: que los puntos P y S estén a la misma distancia del eje x:

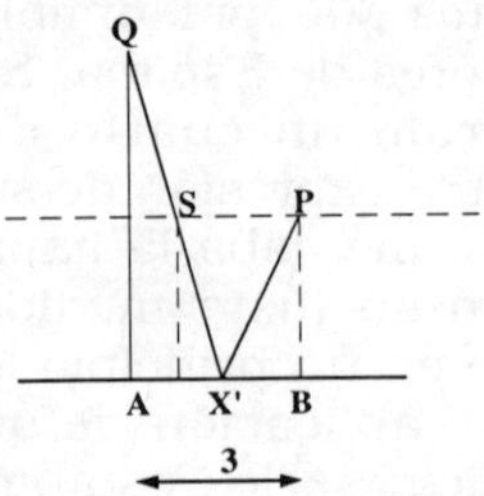

He supuesto una hipótesis pensando en los modelos de la naturaleza (el rayo de luz): si SX = XP entonces SX + XP < SX' + X'P para todo X'. Pero de nuevo me encontré con ecuaciones complicadas.

He cambiado, he utilizado desigualdades y he llegado a lo que buscaba:

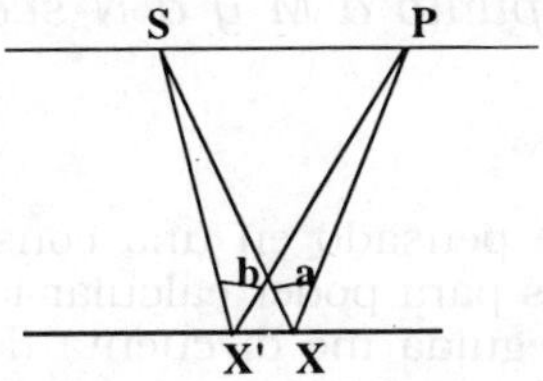

Sea SX=PX y sea X' otro punto cualquiera sobre el eje X. Es fácil ver que $b < a < 90^{o}$, luego sen b < sen a y por tanto de la igualdad

XS · XP sen a= X'S · X'P sen b

se tiene que

XS · XP < X'S · X'P

luego

$SX' + X'P > \frac{XS}{X'P} + X'P > 2\sqrt{\frac{XS^2}{X'P} \cdot X'P} = 2 \cdot XS$

como queríamos demostrar

He querido calcular la longitud de la trayectoria pero no lo he logrado.»

Hasta aquí el proceso de **César**. Su reflexión es la siguiente:

«He evitado la Geometría analítica y las fórmulas complicadas. El problema me parecía complejo y no había resuelto otro parecido. Por eso he elegido empezar por un caso más sencillo y pensar en un modelo del mundo físico, la reflexión de la luz, para hacer una conjetura. Si hubiera tenido más tiempo, a lo mejor hubiera llegado hasta el final. Tendría que pensar un poco para saber explotar la idea que he llegado a justificar en el caso del problema».

El proceso de **César**, bastante directo, fue interrumpido en un momento crítico en el que le bastaba caer en la cuenta de que la propiedad demostrada se cumplía por simetría geométrica, es decir, porque hay un camino equivalente al encontrado que se obtiene trazando el punto simétrico de P o de S respecto de la recta. Debía pues traspasar el semiplano en el que había estado trabajando, para encontrar la solución.

El proceso continuará una semana más tarde en la sesión siguiente. Para entonces entregué a los participantes en el Club una colección de 9 problemas dispuestos en un *Tres en raya* y les pedí que los estudiasen. Entre ellos se encontraba el siguiente:

Un camino entre M y N

Dados dos puntos M y N y una línea recta AB sobre un plano, encontrar un punto de la recta AB tal que la suma de distancias de ese punto a M y a N sea mínima.

César contó:

«Al leer este problema he pensado en una construcción de triángulos semejantes para poder calcular la longitud de los lados, pero enseguida me di cuenta de que bastaba con trazar el triángulo simétrico con relación a la recta»:

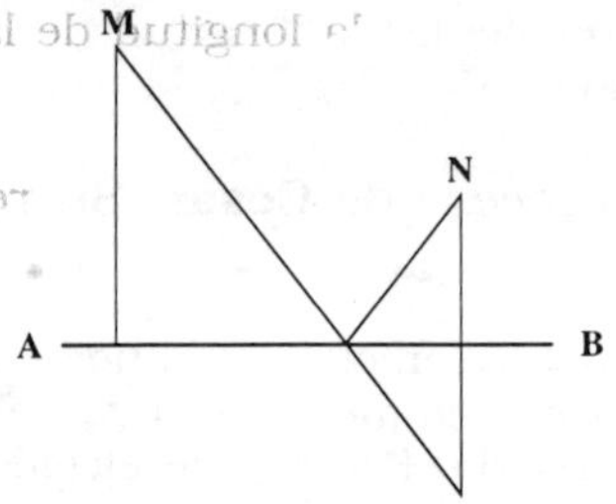

Con el empleo de la simetría **César** encontró fácilmente un camino equivalente de longitud mínima. Por el contrario, **Fermín** y **Antón** se bloquearon tratando de resolver este nuevo problema por la vía analítica. En la puesta en común sacamos a la luz los bloqueos que habían impedido a estos últimos llegar a la solución y que son los mismos que encontraron los participantes en la X OME. **César** aplicó a continuación la idea de la simetría a *Un camino entre P y Q*.

A lo largo de su permanencia en el Club estos estudiantes tuvieron ocasión de afrontar problemas semejantes en los que el camino buscado debe tocar unas veces una línea curva *(Elipse, Campo de minas)*, una línea recta (*Triángulo inscrito, Triángulo y punto)* o está sobre un poliedro *(Paralelepípedo 1 y 2, Prisma hexagonal)*.

A nivel teórico está claro que reflexionar sobre los procesos de resolución de problemas, sobre los mecanismos que intervienen, sobre las dificultades que aparecen, sobre los diferentes tipos de obstáculos que surgen, es un modo de mejorar la forma de abordar los problemas; pero favorecer en la práctica esta actitud reflexiva es una tarea lenta que exige invertir mucho tiempo y tratar de persuadir poco a poco a los estudiantes de su utilidad, mostrándoles que la ejercitación y la práctica en resolución de problemas no bastan para mejorar la forma de enfrentarse a éstos.

5

Trabajo en grupo: Comunicación del pensamiento matemático

Como ya se dijo en el segundo capítulo, creencias tales como que «las Matemáticas no se hablan, se escriben», «las Matemáticas no se discuten, se aceptan» ... dan lugar a plantear exclusivamente actividades de «lápiz y papel», descuidando otras como los trabajos en grupo, las discusiones y las puestas en común que son también importantes para mejorar la habilidad de resolver problemas.

La comunicación y el intercambio de ideas en el Club han adoptado diversas formas: *la resolución de problemas en grupo*, *la puesta en común* y *la discusión de ideas*. En el primer caso se trata de un trabajo de cooperación en el que se dialoga con los compañeros para avanzar en la solución del problema; en el segundo caso, la puesta en común, se trata de exponer las conjeturas, los resultados parciales, las ideas más significativas del trabajo personal o de grupo, ofreciendo las explicaciones que se consideren pertinentes para la comprensión de las mismas; en el tercer caso, la discusión de ideas, los alumnos preguntan y responden cuestiones entre ellos, explican sus respuestas o estrategias, sugieren posibles aproximaciones y discuten pensamientos e ideas.

En este capítulo se van a analizar detenidamente las dificultades para la comunicación oral del pensamiento matemático atendiendo al emisor y al receptor y a los estilos matemáticos de los alumnos y se darán ejemplos de una resolución de problemas en grupo, de una discusión de ideas y de una puesta en común.

LA COMUNICACION: EL EMISOR Y EL RECEPTOR

La comunicación del pensamiento matemático es difícil en sí misma, tanto para el emisor como para el receptor. Desde el punto de vista del emisor no es fácil traducir los pensamientos en palabras porque, como señalaba J. Hadamard en su célebre *Ensayo sobre la psicología de la invención en el dominio matemático* (1975), refutando ciertas tesis sobre las relaciones entre lenguaje y pensamiento, la verbalización no es necesaria para el pensamiento. Desde el punto de vista del receptor el discurso oral sobre Matemáticas suele estar plagado de expresiones vagas y sin acabar. Profundicemos un poco en la comunicación oral en matemáticas a través de testimonios recientes de profesionales como R. Penrose y P. Halmos.

En lo que se refiere a la producción de mensajes orales sucede que «con frecuencia no hay palabras disponibles para expresar los conceptos requeridos», como señala R. Penrose (1991, p. 526). Esto lo saben muy bien los investigadores en Inteligencia Artificial que cuando entrevistan a los expertos para que hagan explícitos sus conocimientos constatan a menudo que éstos saben hacer sin que necesariamente sepan explicar cómo lo hacen (cf. Laurière, 1985). Junto a ello otras circunstancias como el momento en que se produce esta comunicación pueden hacerla más difícil. Así, el mismo R. Penrose señala:

> «En relación con esto he notado, en ocasiones, que si me he estado concentrando duramente en Matemáticas durante un rato y alguien inicia repentinamente una conversación, entonces me encuentro casi incapaz de hablar durante varios segundos» (p. 526).

En cuanto al receptor del mensaje, R. Penrose confiesa, en relación a la experiencia de que le explicaran algo, lo siguiente:

> «Una experiencia común cuando algún colega trataba de explicarme algún punto de las Matemáticas, era que a menudo lo escuchaba atentamente pero sin comprender prácticamente nada de las conexiones entre un conjunto de palabras y el siguiente. Sin embargo, en mi mente se formaba cierta imagen conjeturada por las ideas que él estaba tra-

tando de mostrarme formada completamente en mis propios términos y con poca conexión aparente con las imágenes mentales que habían sido la base de la propia comprensión de mi colega —y yo respondía (...). En mis años siguientes como matemático (o físico matemático) profesional he encontrado que este fenómeno no es menos cierto de lo que era cuando era estudiante. Quizá, a medida que ha aumentado mi experiencia matemática, he logrado imaginar lo que otros quieren dar a entender con sus explicaciones, y quizá soy un poco mejor para tener en cuenta los otros modos de pensar cuando yo mismo estoy explicándome las cosas. Pero, en esencia, nada ha cambiado» (pp. 529-530).

P. Halmos (1991) dice refiriéndose al matemático N. Wiener que

«Hablaba maravillosamente —gramaticalmente, con palabras precisas y elegantes, casi con poesía— pero cuando se trataba de encadenar frases de una manera lógica y psicológicamente comprensible lo que producía era un caos» (p. 35).

Este fenómeno de subcomprensión de los mensajes orales en matemáticas está también ligado a los *estilos matemáticos*, es decir, a las representaciones utilizadas por el pensamiento. Como se ha visto en el primer capítulo J. Hadamard (1975) ha distinguido dos tipos de estilos entre los profesionales de la matemática: el geométrico y el analítico. A continuación se estudiarán estos estilos en los alumnos.

LOS ESTILOS MATEMATICOS DE LOS ALUMNOS

A partir de la clasificación de J. Hadamard, el soviético V.A. Krutetskii (1976) ha caracterizado tres tipos de espíritus matemáticos en los alumnos: *analítico*, *geométrico* y *armónico* que describió como sigue:

El tipo analítico

«El pensamiento de los representantes de este tipo está caracterizado por un claro predominio de la componente logico-verbal, muy bien desarrollada, sobre una débil componente visual-pictórica. Estos individuos trabajan fácilmente con esquemas abstractos, no necesitan apoyo visual para representar objetos o modelos en la resolución de problemas, incluso en aquellos casos en los que las relaciones dadas en los mismos «sugieren» conceptos visuales.

En algunos problemas usan métodos logico-analíticos más difíciles y complicados que otros en los que una imagen facilitaría la solución. Suelen tener éxito en la resolución de problemas formulados de manera abstracta, e intentan traducir problemas formulados de manera visual a una forma abstracta. Tratan mejor las actividades referidas al análisis de conceptos que las relacionadas con el análisis de un esquema geométrico o un dibujo» (p. 317).

«Los conceptos espaciales (particularmente los referidos al espacio de tres dimensiones) están poco desarrollados en los representantes del tipo analítico» (p. 319).

El tipo geométrico

«El pensamiento de los representantes de este tipo viene caracterizado por el buen desarrollo de la componente visual-pictórica y podemos decir que domina sobre la componente verbal-analítica. Estos alumnos sienten la necesidad de interpretar de forma visual una expresión en una relación matemática abstracta y a veces son ingenuos en este sentido: lo figurativo reemplaza a menudo a la lógica. Pero si al crear un soporte visual, visualizar objetos o diagramas para resolver problemas no tienen éxito, encuentran dificultad para trabajar con esquemas abstractos. Son persistentes intentando trabajar con esquemas visuales, imágenes y conceptos, incluso cuando un problema se resuelve fácilmente con un razonamiento y el uso de mecanismos visuales es superfluo o difícil» (p. 321).

«Estos individuos tienen muy buena memoria visual e intentan recordar hechos abstractos apoyándose en imágenes» (p. 326).

El tipo armónico

«Son individuos bastante ingeniosos haciendo interpretaciones visuales de hechos abstractos, pero sus imágenes visuales y sus esquemas están supeditados a su análisis logico-verbal. Cuando trabajan con imágenes visuales se dan cuenta de que las posibilidades de una generalización no están limitadas por los casos particulares. Son capaces de abordar un problema tanto de forma analítica como geométrica» (p.326).

Krutetskii distinguió dos tipos de espíritus armónicos: el armónico-abstracto y el armónico-imaginativo.

Este autor sostiene que la habilidad espacial y la capacidad de visualizar relaciones matemáticas abstractas, no son absolutamente necesarias para ser «bueno» en Matemáticas, pero que a veces, en ciertas circunstancias, las imágenes pueden ser un obstáculo para la abstracción matemática.

Los participantes del *Club matemático IEPS* suelen percibir y trabajar los problemas de distintos modos. He encontrado espíritus claramente geométricos que intentan llevar los problemas al dominio de la Geometría y de visualizar las relaciones abstractas a través de esquemas y diagramas; otros claramente analíticos que suelen traducir los problemas en ecuaciones, incluso en aquellos casos en que propiedades geométricas sencillas permiten llegar a la solución de forma fácil y elegante; por último otros tratan los problemas tanto de una forma como de otra. Los estudiantes muestran también otros tipos de preferencias, así algunos establecen semejanzas entre situaciones puramente matemáticas y modelos del mundo físico, como las leyes de la óptica; o aplican conceptos relativos a la programación, por ejemplo el de «Autómata celular» que aparece en «el juego de la vida». Por ello comunicarse con los compañeros no es tarea fácil cuando los universos de traducción del problema son diferentes. A lo largo de esta parte tendremos ocasión de conocer estos estilos más de cerca.

RESOLUCION DE PROBLEMAS EN GRUPO

Cuando los problemas se ensayan en grupo un *moderador* ayuda a seguir la metodología de trabajo propuesta para resolver el problema y un *secretario* toma notas. Esto hace posible la discusión sobre el comportamiento seguido al final de la sesión. En el Club matemático yo intervengo como moderadora intentando canalizar la discusión sin ofrecer nunca una respuesta ni dar una opinión. Un estudiante del Club es el secretario. En algunas ocasiones yo misma asumo los dos papeles. En el Anexo 6 se dan unas pautas para el trabajo en grupo.

En las primeras sesiones de resolución de problemas en grupo tengo que intervenir muchas veces porque los estudiantes no suelen estar habituados a resolver problemas en grupo y normalmente se precipitan para elegir una estrategia de resolución antes de pasar a esta fase del trabajo, además se deben compaginar ritmos diferentes y estilos a veces opuestos y es necesario dejar espacio para la incubación.

Crónica de una resolución en grupo

El problema propuesto al grupo fue el siguiente

El punto medio

Determinar el punto medio de un segmento AB, utilizando como único instrumento de dibujo una regla plana no graduada de bordes rectilíneos paralelos.

Encontré este problema en una publicación de G. Glaeser. Me gustó e intenté resolverlo antes de proponerlo en el Club. Hice un protocolo en el que anoté las ideas que se me iban ocurriendo; es el siguiente:

«Creo que no necesito la regla, que me basta con dibujar sobre el papel.

Se me ocurre trazar dos pares de rectas paralelas que pasen por A y B. Como sus diagonales se cortan en el punto medio, tengo el punto M buscado:

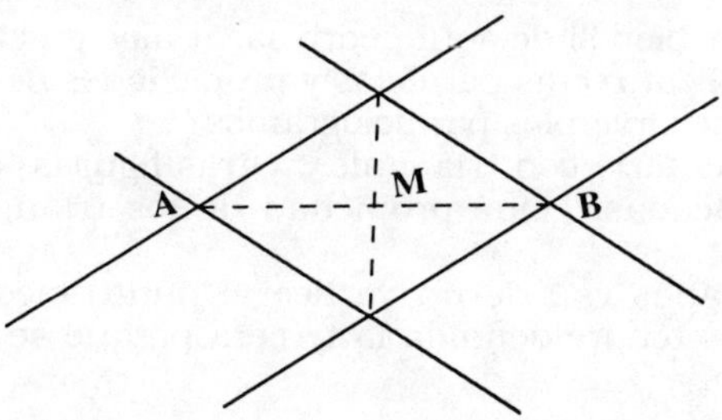

Pero esta solución vale si el ancho de la regla mide menos que el segmento AB. ¿Qué pasa si a (ancho de la regla) es igual a AB? Puedo colocar la regla así:

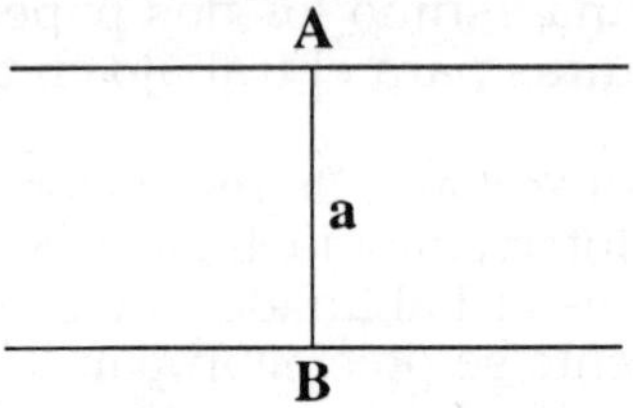

¿Sólo así? Busco una regla y veo que, efectivamente, si la hago girar con centro en B se despega de A. El método anterior no me vale.

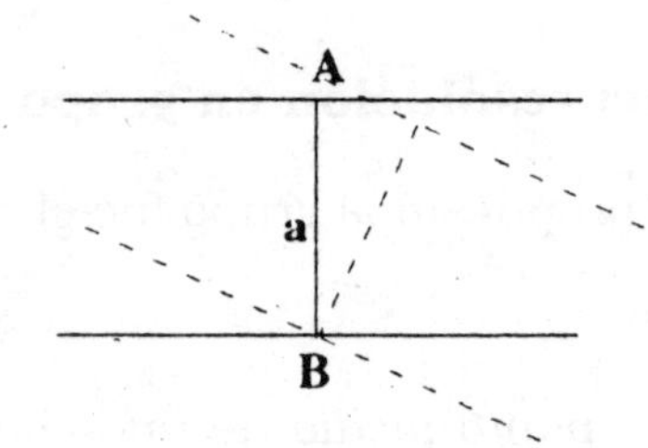

Manipulo con la regla y no veo forma de sacarle partido a la idea anterior para los casos en que el ancho de la regla sea igual o mayor que la distancia entre los puntos. Tengo que cambiar de idea: colocar la regla de otra forma, por ejemplo con un borde pasando por A y por B . Así:

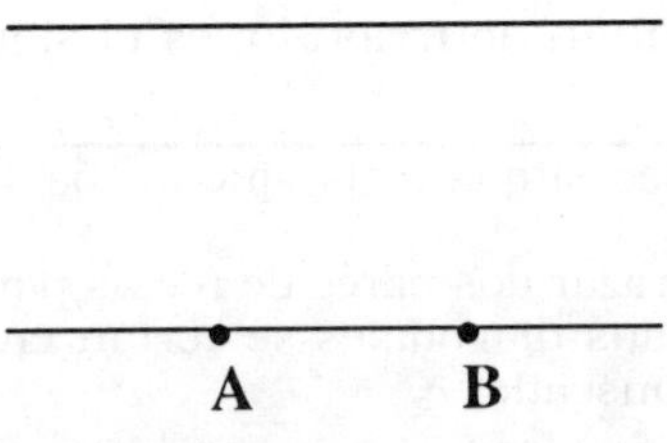

No sé muy bien si de aquí podré sacar algo en claro.

Puedo utilizar rectas paralelas y propiedades de figuras.

¿ Ya no me sirven los paralelogramos?

Voy a intentarlo con triángulos. Otras figuras serían demasiado complicadas. ¿Qué propiedad de los triángulos tendré que emplear?

Las medianas van de un vértice al punto medio. Si tengo dos medianas tendré definida la tercera porque se cortan en el mismo punto.

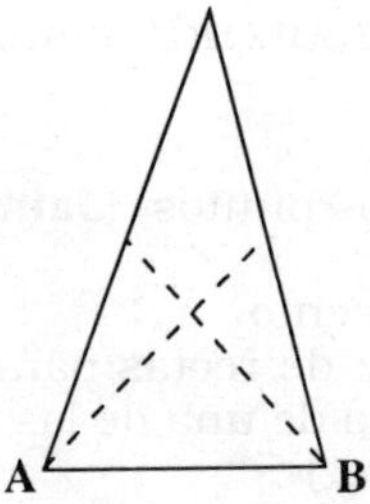

¿Cómo elegir el triángulo? Dos vértices tienen que ser A y B y el tercero me lo dará la regla:

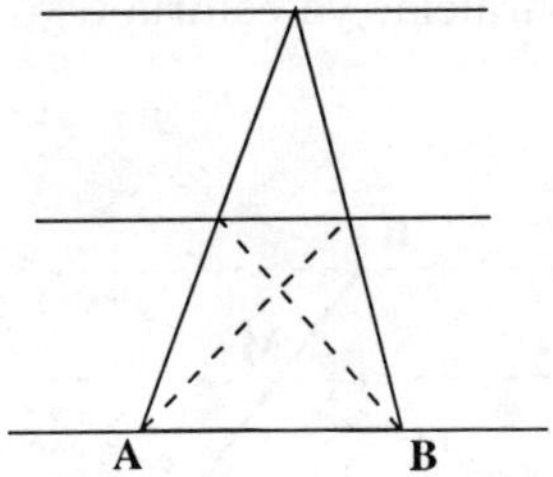

El vértice C puede ser cualquier punto de la recta superior paralela a la que pasa por AB, porque en cualquier caso los puntos de corte de BC y de AC con la recta intermedia son los puntos medios de estos segmentos. Luego ya tengo definido el punto medio del segmento AB que es la mediana de vértice C:

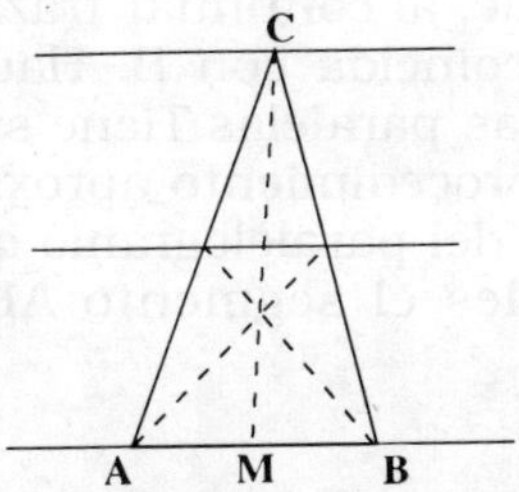

Este método sirve para cualquier par de puntos A y B y para cualquier ancho de regla.»

* * *

Propuse este problema a tres estudiantes: **Antón, Fermín,** y **Jaime**, que lo van a intentar resolver en grupo. Les di una hoja tamaño DIN-A3 y una regla para los tres. Registré sus intervenciones en magnetófono y tomé algunas notas.

- **Jaime** comienza ejecutando las órdenes que le dictan sus compañeros:

Antón: «Dibuja los dos puntos» (**Jaime** lo hace separándolos bastante)»
Antón: «Traza el segmento».
Antón: «Traza un haz de rectas paralelas comenzando en A (A es un punto de una de las rectas que queda en un extremo del haz)».
Antón: «Ahora otro par de rectas paralelas en otra dirección, claro (B es un punto de una de ellas)».
Fermín: «Si coincidiesen (en los puntos A y B) dos haces de rectas paralelas ya estaría».

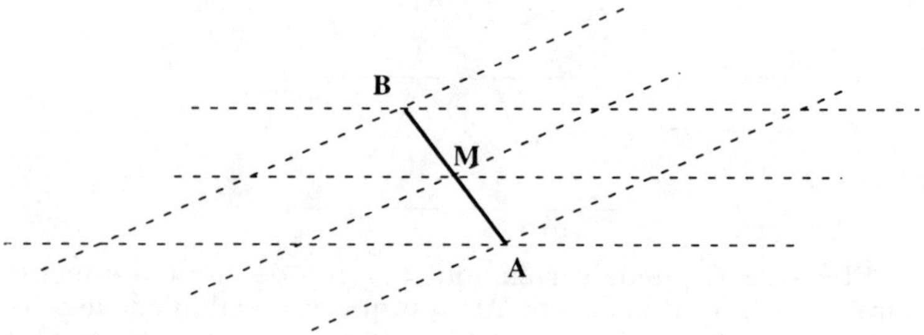

- **Jaime** cambia el bolígrafo azul (líneas continuas) por otro rojo (líneas discontinuas). Gira un poco la regla, fija en A para que, al continuar trazando rectas paralelas a ojo, una coincida con B. Hace lo mismo con el otro haz de rectas paralelas.Tiene suerte y casi lo consigue con este procedimiento aproximado. Luego traza la otra diagonal del paralelogramo que tiene como una de las diagonales el segmento AB y dice que es el punto medio.

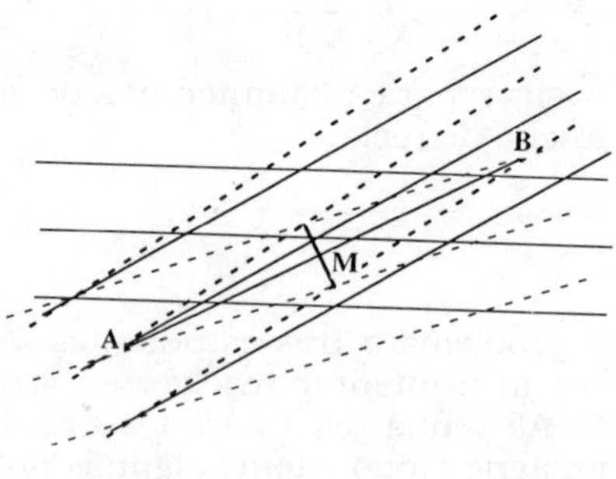

- Les pregunto: *«¿por qué es el punto medio?»*

  Antón: «Hay dos triángulos con dos ángulos y un lado iguales».

(La explicación no es suficiente pero en el contexto se entiende lo que quiere decir)

- Les digo que estoy de acuerdo en que si consiguen dos triángulos con un ángulo y el lado opuesto iguales tendrán el punto medio, pero que su procedimiento es sólo aproximado. **Antón** coge el bolígrafo y dice:

  — «Se traza una recta por un punto, p.e. el punto B;
  — se une A con B;
  — se traza un par de rectas paralelas, una que pase por B y otra que pase por A;
  — luego se hace lo mismo otra vez;
  — tenemos lo que buscábamos: dos triángulos con un ángulo igual y un lado común. Son iguales.
  — bueno, en realidad, tenemos un paralelogramo y sus diagonales, que se cortan en el punto medio».

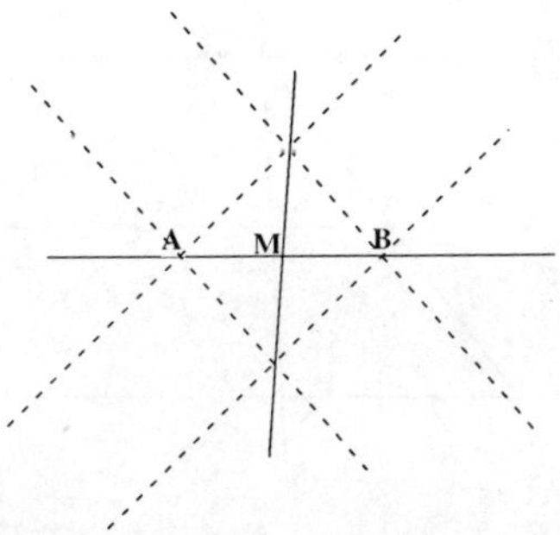

- Les digo: «Bueno, hasta aquí hemos visto cómo podemos obtener el punto buscado cuando la distancia entre los puntos es mayor que el ancho de la regla. Vosotros habéis dibujado los puntos muy alejados el uno del otro y el procedimiento es válido. Pero, ¿qué pasaría si la distancia entre los puntos fuese menor que el ancho de la regla?» **Fermín** dice:

  — «Prolongo la recta que une los puntos;
  — ... Nada ...»

  Jaime: «Parece que sí...»

Hacen varios dibujos, tanteando

- **Antón**: «Vamos a intentar reducirlo al caso en que la distancia entre los puntos sea superior al ancho de la regla. Dejadme pensar un momento».

Hace varios dibujos. Traza paralelogramos y sus diagonales. Parece que se centra en relacionar los mismos elementos que en el caso anterior. No se le ocurre trazar segmentos que unan los puntos del caso anterior con nuevos puntos.
Jaime y **Fermín** están en silencio pero concentrados en la escena.

- Después de unos cinco minutos de búsqueda «infructuosa» les doy una pista: que vean las relaciones en el triángulo.
  Antón sigue empeñado en la idea de reducir el problema al caso en que el ancho de la regla es menor que la distancia entre los puntos. Hace el dibujo siguiente:

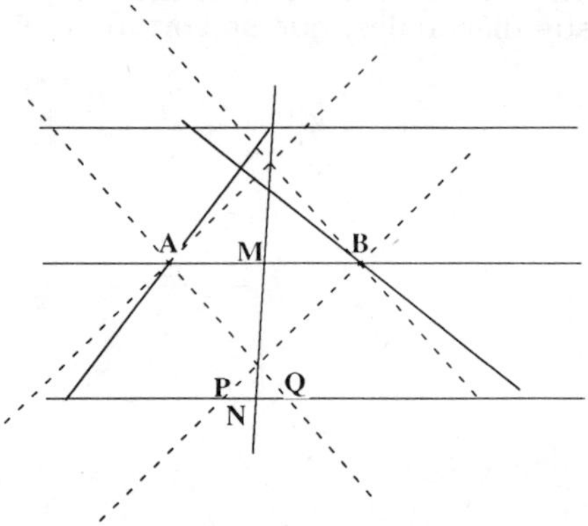

Dice: «Por semejanza de triángulos se tiene que N es el punto medio de P y Q».

- Les pido que resuman el procedimiento de resolución. Lo hacen distinguiendo dos casos: cuando la distancia entre los puntos dados es mayor que el ancho de la regla y cuando la distancia entre los puntos es menor que el ancho de la regla.
  A continuación les expongo la manera en que he trabajado este problema considerando, en lugar de las propiedades de los triángulos semejantes, las de las

medianas de un triángulo. Se dan cuenta entonces de que su proceso ha estado presidido por la primera idea, intentando reducir el caso segundo al primero.

Valoración del proceso

Analicemos el trabajo en grupo de los estudiantes desde tres ángulos: los protagonistas, las intervenciones de los estudiantes y la resolución del problema según el modelo propuesto.

Los protagonistas

Yo como *moderadora* he intervenido cinco veces, la primera para pedir una justificación (¿por qué...?); la segunda para que los estudiantes cambiasen un procedimiento aproximado por otro más exacto; la tercera para pedirles que completasen la solución; la cuarta para desbloquear la situación ofreciendo una pista bastante clara y la quinta para pedir una síntesis de la solución. De ellas, la tercera fue quizá un poco precipitada y demasiado directa, pues los estudiantes ni siquiera habían caído en la cuenta de quc su solución no era completa y la cuarta no está justificada pues insinué el camino a seguir. Me he mostrado impaciente, saliéndome de mis funciones y sugiriendo claramente a los estudiantes una vía para obtener la solución del segundo caso presentado. El hecho de conocer la solución ha originado que yo haya conducido el proceso por el camino conocido y que me haya adelantado a los estudiantes cuando me parecía que la solución estaba a su alcance.

En cuanto a los *estudiantes* **Fermín** ha sido el que menos veces ha intervenido y **Jaime** ha asumido al principio un papel protagonista que luego le ha arrebatado **Antón**.

Aunque esta crónica no permite hacer ningún juicio sobre los ritmos y los estilos de estos estudiantes, el seguimiento hecho durante su permanencia en el Club arroja diferencias importantes entre ellos:

- **Fermín** es un sujeto en el que la componente analítica es más fuerte que la componente geométrica y resuelve los problemas geométricos empleando la Geometría analítica; su bloqueo más importante es la rigidez de pensamiento (una vez que ha visto una forma de resolver un problema le resulta difícil cambiarla); es reflexivo, lento en la toma de decisiones y progresa asegurando cada paso.
- **Antón**, por el contrario, tiene más desarrollada la componente geométrica que la analítica; es también reflexivo.
- **Jaime** es rápido, intuitivo, avanza a saltos, y en ocasiones no justifica sus ideas hasta que alguien se lo pide.

Las intervenciones

El avance del grupo se ha producido más por yuxtaposición de ideas que por interacción entre las mismas: los estudiantes no han entablado ninguna discusión, ni se han hecho preguntas unos a otros. He sido yo, en mi papel de moderadora, quien ha suscitado las cuestiones pues me resultaba difícil no intervenir cuando había un prolongado silencio.

El exceso de intervenciones del moderador o moderadora es una tentación de la que es difícil escapar, que tiene a veces consecuencias negativas para el proceso de investigación emprendido por los estudiantes, por ejemplo, impedir que los alumnos lleven la iniciativa en la búsqueda de la solución o transmitirles de alguna forma la aprobación o desaprobación sobre el camino que están siguiendo. Las intervenciones pueden ser solicitadas o no por los estudiantes; en cualquier caso el moderador debe respetar los procesos emprendidos por éstos sin indicarles si una vía o un resultado es correcto o no, o si se puede aplicar alguna idea concreta. Entre las intervenciones aconsejables al moderador se pueden citar las siguientes: contestar a una pregunta con otra pregunta, poner contraejemplos cuando se está sobre una pista falsa, invitar a familiarizarse con el problema o a resolver uno más sencillo cuando los alumnos están bloqueados o proponer una generalización del problema cuando han obtenido la solución.

Evaluación del proceso

Se puede evaluar el proceso en relación a las etapas a seguir en la resolución de problemas. En cuanto a la familiarización con la situación, ésta ha sido sólo parcial pues los estudiantes no consideraron más que uno de los dos casos que se pueden presentar: que el ancho de la regla sea menor que la distancia entre los puntos. En cuanto a la búsqueda de varias estrategias se puede decir que los alumnos ignoraron prácticamente esta etapa y se lanzaron a la primera idea que se les ocurrió, pasando pues directamente a la tercera etapa. Pero la estrategia elegida para esta fase era deficiente porque se obtenía una solución aproximada; mi precipitada intervención evitó que los alumnos tuvieran ocasión de revisar el proceso (cuarta etapa) y planificaran por su cuenta una estrategia que sirviera para resolver el problema con precisión. El resumen final ayudó a sintetizar el proceso y a redactar la solución; yo propicié una reflexión crítica sobre el proceso seguido a partir de su protocolo de resolución.

El proceso ha sido bastante directo y ha durado poco más de 40 minutos, quizá debido a que mi cuarta intervención les puso sobre la pista del caso en que la distancia entre los puntos fuese menor que el ancho de la regla.

DISCUSION DE IDEAS

Ya se han visto algunas de las dificultades que entraña la comunicación de ideas matemáticas, tanto para quien las expresa como para quien las recibe. Esta comunicación resulta particularmente difícil cuando se trata de una discusión o de una puesta en común. Por ello quien modere la sesión tendrá que asumir una serie de *tareas* que favorezcan la comunicación y la interacción entre los miembros del grupo, por ejemplo:

- *suscitar la participación de todos los componentes del grupo, animando a los más pasivos e impidiendo que alguien monopolice la palabra*
- *impedir que se juzguen las ideas expuestas: en caso de que alguien no considere una conjetura pertinente, una idea plausible o un demostración verdadera, sólo se le permitirá pedir explicaciones*

- *impedir que se desechen ideas porque no hayan resultado útiles; por el contrario tratará de favorecer que se profundice en ellas para ver si se pueden explotar*
- *propiciar el análisis de los bloqueos que se presenten en el transcurso de la resolución*
- *pedir que se generalicen los datos del problema o el resultado obtenido.*

En este apartado se presentarán dos crónicas de procesos heurísticos. La primera es de una de las discusiones habidas en torno a la resolución de un problema, conocido familiarmente como el de «El cubo y la mosca». La segunda es de una puesta en común tras la resolución de varios problemas.

El problema *El cubo y la mosca* había despertado mucho interés en el Club. Las conjeturas acerca de su solución eran diferentes, basadas en argumentos nada desdeñables. Describiré la discusión mediante una transcripción bastante fiel de la misma.

El cubo y la mosca

Una mosca se pasea por las aristas de un cubo ABCDEFGH. Cuando se encuentra en un vértice prosigue su camino hasta el vértice de una cualquiera de las aristas que parten del vértice en que está. Por tanto la probabilidad de que elija una arista determinada es 1/3. Los vértices F y G están fumigados con un insecticida mortal. Si la mosca parte del vértice A, ¿cuál es la probabilidad:
1) de que llegue al vértice F;
2) de que llegue al vértice G;
3) de que no pase nunca ni por F ni por G?

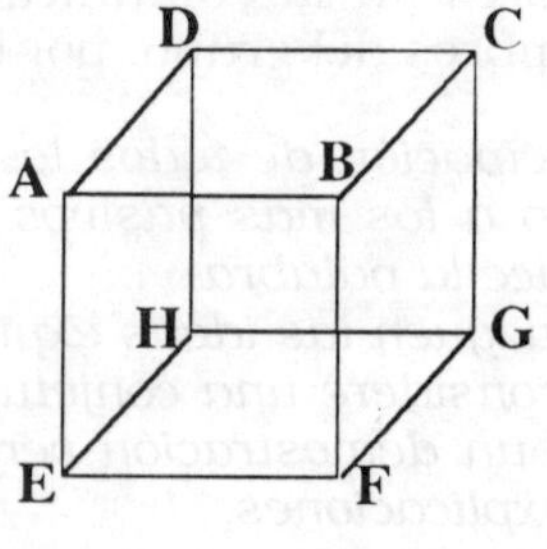

Este problema, propuesto en la Maxi-olimpiada belga en 1978, intentaron resolverlo 8 estudiantes del Club. Su esfuerzo por llegar a la solución les hizo experimentar la actividad matemática cuando el proceso de búsqueda de una solución se prolonga durante bastante tiempo, la mente se queda a veces «en blanco» y se experimenta un bloqueo ante el problema. Las tentativas infructuosas, las conjeturas, las refutaciones, los ejemplos, los contra-ejemplos, etc., muestran la lucha que se esconde detrás de cualquier resultado matemático. El trabajo con este problema duró más de un año y le dedicamos cinco sesiones de trabajo, no todas de dos horas. Yo no conocía la solución porque los caminos de búsqueda que había emprendido no habían tenido éxito. Traté de representar el problema de dos formas distintas:

- mediante un diagrama en árbol para examinar todos los posibles recorridos de la mosca, pero el árbol se ramificaba mucho y no descubrí ninguna ley que me permitiera expresar con una fórmula la probabilidad de llegar a F o a G después de recorrer 1 ó 2 ó 3, ... aristas
- mediante una tabla de doble entrada en la que representaba el número de caminos que llegan a cada vértice después de n aristas recorridas, pero tampoco encontré una pauta que me permitiera conocer los elementos de la tabla sin calcular cada vez el número de caminos.

Como estas representaciones me llevaban a realizar muchos cálculos y pensaba que debía haber un procedimiento más sencillo y elegante, abandoné estos caminos. Descarté otras vías como utilizar Cadenas de Markov porque presuponía que los estudiantes a los que se les había propuesto este problema no las conocían. Como no sabía la forma de llegar a la solución jugaba con la «ventaja» de condicionar menos a los estudiantes en su proceso de búsqueda.

Primera y segunda sesión

Durante la primera sesión los estudiantes trabajaron individualmente. Una semana después, en la segunda sesión, discutimos sus conjeturas acerca de la solución. La mayor parte de ellos pensaba que la probabilidad de llegar a F o a G era 1 «porque seguro que la mosca morirá». Esta afirmación encerraba tres significados distintos: la situación en la vida real, en este caso la mortalidad de la mosca, la seguridad de que la mosca llegaría a uno de los vértices envenenados y la comparación entre el número de casos desfavorables y favorables. Asimismo la mayoría estaban convencidos de que la probabilidad de llegar a F era la misma que la de llegar a G. Los que pensaban que la probabilidad de llegar a F, más próximo a A, era mayor que la de llegar a G, fueron persuadidos por los otros compañeros de la igualdad de ambas probabilidades «porque la 'distancia' de A a F es de dos aristas y la 'distancia' de A a G es de tres aristas, pero el proceso es indefinido, por tanto la diferencia de las 'distancias' es insignificante».

En la primera aproximación al problema sólo **Fermín** escapó a la idea de calcular la suma de una serie. Escribió un sistema de ecuaciones que relacionaba las probabilidades que tiene la mosca de llegar a los vértices envenenados F y G, partiendo de cada vértice del cubo. Pero su sistema tenía más incógnitas que ecuaciones porque no había percibido la simetría de los datos del problema. El procedimiento concebido por la mayoría de los estudiantes era pues calcular la suma de la serie cuyo término general era:

a_n= probabilidad de que la mosca no llegue a F ni a G después de haber recorrido n aristas

Si se demuestra que el límite de esta serie es cero y se considera que las probabilidades de llegar a F y a G son iguales se tendrá el resultado buscado.

Representaron gráficamente esta idea por un diagrama en árbol:

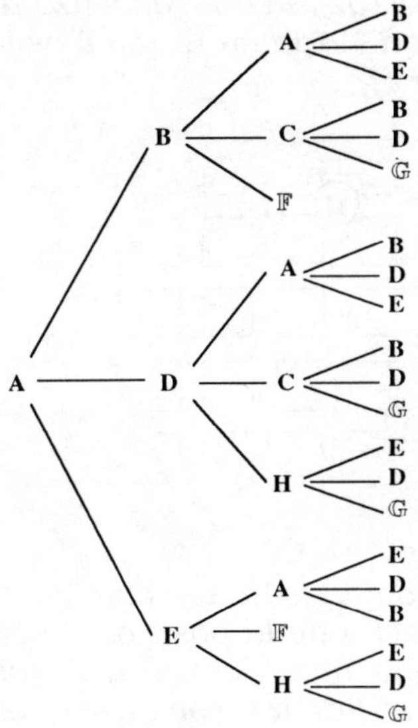

Un alto en el camino: otros problemas de recorridos al azar

Mientras quedaba pendiente este problema trabajamos otros de caminos al azar, reunidos en el *tema matemático* «Caminos». Entre ellos destacamos los siguientes:

Pedro y María

¿Por cuántos caminos distintos puede ir Pedro desde su casa (P) hasta la de María (M) si sólo se mueve hacia el Norte o hacia el Este por las calles del plano?

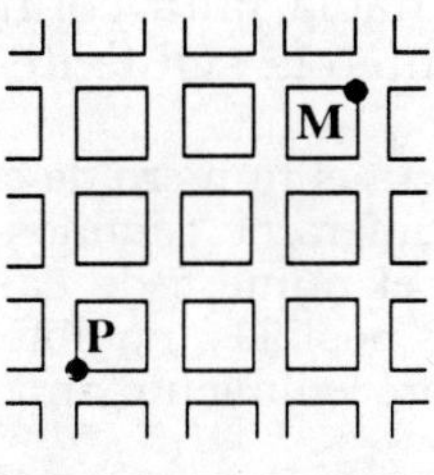

Recientemente, con objeto de variar el recorrido, Pedro decidió que en cada cruce donde tuviera que elegir lanzaría una moneda al aire para determinar si iría al Norte (cara) o al Este (cruz). Pedro comienza a andar en A para encontrarse con María en L, ¿cuál es la probabilidad de que pase por H?

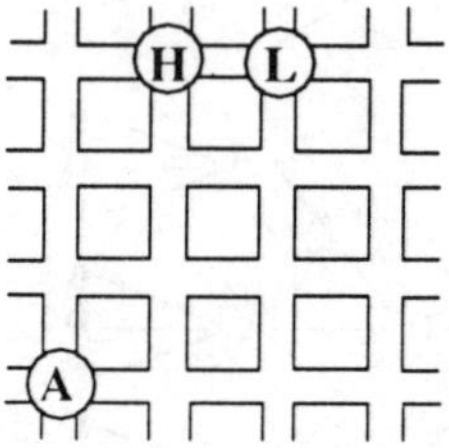

El rey

En el tablero de abajo, ¿cuántos caminos diferentes hay para llevar una ficha de la posición A a la posición B mediante los movimientos del rey y desplazándose siempre hacia arriba? Puedes comenzar con algunos casos más simples situando a B más cerca de A.

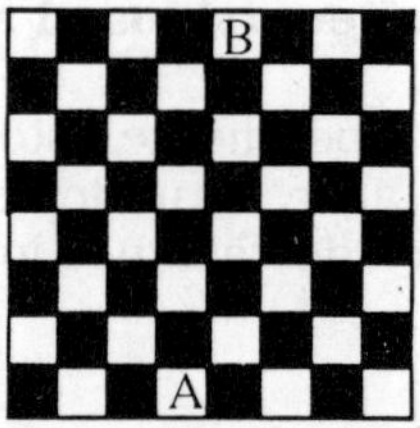

Las dos cuestiones del primer problema no presentaron dificultad a los estudiantes; para resolver la segunda consideraron los posibles lanzamientos de la moneda, de modo que si se llegaba a la parte derecha o superior del plano de calles, no hacía falta continuar los lanzamientos. Pero **Alvaro** planteó la siguiente cuestión:

> «Si se considera el número de caminos que llegan a H, que es 4, y el número de caminos que llegan a L, que es 10, y dividimos el número de casos favorables entre el número de casos posibles, no obtenemos el mismo resultado que por el procedimiento anterior».

Les invité a que profundizaran en ella. Algunos manifestaron al principio que quizá se trataba de una paradoja e insistían en que sólo encontraban cuatro caminos que llegasen a L; otros insistían en que se trataba de dos problemas distintos y **Alvaro** se dio cuenta de que la representación estaba acotada por arriba y por la derecha porque si se llegaba a la cuarta calle de arriba era obligado ir a la derecha y si se llegaba a la cuarta calle de la derecha era obligado ir hacia arriba, por tanto el número de casos posibles no eran sólo 10 sino 15 porque había que prolongar la representación.

Encontrar la solución del segundo problema es fácil si el rey se desplaza hacia arriba, pero difícil si se mueve en todas direcciones. Por ello utilizamos un programa de ordenador que simulaba un camino al azar en un rectángulo cuadriculado siguiendo las cuatro direcciones de los puntos cardinales, hasta que llegaba al borde de éste (Kimberling, 1983). Observamos que en todas las experiencias realizadas, el camino llegaba al borde.

Tercera sesión: discusión sobre el problema

Retomamos el problema de la mosca un mes después. En esta sesión participaron cuatro estudiantes —**Alvaro**, **Fermín**, **Antón**, **Jaime**— y yo, como moderadora. La transcripción del diálogo es la siguiente:

Fermín: «Yo no he encontrado todavía la solución del problema. He hecho un programa informático para calcular los términos de la serie, pero he tenido problemas».

Moderadora: «¿Cuáles?»

Fermín: «Demostrar lo que sucede si la mosca se pasea indefinidamente».

Jaime: «Yo pienso que el problema de la mosca no es difícil... Ella no llegará nunca a los vértices envenenados... Pero, quizás, podría llegar a F o a G como el cuadrado que se desplazaba sobre la pantalla del ordenador... No sé... Habrá que multiplicar 1/3 por algo y calcular un límite...».

Fermín: «Yo pienso que la probabilidad de llegar a F o a G no es cero ...».

Moderadora: «¿Por qué?».

Fermín: «Con mi programa informático he calculado la probabilidad de llegar a F o a G después de muchos pasos (aristas recorridas) y no es cero».

(Silencio)

Moderadora: «Jaime, ¿qué has hecho?».

Jaime: «No he avanzado desde la última vez que hablamos de este problema. Una cosa está clara: la probabilidad de llegar a los vértices envenenados después de haber recorrido n aristas es diferente de la de llegar después de haber recorrido n + 1 aristas ...».

Alvaro: «La solución más simple consiste en calcular un límite».

Jaime (dirigiéndose a Alvaro): «Pero, ¿tú has encontrado f(n)?»

Alvaro: «Todavía no».

Fermín: «Hay que calcular una suma de probabilidades, la suma de una serie».

Moderadora: «¿Has encontrado alguna propiedad de esta serie?».

Fermín: «Yo buscaba una progresión geométrica. Desgraciadamente los términos de la serie no están en progresión geométrica».

Alvaro: «La probabilidad (de llegar a F o a G) es cero. La mosca puede pasarse todo el tiempo paseándose de A a B y de B a A, etc.».

Fermín: «No estoy de acuerdo».

Alvaro: «Pero la mosca puede no llegar nunca... (a los vértices envenenados)».

Fermín: «Sí, pero eso no quiere decir que la probabilidad es cero».

Alvaro: «Entonces la probabilidad es 0.0000000.... y un número al final».

Fermín: «Yo creo que este número es demasiado pequeño... la probabilidad es más grande».

Moderadora: «Alvaro, ¿por qué estás tan seguro de ello?».

Alvaro: «Porque la mosca puede pasearse todo el tiempo entre dos vértices no envenenados».

Moderadora: «¿Piensas que este argumento es una demostración?».

Alvaro: «Yo no sé ... Yo no llego a calcular la suma de una serie ... ¡Es complicado!»..

Moderadora: «Jaime y Antón, ¿qué pensáis de la idea de Alvaro?»

Jaime (dirigiéndose a Antón): «¿No crees que la probabilidad es 1?».

Alvaro: «Pero la mosca puede ir de B a A, de A a B toda la vida ...».

Fermín: «La probabilidad no puede ser 1».

Jaime: «¿Por qué no?».

Moderadora: «Antón, ¿qué es lo que piensas?».

Antón: «Pienso que es 1».

Moderadora: «Entonces hemos encontrado tres conjeturas: la probabilidad de llegar a F o a G es 0, 1 o un número comprendido entre 0 y 1. Antón, ¿lo has demostrado?».

Antón: «Se puede considerar un tetraedro que no tiene más que un vértice envenenado y por analogia se tiene el resultado buscado».

Alvaro: «Yo pienso que la probabilidad es casi cero».

Moderadora: «Alvaro, ¡escucha la explicación de Antón!».

Antón: «Si se tiene un triángulo y un vértice envenenado, entonces se tiene un diagrama en árbol muy sencillo y se tiene una progresión geométrica de razón 1/2 cuya suma es 1. Entonces la probabilidad de llegar al vértice envenenado es 1».

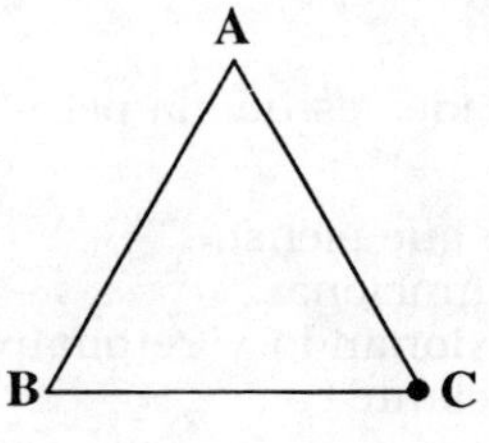

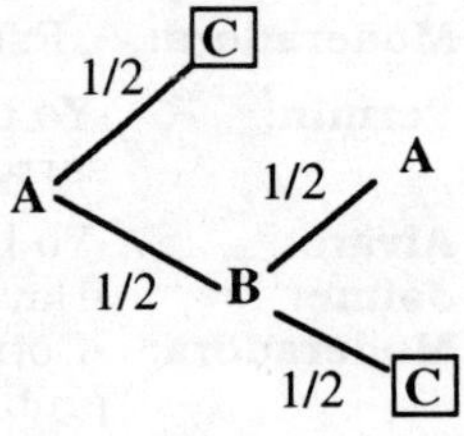

Alvaro: «Eso es imposible porque la mosca puede pasearse todo el tiempo entre A y B».

Antón: «Pero cuando se considera el infinito, suceden cosas como éstas. Por ejemplo (escribe en el encerado) si tienes A= $\sqrt{2\sqrt{2\sqrt{2...}}}$ hasta el infinito entonces A=2».

Alvaro: «¡No puede ser!».

Antón: «Sí: (escribiendo en el encerado) A = $\sqrt{2A}$ por tanto A= $\sqrt{A}\sqrt{2}$, $A^2 = 2A$, luego A = 0 ó A = 2».

Alvaro: «Pero eso no tiene nada que ver con nuestro problema».

Moderadora: «Pero Antón, tú hablabas de un tetraedro».

Antón: «Sí, en este caso la probabilidad de llegar al vértice envenenado C es igual a 1 menos la probabilidad de no llegar a C, es decir, de quedarse en el triángulo ABD. Esta última probabilidad es 0 por analogía con el problema anterior».

Moderadora: «¿Por qué?»

Antón: «Porquc sc tiene un triángulo como antes».

Moderadora: «¿Estáis los demás de acuerdo con el argumento de Antón?»

Jaime: «No, porque según Antón la respuesta a las dos primeras preguntas sería 1 y eso es imposible, porque la suma de las probabilidades de llegar a cada uno de los vértices debe ser 1».

Antón: «¡No!, para generalizar el problema al cubo yo considero por ejemplo la probabilidad de llegar a F o a G después de recorrer seis aristas. Las probabilidades de llegar a F o a G después de un número indeterminado de aristas recorridas es proporcional a las anteriores».

Moderadora: «¿Estáis de acuerdo?»

Fermín: «Yo pienso que la idea es buena pero falta desarrollarla».

Alvaro: «Yo he dicho ya lo que pienso».

Jaime: «Hay algo que no funciona».

Moderadora: «Continuad reflexionando y retomaremos el problema más adelante».

Comentario

Comentemos esta discusión centrándonos fundamental en el tipo de intervención de sus protagonistas: la moderadora y los estudiantes.

En total se han registrado 54 intervenciones en 25 minutos escasos, lo que muestra que la discusión ha sido ágil y viva. De ellas, 15 corresponden a la moderadora, tratándose la mayoría de las veces de preguntas dirigidas al grupo o a algún estudiante en particular. Las finalidades de las mismas han sido: pedir aclaración (2 veces a **Fermín**), pedir una justificación (una vez a **Fermín** , dos veces a **Alvaro** y una vez a **Antón**), invitar a participar a **Jaime** y a **Antón** (3 veces), pedir asentimiento sobre un razonamiento de **Antón** al resto de sus compañeros (2 veces), resumir las ideas que se habían expuesto en un momento dado (1 vez), impedir que un estudiante, **Alvaro**, monopolizase la discusión (1 vez), ayudar a **Antón** a retomar su discurso (1 vez) y poner punto final a la discusión (1 vez). El resto de las intervenciones, 39, corresponden a los estudiantes. Las reacciones de réplica entre los alumnos (5 veces por parte de **Fermín**), así como las preguntas que se formularon entre sí (2 veces, las dos de **Jaime**) muestran el grado de interacción entre ellos. Se puede decir que **Alvaro** ha sido el más combativo, que **Antón** y **Fermín** son los que más ideas han aportado y que **Jaime** y **Alvaro** han actuado en ocasiones como «abogados del diablo».

Cuarta sesión

Al llegar a la cuarta sesión los únicos estudiantes que habían continuado una investigación activa eran **Antón**, **Fermín** e **Ignacio**. Sus ideas eran las siguientes:

- **Antón** se olvidó del vértice G, clasificó los vértices en tres grupos, según el número de aristas que les separaban de F para plantear un sistema de ecuaciones, pero no llegó a obtener la solución
- **Fermín** definió una matriz que expresaba las probabilidades de llegar de un vértice a otro, porque había oído hablar de matrices de transición para calcular probabilidades, pero tampoco llegó a obtener la solución

- **Ignacio** retomó la idea de calcular la suma de una serie. Simplificó el diagrama en árbol como se muestra a continuación:

					A					
				B	E	D				
			C	F	A	H	C			
		D	G	B	E	D	G	B		
	A	H	C	F	A	H	C	F	A	
B	E	D	G	B	E	D	G	B	E	D

Nudos del árbol completo: desde un vértice se puede ir al que está debajo en el triángulo y a los que están a la derecha y a la izquierda de este último

y concibió un triángulo de Pascal generalizado para calcular el número de caminos que llegan a cada vértice después de haber recorrido n aristas:

					1					
				1	1	1				
			1	2	3	2	1			
		1	3	6	7	6	3	1		
	1	4	10	16	19	16	10	4	1	
1	5	15	30	45	51	45	30	15	5	1

Número de caminos que llegan a un vértice después de 0, 1, 2, 3, 4, 5, 6, etc. aristas recorridas, sin tener en cuenta los vértices envenenados.

					A					
				B	E	D				
			C	•	A	H	C			
		D	•	B	E	D	•	B		
	A	H	C	•	A	H	C	•	A	
B	E	D	•	B	E	D	•	B	E	D

Nudos del árbol teniendo en cuenta los vértices envenenados.

					1					
				1	1	1				
			1	•	3	2	1			
		1	•	4	5	6	•	1		
	1	1	5	•	15	11	7	•	1	
1	2	7	•	20	26	33	•	8	1	1

Número de caminos que llegan a un vértice después de 0, 1, 2, 3, 4, 5, 6, etc. aristas recorridas teniendo en cuenta los vértices envenenados.

Esta idea se le ocurrió, según contó, porque había trabajado en programación con el concepto de «autómata celular» que aparece definido en «el juego de la vida»: se dan las dos primeras filas y a partir de ellas cada término de las filas siguientes se define sumando el número situado directamente encima con los que están a la izquierda y a la derecha de éste. Esta representación del problema hace difícil encontrar la solución, pero **Ignacio** continuó profundizando en ella porque la consideraba muy elegante.

Quinta sesión

Cuando había pasado poco más de un año después de la primera sesión se trabajó por quinta y última vez en este problema. En ella **Fermín** e **Ignacio** tuvieron la idea de considerar las probabilidades, sin tener en cuenta el número de aristas recorridas. Plantearon un sistema de seis ecuaciones y seis incógnitas en el que se consideraba la simetría de los datos del problema que se detallará en el capítulo 7.

Los protocolos de resolución de este problema son largos, ricos en ideas, compuestos de numerosos episodios que muestran la variedad de procedimientos y de cambios de rumbos a lo largo del costoso y prolongado proceso de investigación. Algunos de ellos son difíciles de analizar sin la ayuda de su autor o autora.

PUESTA EN COMUN

A continuación relataré una puesta en común de los problemas del calendario de un mes. Todos los estudiantes habían llegado a la solución de los problemas propuestos y por tanto se sentían confiados y serenos. Lo más interesante de la misma fue las observaciones que se hicieron acerca de las soluciones aportadas y las generalizaciones de los problemas propuestos. La describiré como crónica que redacté al final de la sesión a partir de las notas que tomé en el transcurso de la misma.

Entre los problemas propuestos estaban, entre otros, los siguientes:

Paseo por la cuadrícula

Calcular el número de caminos que hay para ir desde el punto A al punto B, siguiendo las direcciones de las flechas:

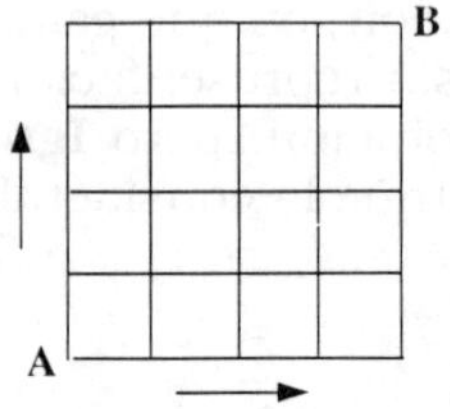

Torre de cubos

Esta torre está hecha con 35 cubos dispuestos en 5 capas. ¿Cuántos cubos harán falta para construir una torre de 10 capas?

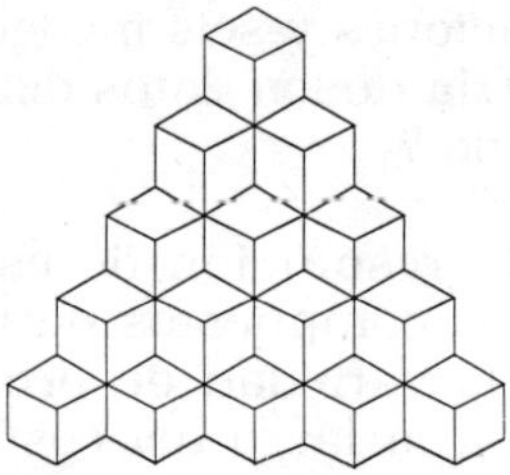

Cuadros del ajedrez

¿Cuántos cuadrados hay en un tablero de ajedrez?

Contando triángulos

¿Cuántos triángulos hay en cada dibujo?

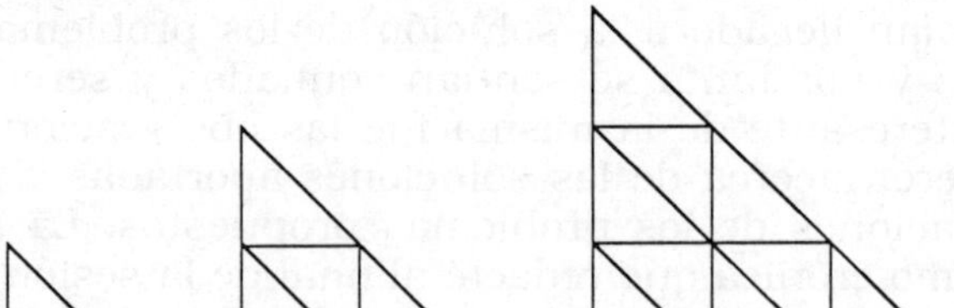

Los aspectos que quería trabajar al proponer estos problemas eran los siguientes:

- relacionar el triángulo de Pascal con «Paseo por la cuadrícula» y así proporcionar a los estudiantes una situación en la que aparecían estos números, diferente de la clásica del binomio de Newton
- hacer recuentos de forma sistemática
- generalizar resultados.

A primera vista no percibí una relación significativa entre los tres primeros problemas, aunque bien es cierto que se trataba en todos ellos de hacer un recuento a partir de situaciones anteriores. Pero en la puesta en común, tuvimos la experiencia de contemplar la belleza matemática relacionando situaciones aparentemente distintas. Dedicamos dos horas a esta puesta en común. Los estudiantes, alumnos de COU y de BUP, habían trabajado los problemas en casa y traían sus soluciones.

Comenzamos con el primer problema. No había presentado ninguna dificultad para los estudiantes. **Antón** hizo notar que el total del número de caminos que llegan a cada vértice seguía una regla general: era la suma del número de caminos que llegaban desde los vértices más próximos situados directamente a la izquierda y directamente abajo, como muestra la figura siguiente:

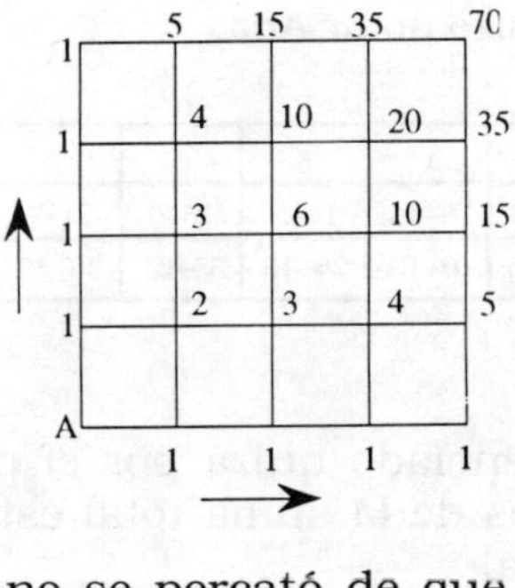

Sin embargo, no se percató de que los números que había sobre las diagonales eran filas del triángulo de Pascal, quizá porque aparecían aquí de una forma no habitual. **Fermín** lo hizo notar. Yo les invité a que expresasen de forma general el número de caminos que llegan a un vértice cualquiera. Introdujeron los ejes de abscisa y de ordenada y expresaron de forma general, gracias a sus conocimientos sobre el triángulo de Pascal, el número de caminos que llegaban al vértice de coordenadas (m,n) como $\binom{m+n}{n}$.

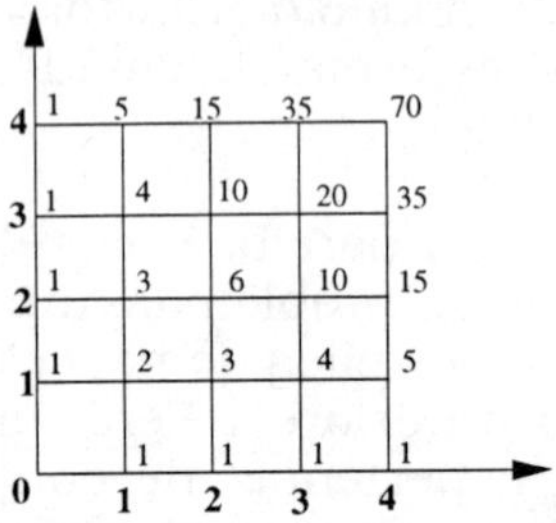

A continuación los estudiantes abordaron el problema de los cubos. **Ignacio** hizo en el encerado la siguiente tabla:

Capas: n	1	2	3	4	5	6	7	8	9	10
Nº de cubos en capa n	1	3	6	10	15	21	28	36	45	55
Total cubos en n capas	1	4	10	20	35	56	84	120	165	220

«Este modelo se parece algo al anterior porque los números de la tabla se han obtenido sumando resultados anteriores» , hizo notar **Ana**:

Capa	1	2	3	4	5	6	7	8	9	10
Cubos/capa	1	1+2	3+3	6+4	10+5	15+6	21+7	28+8	36+9	45+10
Total	1	1+3	4+6	10+10	20+15	35+21	56+28	84+36	120+45	165+56

Fermín, influenciado quizá por el problema anterior dijo: «Los números de la suma total están también en el triángulo de Pascal» :

1
1 1
1 2 1
1 3 3 1
1 **4** 6 4 1
1 5 **10** 10 5 1
1 6 15 **20** 15 6 1

«Efectivamente, pero no sólo la suma total está en el triángulo de Pascal, sino también el número de cubos que hay en cada capa y el número de capas, notó **Antón**. Nuestra tabla, dispuesta de otra manera está también en el triángulo de Pascal:

1
1 1
1 2 1
1 3 3 1
1 **4** 6 4 1
1 5 **10** 10 5 1
1 6 15 **20** 15 6 1

La generalización surgió de inmediato: el número a_n de cubos en una torre con n capas es:

$$\binom{n+2}{3}$$

Pasamos al tercer problema. **Paula** rellenó esta tabla en la pizarra:

Tamaño cuadrados	1 x 1	2 x 2	3 x 3	4 x 4	5 x 5	6 x 6	7 x 7	8 x 8
Núm. de cuadrados	8 x 8	7 x 7	6 x 6	5 x 5	4 x 4	3 x 3	2 x 2	1 x 1

Total: $1^2+2^2+3^2+4^2+5^2+6^2+7^2+8^2$

Queríamos generalizar el resultado. Los alumnos hicieron sucesivos tanteos y no encontraban ninguna forma de expresar la suma de los cuadrados mediante una fórmula. De repente saltó la chispa. **Fermín** relacionó de nuevo algunos resultados. Se acordó de que en el problema anterior él había conseguido expresar el total de cubos mediante una expresión en la que aparecía:

$$1^2 + 2^2 + 3^2 + 4^2 + 5^2 + 6^2 + \dots + n^2$$

Esta expresión no había salido a la luz porque yo había conducido el proceso por otro camino, invitando a rellenar una tabla. Aquella forma de obtener los resultados parciales en función de los dos anteriores ponía en evidencia otros aspectos que ya habíamos visto. **Fermín** escribió:

$$1 + 3 + 6 + ... = \frac{2 + 6 + 12 + ...}{2} = \frac{1 + 1^2}{2} + \frac{2 + 2^2}{2} + \frac{3 + 3^2}{2} + ...$$

Se puede demostrar por inducción que una torre de n capas tiene $\frac{n + n^2}{2}$ cubos en la capa enésima. Por tanto:

$$1 + 3 + 6 + ... + a_n = \frac{1 + 1^2}{2} = \frac{2 + 2^2}{2} + \frac{3 + 3^2}{2} + ... + \frac{n + n^2}{2} =$$

$$= \frac{1 + n}{2} \cdot n + \frac{1}{2} (1^2 + 2^2 + 3^2 + ... + n^2)$$

Como sabemos que

$$1 + 3 + 6 + ... + a_n = \binom{n+2}{3}$$

entonces

$$\binom{n+2}{3} = \frac{1 + n}{2} n + \frac{1}{2} \sum_{k=1}^{n} k^2$$

luego

$$\sum_{k=1}^{n} k^2 = \frac{n(n + 1)(2n + 1)}{6}$$

El cuarto problema sí que se parece al del ajedrez. **Julián** intentó resolverlo como un caso particular de éste, pero con este procedimiento no se contaban algunos triángulos. Por indicación suya hicimos una tabla para intentar establecer una conjetura. Descomponiendo el número de triángulos de la figura de lado n en el número de cuadrados del cuadrado de n casillas, más otro número, de nuevo aparecieron números del triángulo de Pascal:

Lado	1	2	3	4	5	6	7
Total	1	2^2+1	3^2+4	4^2+10	5^2+20	6^2+35	7^2+56

Tenemos entonces que en el triángulo de lado n hay en total

$$n^2 + \binom{n+1}{3}$$

triángulos de distinto lado.

Comentario

Los objetivos perseguidos al proponer estos problemas estaban centrados en trabajar la observación de regularidades, el recuento sistemático y la generalización, pero la puesta en común sobrepasó estos objetivos y puso de manifiesto que los procesos heurísticos no se pueden programar de antemano porque cuando se intenta solucionar un problema pueden surgir ideas más ricas que aquellas que subyacían al seleccionarlo. Por ello hay que estar atentos a las ideas y a los incidentes que van surgiendo en el transcurso de las sesiones de trabajo. En este caso el triángulo de Pascal cobró una relevancia importante como se acaba de ver.

En esta sesión yo intervine para estimular la generalización de las situaciones planteadas y los estudiantes relacionaron las soluciones aportadas a los problemas. Quizá la aportación más espectacular fue la de **Fermín**, que se dio cuenta de que se podían igualar dos expresiones para encontrar la suma de los cuadrados. El trabajo ha sido cooperativo y se ha avanzado sobre ideas anteriores.

Fue una sesión que quedó grabada en la memoria de quienes la vivimos y que recuerda lo que Poincaré contaba a propósito de cómo se produce la inspiración: la combinación de elementos al azar da lugar a una idea fecunda que permite llegar al resultado perseguido.

Los ejemplos anteriores muestran que trabajar en grupo y moderar es difícil, pero ambas cosas se pueden aprender. Para ello hace falta proporcionar a los estudiantes situaciones de aprendizaje para que interaccionen con sus compañeros y registrar estos procesos para poder analizarlos más tarde. Así el profesor va tomando conciencia de su estilo como guía de la actividad de sus alumnos y va mejorando su modo de proceder sin imponer ni cortar ideas, invitando a los estudiantes a expresar en voz alta su pensamiento.

6
Evaluación de los aprendizajes

Muchos profesores están de acuerdo con la integración de la resolución de problemas en el currículo de Matemáticas, pero para que esta integración tenga éxito es necesario adoptar *métodos* adecuados de evaluación e incluso modificar ciertas *prácticas* relativas al modo de recoger la información, la forma de expresarla, etc. Este capítulo, centrado en la evaluación de los aprendizajes de los estudiantes del *Club matemático IEPS*, tiene cuatro apartados: qué evaluar, cómo evaluar, plan de evaluación en el Club matemático y evaluación de una estudiante. En los dos primeros apartados se comenzará haciendo unas consideraciones generales sobre la evaluación, inspiradas en el libro *How to Evaluate Progress in Problem Solving* de R. Charles, F. Lester y P. O'Daffer, y luego se describirá su concreción en el Club matemático.

QUE EVALUAR

Ya se ha dicho anteriormente que resolver problemas es una tarea compleja porque pone en juego no sólo un conjunto de *conocimientos* que se deben seleccionar, adaptar y aplicar a cada situación concreta, sino también los *afectos* que se manifiestan en forma de creencias, actitudes y sentimientos. Por esta razón se deben delimitar los aspectos que se van a evaluar. A continuación se hace una lista de posibles objetivos a modo de inventario, en los cuales se puede centrar la evaluación (cf. Charles, Lester y O'Daffer, 1987). Evaluar cada uno de ellos requiere una determinada técnica:

1. *Desarrollar en los estudiantes destrezas de pensamiento para resolver problemas:*
   Comprender la cuestión de un problema.
   Comprender las condiciones y variables de un problema.
   Seleccionar los datos necesarios para resolver un problema.
   Formular preguntas intermedias que conduzcan a la solución de un problema y seleccionar las estrategias adecuadas para resolverlas.
   Aplicar correctamente la estrategia o estrategias de solución.
   Dar una solución correcta a un problema en función de los datos del mismo.
   Evaluar la pertinencia y adecuación de la respuesta dada.

2. *Desarrollar habilidades para seleccionar y utilizar estrategias de resolución de problemas:*
   Resolver un problema más simple.
   Hacer un dibujo, un esquema, una figura.
   Escoger un lenguaje adecuado.
   Experimentar.
   Buscar pautas, simetrías, regularidades.
   Buscar un problema semejante.
   Suponer el problema resuelto.
   Aplicar el principio de Dirichlet.
   Razonar por inducción.
   Razonar por reducción al absurdo.

3. *Favorecer en los estudiantes hábitos y actitudes que ayuden a resolver problemas:*
   Confianza en las propias capacidades.
   Flexibilidad de pensamiento.
   Apertura en la forma de percibir un problema.
   Perseverancia en el trabajo.
   Espíritu reflexivo y crítico.

4. *Favorecer en los estudiantes creencias que ayuden a resolver problemas:*
   Hay que gastar tiempo pensando cómo resolver un problema.
   En la resolución de un problema hay lugar para hacer «ensayo y error» o para jugar un poco con la situación.

Normalmente es necesario usar la intuición para resolver problemas.
Hay más de una forma de resolver un problema.
Un problema puede tener varias soluciones, una o ninguna.
Mejorar las habilidades para resolver problemas no es fácil.
La resolución de un problema exige paciencia y perseverancia.
Quedarse en blanco mientras se intenta resolver un problema no significa perder el tiempo.
Dominar los contenidos de matemáticas del curso, no asegura poder resolver todos los problemas relacionados con los temas que se han estudiado.
La resolución de un problema no termina cuando se encuentra la solución, hay que verificarla.
El resultado al que se llega tras intentar resolver un problema es tan importante como el proceso que se ha seguido.
No encontrar la solución de un problema no significa haber fracasado.
No encontrar la solución de un problema no quiere decir haber perdido el tiempo.

5. *Desarrollar en los estudiantes la capacidad de utilizar sus conocimientos matemáticos.*

6. *Desarrollar en los estudiantes la capacidad de controlar y evaluar su pensamiento mientras resuelven problemas.*

7. *Desarrollar en los estudiantes la capacidad de resolver problemas en grupo.*

8. *Desarrollar en los estudiantes la capacidad de encontrar la respuesta correcta a diferentes tipos de problemas:*
Con diferentes tipos de contextos: reales, realistas, fantásticos y puramente matemáticos.
Con una sola solución, con varias, con una infinidad o con ninguna solución.
Con datos completos, datos superfluos, problemas en los que faltan datos o datos insuficientes.

Que se resuelvan aplicando los diversos tipos de estrategias.

9. *Favorecer el conocimiento propio de cada estudiante.*

Aspectos a evaluar en el Club matemático IEPS

Se pueden sintetizar los aspectos que se han evaluado en el Club matemático en tres grandes apartados:

1. Las actitudes para afrontar la resolución de problemas.
2. La capacidad para seleccionar, adaptar y aplicar estrategias heurísticas.
3. El conocimiento propio de cada estudiante.

Actitudes para afrontar la resolución de problemas

Las actitudes consideradas han sido las siguientes: *espíritu abierto, fluidez de ideas, flexibilidad de pensamiento, perseverancia* y *espíritu crítico*, y están implícitas en las etapas de la *metodología de trabajo* descrita en el capítulo 2:

- el trabajo consciente de preparación o de familiarización con el problema, que precede a la comprensión y apropiación de la estructura del mismo requiere un *espíritu abierto*
- la búsqueda de varias estrategias de resolución exige *fluidez de ideas y flexibilidad de pensamiento*
- la capacidad para elegir una de estas estrategias y llevarla adelante requiere *perseverancia*
- la verificación de la solución por medio de una demostración y la reflexión sobre el proceso seguido, exige a la vez un *espíritu reflexivo, abierto y crítico.*

Estrategias heurísticas

Las estrategias heurísticas a las que se ha dedicado más atención en la evaluación han sido las siguientes:

- percibir distintos tipos de simetrías
- buscar analogías
- dibujar representaciones gráficas
- razonar de diferentes formas.

Grado de conocimiento propio de cada estudiante

La evaluación del grado de conocimiento propio de cada estudiante ha estado centrada en los dos aspectos siguientes:

- en primer lugar en el conocimiento de los bloqueos de todo tipo que experimenta cada alumno (perceptivos, afectivos, educativos, expresivos, rigidez de los procesos mentales)
- en segundo lugar en el conocimiento de los propios recursos y la capacidad para aplicarlos a la resolución de los problemas.

COMO EVALUAR

La evaluación de los aspectos anteriores se puede llevar a cabo usando diversas técnicas. Cada una de ellas presenta sus ventajas y sus inconvenientes atendiendo al tiempo que el evaluador y el estudiante deben emplear para aplicarla, a la calidad y a la validez de la información recogida, a la naturalidad del método empleado, a los aspectos que permite evaluar, a las interferencias que puede crear en el conjunto de la clase o en los alumnos, a la experiencia que requiere del evaluador o del alumno, al número de estudiantes evaluados en relación al tiempo empleado, a la preparación previa del instrumento y a la subjetividad u objetividad de la información recogida. Las técnicas que se van a describir a continuación son las siguientes: observación, entrevista, informe retrospectivo de los estudiantes, protocolos, cuestionarios, escalas, apreciación global y test.

Observación

Esta técnica se centra sólo en aquellos aspectos del proceso de resolución de problemas que son observables por un agente externo, por ejemplo algunas actitudes y creencias de los alumnos, el comportamiento global de resolución o el desarrollo del trabajo en grupo. Las observaciones se pueden hacer de modo informal o con un registro de observación. En cualquiera de los casos se deben determinar previamente los objetivos a evaluar centrándose sólo en aquellos aspectos que no se puedan evaluar de un modo más sencillo y limitar las observaciones a pocos alumnos, no más de cuatro. El observador debe permanecer abierto a los comportamientos de los estudiantes de modo que si es necesario modifique los aspectos a observar en razón de conductas no esperadas y que resulten significativas. Si se quiere elaborar un registro de observaciones se debe hacer una lista de las acciones, actitudes, etc. que indiquen que el estudiante ha alcanzado el objetivo y redactar los items que lo describen. La figura 1 muestra un ejemplo de registro de observaciones (cf. Charles, Lester y O'Daffer, 1987).

Las *ventajas* que presenta esta técnica son las siguientes: si se consigue que los estudiantes no se distraigan durante el período de observación resulta bastante natural; es flexible y se centra en aspectos específicos como actitudes, creencias y comportamientos que de otra forma no se podrían evaluar externamente. Sus *inconvenientes* son que si el observador es el profesor su papel en la clase se limita a evaluar, lo que interfiere con su papel de instructor; lleva tiempo, puesto que en un período de clase se observan pocos estudiantes; requiere experiencia previa en evaluación de procesos; hay que planificarla cuidadosamente y en conjunción con otras técnicas y, por último, cs difícil evitar la subjetividad del observador.

Lista de registro de observaciones

Alumno ______________________ *Fecha* __________

_______ 1. *Le gusta resolver problemas*

_______ 2. *Trabaja en cooperación con otros*

_______ 3. *Aporta ideas para la resolución de problemas en grupo*

_______ 4. *Es perseverante*

_______ 5. *Intenta comprender de qué trata un problema*

_______ 6. *Manipula los datos en la resolución de problemas*

_______ 7. *Piensa qué estrategia puede ayudar*

_______ 8. *Es flexible, prueba con varias estrategias si es necesario*

_______ 9. *Comprueba la solución*

_______ 10. *Puede describir o analizar una solución*

Figura 1

Entrevista

La entrevista es otro modo de recoger información que permite hacer apreciaciones más profundas y detalladas que la observación. Esta técnica se usa a menudo para investigar o para hacer diagnósticos de algunos estudiantes. La entrevista puede ser más o menos *informal* o *estructurada*. En el primer caso las preguntas son del tipo:

¿Cómo hiciste ...?
¿Por qué hiciste ...?
¿Qué intentabas cuando ... ?
¿Cómo supiste que ...?
¿Has ...?
¿Cómo encontraste que ...?
¿Cómo decidiste si ...?
¿Puedes describir ...?
¿Estás seguro de que ...?
¿Qué piensas de ...?
¿Cómo te sientes cuando ...?

Un plan de entrevista estructurada es el siguiente (cf. Charles, Lester y O'Daffer, 1987):

1. *Tratar de que el estudiante se sienta distendido y a gusto*
2. *Pedir al estudiante que hable sobre lo que está haciendo o pensando mientras resuelve el problema. Hacerlo de forma natural de modo que ayude a comprender mejor cómo los estudiantes resuelven problemas y cómo se les puede ayudar a ser mejores resolutores de problemas*
3. *Proponerle un problema*
4. *Mientras el estudiante intenta comprender la cuestión y las condiciones del problema, observarlo y hacerle preguntas como las siguientes:*
   a. *¿Qué haces primero cuando te dan el problema? ¿Y a continuación?*
   b. *¿Qué te pregunta el problema? ¿Cuáles son los datos y las condiciones importantes del problema? ¿Necesitas alguna información que no esté dada en el problema?*
   c. *¿Hay algo que no entiendas en el problema?*
5. *Cuando el estudiante trabaje en buscar la solución del problema, recordarle de nuevo que hable sobre ello y si es pertinente hacerle preguntas como las siguientes:*
   a. *¿Qué estrategia estás usando? ¿Crees que te ayudará a encontrar la solución? ¿Has pensado en usar otras estrategias? ¿Cuáles?*
   b. *¿Dónde estás encontrando dificultad? ¿Cómo crees que puedes superarla?*
6. *Cuando el estudiante dé una respuesta al problema, observar si la comprueba y cómo lo hace. Hacerle preguntas como las siguientes:*
   a. *¿Estás seguro de que ésta es la respuesta del problema? ¿Por qué?*
   b. *¿Piensas que es importante comprobar tu respuesta? ¿Por qué?*
7. *Después de que el estudiante haya resuelto el problema, hacerle preguntas como las siguientes:*
   a. *¿Puedes explicar la solución del problema y cómo la encontraste?*
   b. *¿El problema se parece a otros que has resuelto? ¿En qué se parece?*
   c. *¿Piensas que este problema podría resolverse de otra forma? ¿Cómo?*
   d. *¿Cómo te sentiste mientras estabas resolviendo el problema? ¿Cómo te has sentido cuando has encontrado la solución?*

En este caso la entrevista se hace mientras el estudiante resuelve el problema, pero también puede hacerse cuando ya ha terminado.

Las *ventajas* que presenta esta técnica son las siguientes: se trata de un estudio profundo y detallado que recoge información sobre procesos de pensamiento que no se pueden observar externamente; la entrevista puede ser más flexible o más estructurada según los objetivos que pretenda el evaluador. Sus *inconvenientes* son: que exige mucho tiempo, requiere que se elijan las preguntas cuidadosamente, se formulen con precisión y se planteen en el momento oportuno y, por último, si se hace mientras el estudiante trata de resolver el problema se interfiere en su proceso.

Informes retrospectivos de los estudiantes

Los informes de los estudiantes reflejan la percepción de éstos acerca de sus procesos de resolución de problemas y permiten conocer su capacidad para controlar y evaluar su pensamiento tras la resolución de un problema, conocer sus actitudes y creencias así como el grado de conocimiento propio. Para aplicar esta técnica hay que sensibilizar a los estudiantes de que valoren sus procesos de pensamiento aun cuando no consigan encontrar la solución de un problema. Los informes se pueden plantear diciendo simplemente a los alumnos que describan el proceso de resolución o pidiéndoles que respondan a unas preguntas como las del Anexo 2.

Las *ventajas* de esta técnica son: que el propio estudiante proporciona una información que no se puede obtener de otra manera, sintiéndose así parte del proceso de evaluación y que la elaboración del informe tiene un valor formativo, pues fomenta la capacidad de reflexionar sobre los propios procesos de pensamiento. Sus *inconvenientes* son: que los estudiantes pueden olvidar aspectos importantes del proceso de resolución una vez concluido éste y que deben tener capacidad de reflexión para poder elaborar este informe, que además les exige un tiempo adicional.

Protocolos

En el capítulo 4 se ha tratado extensamente de los protocolos. Allí se vio que son un registro del estudiante acerca de los fenómenos que van sucediendo a lo largo de la resolución de un problema. Los protocolos forman parte de algunos modelos de instrucción (Mason, Burton y Stacey, 1988) y se utilizan también en la investigación (Schoenfeld, 1985). Este informe se realiza cuando se está resolviendo el problema, por lo que presenta el inconveniente de que interfieren el proceso mismo de resolución. Los protocolos, al igual que los informes retrospectivos, requieren capacidad del estudiante para elaborarlos.

Cuestionarios

Otro modo de conocer la percepción de los estudiantes sobre sus procesos de resolución es mediante cuestionarios. Los cuestionarios suelen centrarse en las creencias y las actitudes de los estudiantes y se suelen complementar con otras técnicas. En el Anexo 1 se da un ejemplo de cuestionario para conocer las creencias de los estudiantes acerca de la resolución de problemas. Los cuestionarios presentan como *ventajas*: que conceden al alumno un papel en el proceso de evaluación, que exigen poco tiempo al profesor para recoger datos y que proporcionan información sobre actitudes y creencias. Sus *inconvenientes* son: que la fiabilidad de los datos depende del grado de conocimiento propio del alumno, que el estudiante puede interpretar algunas cuestiones de forma diferente a la prevista y que es difícil comprobar la validez del instrumento.

Escalas de valoración: analíticas y globales

Cuando se quiere dar una puntuación al proceso de resolución de un problema se pueden utilizar escalas de valoración que permiten analizar este proceso en relación a aspectos específicos o globales. La figura 2 es un ejemplo de escala de valoración analítica (cf. Charles, Lester y O'Daffer, 1987).

Escala analítica

Comprender el problema	**0 puntos:** Incomprensión total del problema **1 punto:** Comprensión parcial del problema o error de comprensión **2 puntos:** Comprensión total del problema
Elaborar un plan	**0 puntos:** Sin plan o plan totalmente inadecuado **1 punto:** Plan parcialmente correcto **2 puntos:** Plan que conduce a la solución si se aplica correctamente
Dar una respuesta	**0 puntos:** Sin respuesta o respuesta incorrecta basada en un plan inapropiado **1 punto:** Error de transcripción; error de cálculo; respuesta parcial a un problema con varias respuestas **2 puntos:** Respuesta correcta

Figura 2

La valoración mediante estas escalas proporciona información acerca de los aspectos más logrados o los que requieren mayor atención en el proceso de instrucción. Para aplicar esta técnica el profesor debe disponer de tiempo suficiente para analizar el trabajo escrito de cada estudiante.

Entre sus *ventajas* están la siguientes: tiene en cuenta el proceso de resolución, no sólo el resultado, permite asignar un valor numérico al trabajo de los estudiantes, ayuda al profesor a delimitar los aspectos más y menos logrados de cada estudiante y de la instrucción. Entre sus *inconvenientes* figuran los siguientes: algunos trabajos escritos no dan la suficiente información para asignar puntos a cada una de las categorías que se quieren identificar; la escala de valoración no puede ser cualquiera sino que tiene que estar en función del modelo de instrucción, por último, no se puede comparar unos estudiantes con otros atendiendo sólo a la puntuación total.

Un ejemplo de escala de valoración global es el siguiente (cf. Charles, Lester y O'Daffer, 1987):

Escala de valoración global

0 Puntos

Estas hojas tienen las siguientes características:

- *Están en blanco.*
- *Los datos del problema están copiados pero no se ha hecho nada con ellos o el trabajo que se ha hecho muestra que no se ha comprendido el problema.*
- *Se da una respuesta incorrecta y no aparece nada más en la hoja.*

1 Punto

- *Hay un intento de llegar a la solución que refleja cierta comprensión del problema, pero la aproximación utilizada no conduce a una solución correcta.*
- *Se comienza con una estrategia inapropiada que no se desarrolla. No hay señal de que el estudiante vaya a intentar otra. Parece que el estudiante intenta una aproximación que no funciona y la abandona.*
- *El estudiante intenta plantear y resolver alguna pregunta intermedia pero no lo consigue.*

2 Puntos

- *El estudiante usa una estrategia inapropiada y da una respuesta incorrecta, pero el trabajo muestra alguna comprensión del problema.*
- *Se utiliza una estrategia adecuada, pero:*
  - *a) no se desarrolla lo suficiente para llegar a la solución;*
  - *b) se aplicó incorrectamente y no se llegó a dar una respuesta o fue incorrecta.*
- *El estudiante plantea y resuelve con éxito una pregunta intermedia pero no avanza más.*
- *Se da una respuesta correcta, pero:*
  - *a) no se entiende el proceso seguido;*
  - *b) no se muestra este proceso.*

3 Puntos

- *El estudiante ha aplicado una estrategia de solución que podría conducirle a una solución correcta, pero no ha entendido bien una parte del problema o ha ignorado una condición.*
- *Se aplicó una buena estrategia de solución, pero:*
  - *a) el estudiante dio una respuesta incorrecta por una razón desconocida;*
  - *b) se dio correctamente la respuesta numérica pero sin indicar de qué se trata o se indicó incorrectamente;*
  - *c) no se dio respuesta.*
- *Se dio la respuesta correcta y hay alguna evidencia de que se ha seleccionado la estrategia apropiada. Si embargo no se ve claramente cómo se aplicó la estrategia.*

4 Puntos

- *El estudiante hace un error aplicando una buena estrategia. Sin embargo este error no muestra una mala comprensión del problema o de la aplicación de la estrategia, sino que más bien parece un error de transcripción o de cálculo.*
- *Se seleccionó y aplicó una estrategia apropiada. Se dio la respuesta correcta al problema.*

Figura 3

Estas escalas se suelen utilizar para la evaluación sumativa, antes o después de otros modos de evaluación que contemplan más detalles. Presentan como *ventajas* las siguientes: se evalúa rápidamente el trabajo escrito de un estudiante, se centra en el proceso no en el resultado y ofrece criterios específicos para calificar. Entre sus *inconvenientes* están: que no permite precisar los aspectos más o menos logrados, que algunos trabajos no dan suficiente información para hacer esta evaluación y que no permite diferenciar los procesos de pensamiento implicados en la resolución de problemas.

Impresión general

Este modo de evaluación es el más utilizado pues requiere menos tiempo que la aplicación de las escalas de valoración. Se usa cuando se quiere tener una impresión general del trabajo de los estudiantes, pero no se precisa obtener información para mejorar destrezas específicas de resolución de problemas. El evaluador usa criterios implícitos basados en una visión subjetiva acerca de los aspectos que considera más importantes en la resolución de problemas.

Entre sus *ventajas* figuran las siguientes: no requiere preparar previamente el instrumento de evaluación, permite calificar rápidamente, es familiar a los estudiantes y puede ser tan fiable como otros métodos. Como *inconvenientes* presenta que se aplican criterios implícitos y por tanto el evaluador debe tener experiencia en evaluar la resolución de problemas.

Tests de elección múltiple y abiertos

Los tests se suelen utilizar para evaluar resultados y algunos procesos de pensamiento no muy complejos como identificar en el enunciado de un problema la información necesaria y la superflua o determinar una estrategia de resolución que se pueda aplicar para resolver un problema. Los tests pueden ser de elección múltiple o de pregunta abierta.

En los tests de elección múltiple se dan varias respuestas para que el alumno elija una o varias. La figura 4 es un ejemplo.

> ¿Qué tipo de razonamiento es más adecuado para resolver este problema?
> *En una reunión hay 1987 personas. La primera da la mano a una persona; la segunda da la mano a 2 personas; la tercera da la mano a 3 personas, ... ; la 1986 da la mano a 1986 personas. ¿Cuántas veces da la mano la que hace el número 1987?*
>
> A. Progresivo
> B. Regresivo
> C. Por casos
> D. Por inducción
> E. Reducción al absurdo

Figura 4

Estos tests presentan las siguientes *ventajas*: permiten medir diversas habilidades; los items son fácilmente comprensibles; las dificultades de los estudiantes se pueden diagnosticar analizando las respuestas incorrectas y, por último, se corrigen y puntúan fácilmente.

Entre sus *limitaciones* se pueden destacar las siguientes: elaborar items que midan procesos complejos de pensamiento y encontrar respuestas incorrectas adecuadas a cada item es tarea difícil y por tanto hace falta tiempo para elaborarlos; el propio formato puede invitar a algunos alumnos a intentar adivinar la solución.

En los tests de preguntas abiertas los items piden alguna información. Se pueden utilizar para conocer la habilidad de los estudiantes para encontrar la respuesta correcta y para usar ciertas destrezas de pensamiento. La figura 5 es un ejemplo.

> Redacta un problema que se resuelva como el siguiente: *Pedro y seis de sus amigos pasaron un día en el parque de atracciones. Al final del día decidieron emparejarse y subir a la montaña rusa. Cada amigo se montaría con cada uno de los otros una y exactamente una vez. ¿Cuántos viajes deberían hacer?*

Figura 5

Estos tests son fáciles de elaborar y proporcionan más información sobre procesos que los anteriores. Sin embargo son más difíciles de evaluar y por tanto hay que dedicar más tiempo a analizar la respuesta de los estudiantes.

TECNICAS DE EVALUACION EN EL CLUB MATEMATICO

Los datos para evaluar los aprendizajes de los alumnos del Club matemático en los tres primeros cursos de la experiencia, se han extraído de:

- las *hojas de borrador*
- los *protocolos* de resolución de problemas
- las *entrevistas individuales*
- un *cuestionario*.

Hojas de borrador y protocolos

Durante los dos primeros períodos del Club matemático (cursos 1985-86 y 1986-87), las hojas de borrador han servido para conocer los procesos de resolución utilizados por los estudiantes. Pero como éstos racionalizaban el proceso una vez concluido, describían en la entrevista aquellas ideas que les habían llevado a la solución del problema y no hacían referencia a otros aspectos que se podían percibir a través de observaciones directas e informales. Por ello, como ya hemos dicho, a partir del curso 1987-88 los componentes del Club matemático han realizado los protocolos de resolución dividiendo las hojas en dos columnas. En una columna hacían los dibujos, escribían los cálculos, las ecuaciones, etc, como si se tratase de una hoja de borrador; en la otra debían expresar:

- las ideas que consideraban importantes en el curso de la resolución
- lo que intentaban hacer
- su parecer sobre ello (Mason, Burton y Stacey, 1988).

Poco a poco los estudiantes se han habituado a esta técnica, especialmente los nuevos. Así la retrospección ha resultado mas fácil y se ha introducido un elemento de control (cf. Schoenfeld, 1985).

Las hojas de borrador y los protocolos de resolución de los participantes en el Club matemático se han analizado teniendo en cuenta principalmente los siguientes elementos:

a) La elección o no de una representación gráfica.
b) Las características de las primeras representaciones gráficas dibujadas y lo bien fundada de esta elección y de su interpretación en la aplicación de una estrategia de resolución que condujera a la solución.
c) Las modificaciones aportadas en el caso de que la representación gráfica o su interpretación hubiesen sido mal elegidas.

Entrevistas

Las entrevistas se han realizado una vez concluido el proceso de resolución de acuerdo con el siguiente esquema:

1. Pedir al estudiante que:
   — describa oralmente su proceso de resolución con ayuda del protocolo
   — esclarezca algunos puntos que hayan quedado oscuros en esta descripción.
2. Si no ha llegado a encontrar la solución del problema, sugerirle que resuelva un problema más sencillo o análogo.
3. Pedir al alumno que describa detenidamente las re-

presentaciones gráficas que ha utilizado y que explicite su función dentro de la estrategia general de resolución.

4. Pedir al estudiante que, si no lo ha hecho, compruebe la solución, intente generalizar el problema e invente algún problema semejante.
5. Pedir al alumno que haga una reflexión sobre el proceso seguido:

   a) cómo ha sido el camino;
   b) cómo ha sido su pensamiento (visual, analítico, rápido, lento, etc.);
   c) cuáles han sido los momentos de cambio de rumbo;
   d) cuáles han sido los bloqueos y los atascos y cómo ha intentado salir de ellos.

Cuestionario de autoconocimiento

Se ha pasado a los estudiantes del Club matemático un *cuestionario* titulado «Reflexiona sobre tu manera de pensar». Su finalidad era conocer lo que los estudiantes pensaban de sí mismos acerca de su habilidad para resolver problemas. Constaba de las 14 preguntas siguientes:

1. *¿Piensas con imágenes o prefieres hacerlo de forma más abstracta?*
2. *¿Dependes mucho de la expresión del enunciado de un problema?*
3. *¿Sabes encontrar analogías entre problemas formulados de forma diferente? Por ejemplo, si te pones a resolver un problema, ¿te acuerdas de otros que ya has resuelto y que tienen algún parecido con el nuevo problema?*
4. *¿Prefieres alguna parte o teoría de la Matemática para resolver problemas?*
5. *¿Te obsesionas a veces con una sola idea para resolver un problema?*
6. *¿Cómo crees que podrías favorecer la fluidez espontánea de ideas para resolver problemas?*
7. *¿Se te ocurren a veces ideas originales que no habías visto en ningún sitio?*
8. *¿Cómo crees que podías favorecer el nacimiento de ideas novedosas y originales?*
9. *¿Qué tipo de problemas son los que más te gustan?*

10. *¿Crees que te aporta algo lo que otros han pensado al resolver un problema?*
11. *¿Te desanimas después de llevar un rato dándole vueltas a un problema?*
12. *Si no te sale un problema, ¿qué prefieres hacer?: continuar a pesar de todo, olvidarte de él por un rato, abandonarlo definitivamente, ...*
13. *Cuando un problema no te ha salido, ¿sigues pensando en él en casa?*
14. *¿Cuáles son los mayores bloqueos que encuentras al resolver un problema?*

Este cuestionario se ha pasado al final de curso, en el mes de junio, por tanto algunos estudiantes lo han cumplimentado varias veces. A partir del mismo se ha hecho una entrevista individual a cada miembro del Club con objeto de conocer si las preguntas habían sido bien interpretadas y de profundizar en las respuestas aportadas.

PLAN DE EVALUACION EN EL CLUB MATEMATICO IEPS

El *plan de evaluación* llevado a cabo en el *Club matemático IEPS* se ha elaborado teniendo en cuenta los siguientes puntos:

- el objeto de la evaluación
- el número de alumnos a evaluar
- el tiempo que se iba a emplear en la evaluación
- la utilización de los resultados de la evaluación.

Se han evaluado:

- las actitudes para afrontar la resolución de problemas.
- la capacidad para seleccionar, adaptar y aplicar estrategias heurísticas.
- el grado de conocimiento propio

de 10 participantes en el Club matemático que han permanecido en éste durante un curso escolar al menos en el período comprendido entre los cursos 1985-86 y 1987-88, a fin de realizar una investigación en resolución de problemas (cf. Callejo, 1991) que trataba de responder a la siguiente pregunta: *¿Cuáles son los elementos que determinan la elección, la interpretación y las modificaciones* *de las representaciones gráficas en los comportamientos de resolución de problemas?* Por tanto no se ha escatimado tiempo para hacer esta evaluación.

Teniendo esto en cuenta se han seguido las siguientes directrices:

- evaluar el trabajo de los alumnos de forma sistemática
- tener en cuenta los procesos de resolución y las respuestas dadas a los problemas, las actitudes puestas de manifiesto en el curso de esta tarea y la aplicación de estrategias heurísticas
- evaluar sólo aquellos problemas que eran pertinentes para la investigación
- dar a conocer a los participantes del Club este plan de evaluación
- expresar los resultados de la evaluación mediante un informe de cada estudiante.

Las actitudes de los participantes en el Club matemático y su capacidad para emplear estrategias heurísticas se han valorado con ayuda de las hojas de borrador o de los protocolos de resolución y de las entrevistas individuales que han seguido a la resolución de cada problema. La comparación entre los comportamientos de los estudiantes a lo largo del entrenamiento, en particular entre las primeras y las últimas sesiones, han permitido constatar sus aprendizajes. Para evaluar el conocimiento propio de cada estudiante, se ha entrevistado a cada uno tras cumplimentar el cuestionario «Reflexiona sobre tu manera de pensar», pidiéndoles que justificasen sus respuestas con ayuda de las hojas de resolución de los problemas. La comparación entre lo que cada estudiante pensaba de sí mismo y los resultados obtenidos con las otras técnicas ha sido un índice del grado de autoconocimiento. A continuación se presentará brevemente el estudio de la evolución de una estudiante del Club matemático.

EVALUACION DE UNA ESTUDIANTE

Ana es una chica que ha permanecido en el Club durante dos cursos completos en los que estudiaba 3º de BUP y COU. A lo largo de este tiempo ha ido desarrollando sus capacidades matemáticas. Veremos primero sus actitudes frente a la resolución de problemas y su capacidad para aplicar estrategias heurísticas en las primeras sesiones del Club matemático; a continuación analizaremos su evolución para captar la estructura de los problemas y finalmente estudiaremos su grado de conocimiento propio. Todo ello a través de sus hojas de borrador (curso 1986-87), protocolos de resolución (curso 1987-88), del cuestionario, que cumplimentó dos veces y de las entrevistas realizadas tras la resolución de algunos problemas.

Actitudes frente a la resolución de problemas en las primeras sesiones del Club

Los primeros problemas resueltos por **Ana** trataban de *minimización de caminos* (ver el apartado 2 del capítulo 7). Las hojas de borrador y los protocolos de resolución han permitido constatar que se familiarizaba poco con los problemas y que desarrollaba la primera idea que le venía a la cabeza, antes de captar la estructura de los mismos; le faltaba pues *flexibilidad* y *apertura* para enfrentarse a los problemas, aunque era *perseverante* en su intento de solucionarlos.

En efecto, unas veces ha comenzado familiarizándose algo con el problema, estudiando casos límites o casos particulares para encontrar el camino más corto entre dos puntos *(Un camino entre P y Q)* o ha considerado puntos singulares de un triángulo para encontrar el triángulo de perímetro mínimo inscrito en un triángulo dado *(Triángulo inscrito)*, pero no ha estudiado problemas más simples que el propuesto; otras veces no se ha familiarizado nada con la situación propuesta y se ha precipitado a aplicar una estrategia antes de haber explorado la situación *(Elipse y Paralelepípedo 1)*: en el problema de la *Elipse* tuvo la idea de transformar el camino buscado en otro equivalente cuyos puntos pudiesen ser unidos por una recta:

> «Trazo una recta tangente a la elipse —dice— en un punto P, de forma que los ángulos de FP (F es un foco de la elipse) y PS con esta recta sean iguales»,

pero no encontró un punto P que cumpliese esas condiciones y, a pesar de ello, no cambió de estrategia; en el problema del *Paralelepípedo* trazó un camino sobre la superficie del mismo, utilizando la representación que aparece en el enunciado del problema, y calculó su longitud sobre un solo desarrollo de éste, pero dicho procedimiento le llevó a una respuesta errónea ya que el desarrollo de este cuerpo no era único y el camino que obtuvo no era el más corto.

A **Ana** no le gustaban los procedimientos de resolución complicados y rechazaba el empleo de la Geometría analítica para la resolución de problemas geométricos, aunque éstos viniesen dados en este contexto.

Capacidad para aplicar estrategias heurísticas en las primeras sesiones del Club

En cuanto a la búsqueda de estrategias de resolución, **Ana** ha tenido dificultad desde el comienzo en encontrar *analogías* entre los problemas, así como en distinguir las analogías superficiales de las estructurales, es decir, de distinguir las semejanzas de contexto —cuestión planteada, descripción de la situación— de otras más profundas que para hacerse patentes requieren un cambio en la representación del problema. Por ejemplo, **Ana** no captó la relación entre el problema *Un camino entre P y Q* y otros de reflexiones en billares rectangulares que había resuelto en otra ocasión; tampoco relacionó el problema de la *Elipse* con otro que conocía de una sala elíptica con resonancia en los focos. Sin embargo ha encontrado analogías entre aspectos no estructurales de este problema, como la cuestión propuesta, con otros problemas que hacían la misma pregunta.

Ana ha mostrado desde el principio una flexibilidad perceptiva que ha puesto de manifiesto cuando ha cambiado una *representación gráfica* o la ha contemplado desde diferentes puntos de vista. Pero ha experimentado dificultades para desbordar el marco físico delimitado por las representaciones que ilustraban ciertos problemas geométricos. Su falta de reflexión en el empleo de la representación elegida le ha impedido a veces resolver algunos problemas pues normalmente se precipitaba rápidamente sobre un procedimiento de resolución.

Evolución a lo largo del entrenamiento

Vamos a analizar la evolución de **Ana** centrándonos en los dos puntos anteriores. Veamos primero el comportamiento general de resolución y luego la aplicación de las estrategias «identificar problemas análogos», «percibir simetrías» y «dibujar una representación gráfica»:

- el *comportamiento general de resolución* de **Ana** al final de su período de estancia en el Club ha cambiado si se compara con las primeras sesiones. Este cambio puede resumirse diciendo que la fase de familiarización se ha hecho más larga y que ha intentado contemplar los problemas desde distintos puntos de vista antes de encerrarse en una sola vía de solución. Su espíritu se ha hecho, pues, más *flexible* y *abierto*. Por ejemplo para resolver el problema *Matriz de signos* (ver protocolo en p. 85) propuesto en el segundo año ha seguido los siguientes pasos:
  — particularizar con una matriz 4 x 4;
  — descomponer en factores el número 1970;
  — considerar la relación entre la paridad del número de signos y el número de operaciones elementales realizadas;
  — interpretar geométricamente las operaciones realizadas;
  — plantear ecuaciones.
  Ha seguido este mismo comportamiento en la resolución de la mayor parte de los problemas
- las dificultades que **Ana** había experimentado al comienzo de su estancia en el Club para identificar problemas análogos han continuado a lo largo del entrenamiento presentando las mismas manifestaciones: ha intentado aplicar a problemas que planteaban una determinada cuestión, los mismos procedimientos utilizados en problemas previamente resueltos que hacían la misma pregunta; a lo largo de los dos años de permanencia en el Club sólo una vez ha identificado una analogía estructural

- en cuanto a la percepción de *simetrías* en los problemas, **Ana** ha captado distintos tipos de simetrías a lo largo de su estancia en el Club: simetría de la situación inicial respecto de la final, simetría geométrica y simetría de los datos, lo que le ha ayudado a resolver algunos problemas

- en cuanto al uso de representaciones gráficas **Ana** las ha empleado de forma más reflexiva. Solamente en una ocasión ha ampliado el espacio físico de la representación que ilustraba el enunciado de un problema.

Conocimiento propio

Ana ha ido formándose su propio retrato heurístico a lo largo de su dos cursos de estancia en el Club. Veamos algunas pinceladas de éste. En Junio de 1987 pensaba que sabía encontrar analogías entre problemas y que eso le ayudaba a encontrar la solución, lo cual no correspondía a la realidad; un año más tarde decía: «*a veces encuentro semejanzas donde no las hay*», esto es, semejanzas que no le ayudaban a resolver los problemas. En junio de 1987 se percató de que a veces se obcecaba con una sola idea tratando de resolver el problema; un año más tarde decía: «*he encontrado un método para superar este bloqueo: buscar varias ideas antes de encontrar la estrategia de resolución*». Por tanto, al finalizar su estancia en el Club matemático, después de dos años, **Ana** tenía una imagen de sí misma más ajustada a la realidad.

En resumen, **Ana** ha evolucionado positivamente desarrollando actitudes adecuadas para resolver problemas y conociendo mejor sus limitaciones y posibilidades; pero ha continuado experimentando dificultades para identificar las analogías entre problemas y aplicarlas a la resolución de nuevas situaciones.

7

Problemas comentados

Los problemas que siguen se han propuesto a los miembros del *Club matemático IEPS* como «problema del día». Algunos los han resuelto también otros grupos de estudiantes de Bachillerato: participantes en las fases finales de algunas de las ediciones de las Olimpiadas Matemáticas Españolas o estudiantes de clases de COU de Ciencias. A continuación se presentarán estos problemas, algunas de las formas de llegar a la solución, los procesos seguidos por los estudiantes, las dificultades encontradas, algunas generalizaciones que se pueden emprender y otros problemas relacionados con éstos. Esta selección de problemas obedece a dos criterios: primero, que la utilización de una representación gráfica fuese relevante en el curso de la resolución, bien porque ayudase en la búsqueda de la solución, bien porque bloquease el hallazgo de la misma; segundo, que los problemas se hubiesen propuesto a los miembros del Club como «problema del día» pues en este caso se había observado sistemáticamente a los estudiantes y se les había hecho una entrevista[1].

PARA EMPEZAR ... JUEGOS DE ESTRATEGIA

El objetivo que se ha perseguido al proponer estos juegos en las primeras sesiones del Club matemático ha sido favorecer los aspectos siguientes:

- el trabajo en grupo;
- la comunicación de ideas;

[1] Para un análisis más detenido de estos problemas ver: *Les représentations graphiques dans la résolution de problèmes de type Olympiades: Une expérience de Club mathématique*. M.L. Callejo. Tesis Doctoral. Universidad París VII, 1991.

— la capacidad de interrogarse sobre nuevas situaciones;
— el contraste de observaciones y conjeturas;
— el registro del proceso de resolución por parte de los jugadores;
— la revisión y la reflexión sobre el proceso de resolución.

Se buscaba además desarrollar en los alumnos una actitud positiva hacia las Matemáticas y favorecer en ellos la confianza en sus propias capacidades para trabajar esta materia.

Los *juegos de estrategias* son aquellos en los que los jugadores deben buscar estrategias para ganar. En algunos casos uno de los jugadores puede llevar ventaja sobre el otro y entonces se dice que el juego no es equitativo. Los juegos de estrategia que siguen son para dos jugadores y de dos tipos. En unos se trata de coger objetos dispuestos de diferentes formas; en otros, llamados *juegos de posición*, se trata de desplazarse en una cuadrícula hacia una meta. Las analogías entre estos problemas son bien de contexto (analogía superficial), bien de reglas del juego (analogía estructural). Mientras las primeras saltan rápidamente a la vista y a veces bloquean la resolución de una variante del problema, las segundas no son fácilmente identificables, pero ayudan a resolver el nuevo problema. Los juegos aquí propuestos *no* son *equitativos*, pues uno de los jugadores lleva ventaja sobre el otro.

Los juegos que siguen permiten ejemplificar los procedimientos heurísticos o estrategias generales para resolver problemas que se especifican a continuación:

— establecer la analogía entre problemas;
— empezar por el final;
— resolver primero un problema más sencillo;
— hacer una representación gráfica;

e iniciar a los participantes en el Club en el desarrollo de procesos propios del pensamiento matemático:

— particularizar/generalizar;
— conjeturar/demostrar.

La metodología que se ha seguido al proponer estos

juegos a los participantes en el Club matemático se ha desarrollado en las cinco fases siguientes:

1. **Orientación del trabajo**. En esta fase se presenta el juego a todo el grupo o se le da por escrito a cada alumno, tratando siempre de asegurarse de que lo han comprendido.
2. **Trabajo en grupo**. Los estudiantes abordan el juego en grupos de dos o de tres. El que hace de secretario anota las jugadas y las observaciones que van haciendo los jugadores a lo largo del proceso.
3. **Confrontación de ideas**. Los participantes discuten sus ideas entre ellos y con la coordinadora del Club tratando de justificarlas. Se les invita a demostrar las conjeturas, se les ponen contraejemplos, se les ayuda a desbloquear situaciones y se les sugieren generalizaciones.
4. **Puesta en común**. Cuando todos los estudiantes se han familiarizado suficientemente con la situación y han llegado a alguna conclusión acerca de la misma, aunque sea incompleta, se tiene una puesta en común. Durante la misma se evita todo juicio sobre las ideas expuestas, se trata de entablar un diálogo para que los alumnos caigan en la cuenta de la validez de las ideas expresadas y se intenta profundizar en los procedimientos utilizados para resolver el problema, aunque éstos hayan resultado infructuosos.
5. **Aplicación**. En esta fase se trata de aplicar los procedimientos utilizados en la búsqueda de la estrategia ganadora a nuevas situaciones.

Algunos juegos propuestos son:

La caza cartesiana

Es un juego para dos jugadores.
Se necesita una cuadrícula como la que presentamos a continuación y un lápiz para señalar en las casillas. Las reglas del juego son las siguientes:

- *El jugador que empieza marca una cualquiera de las casillas de la fila de arriba.*
- *El otro jugador señala una casilla a la derecha, a la izquierda o abajo (nunca en diagonal) de la marca hecha por el primer jugador.*
- *A continuación hace lo mismo el primer jugador y siguen jugando por turno.*
- *Nunca se puede marcar en una casilla dos veces.*
- *El jugador que entre primero en la meta gana*

¿Lleva ventaja alguno de los jugadores? ¿Cómo debe jugar para ganar siempre?

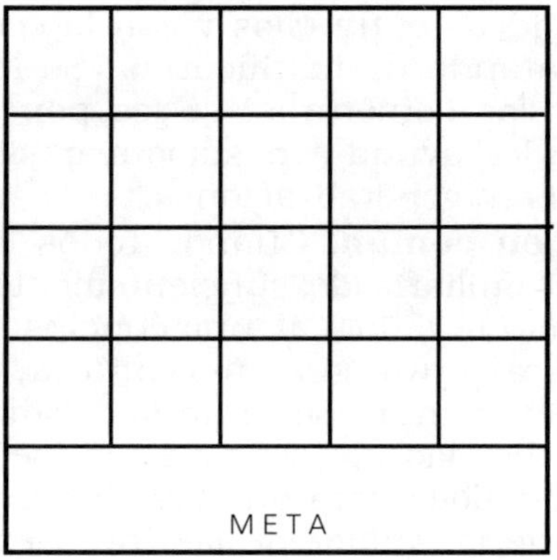

Solución

Está claro que el jugador que se coloque en la cuarta fila pierde. El otro jugador puede obligarle colocándose en las casillas de los extremos o central de la tercera fila. Dicho jugador se asegura esas posiciones colocándose en las casillas segunda y cuarta de la segunda fila y a su vez se asegura éstas en las posiciones extremas o central de la primera fila. Por tanto lleva ventaja el jugador que empieza si se sitúa en las casillas extremas o central de la primera fila.

¿Tiene éste jugador posibilidad de despistarse en el juego? Si nos imaginamos el tablero coloreado de blanco y negro como un tablero de ajedrez, se puede comprobar

que el jugador que empiece en blancas continúa en blancas siempre y el que empiece en negras lo hace siempre en negras, debido a los movimientos permitidos. Por tanto, el jugador que comience con ventaja ganará seguro, con tal de no entrar en la cuarta fila.

Generalizaciones

¿Qué pasaría si el tablero fuese 7 x 7? Se resuelve de la misma manera. También si fuese cuadrado con un número impar cualquiera de casillas.

¿Qué pasaría si el número de casillas fuese par? En este caso el procedimiento de resolución es distinto. Si se experimenta con un tablero 2 x 2 gana fácilmente el segundo jugador; en un tablero 4 x 4 se puede observar que el jugador que entre primero en la segunda fila pierde, ya que su contrincante se puede colocar del lado en que hay un número impar de casillas, obligándole a entrar primero en la tercera fila; siguiendo este razonamiento se tiene que el segundo jugador lleva ventaja si se coloca siempre del lado donde el primer jugador deja un número impar de casillas.

¿Qué pasaría si el tablero en lugar de ser cuadrado fuese rectangular?

Persecución cartesiana

Es un juego para dos jugadores.
Se juega sobre el tablero que presentamos a continuación. El primer jugador hace una marca en la casilla de SALIDA.
En su turno cada jugador puede hacer una marca en una casilla situada

- *directamente encima*
- *directamente a la derecha*
- *en diagonal (encima y a la derecha)*

de la última marca hecha por su oponente.
Gana el primer jugador que consiga llegar a la META.

¿Lleva ventaja alguno de los jugadores? ¿Cómo debe jugar para ganar siempre?

				META
SALIDA				

Solución

Podemos señalar las casillas por las que se accede a la meta, empezando por las más próximas:

X		X		META
X		X		X
X SALIDA		X		X

Por lo tanto el jugador que empieza gana si se coloca en las casillas señaladas.

Generalizaciones

¿Qué pasaría si el tablero tuviese otras dimensiones? Se puede resolver este nuevo problema de la misma forma que acabamos de hacer. Por supuesto no siempre lleva ventaja el primer jugador.

Jugando con cerillas

Es un juego para dos jugadores.
Sobre una mesa hay dos montones de cerillas, con 5 cerillas cada uno.
Cada jugador, por turno, puede coger una cerilla de un montón o una cerilla de cada montón. Pierde el que coge la última cerilla.
¿Tiene ventaja alguno de los jugadores? Si es así, ¿cómo debe jugar para ganar siempre?

Solución

La primera idea para anotar las jugadas es usar pares que representan las cerillas que quedan en cada montón y un diagrama en árbol en el que van apareciendo las jugadas que se pueden ir haciendo. Pero hay otra forma de representar el problema usando una tabla en la que se indican las posiciones ganadoras y perdedoras. Esta idea surge de relacionar este juego con «Persecución cartesiana» pues las reglas son equivalentes, así como la situación de partida: quitar una cerilla de un montón equivale a colocarse directamente arriba o directamente a la derecha de la posición del otro jugador; coger una cerilla de cada montón equivale a colocarse en diagonal respecto de la posición del otro jugador; la posición de partida es equivalente a tener cinco cerillas en cada montón; el jugador que llega a la casilla superior derecha pierde. Tenemos entonces la siguiente distribución de posiciones ganadoras y perdedoras en una tabla 6 x 6, pues ahora hay que considerar también que no quede ninguna cerilla en uno de los montones:

G	P	G	P	G	P
P	P	P	P	P	G
P	G	P	G	P	P
P	P	P	P	P	G
P	G	P	G	P	P
P	P	P	P	P	G

Las posiciones en las que hay que dejar los montones al contrario para poder ganar son:

{4,4} {4,2} {2,2} {5,0} {3,0} y {1,0}

Por tanto lleva ventaja el primer jugador, que debe empezar cogiendo una cerilla de cada montón y continuar dejando siempre al contrario en alguna de las posiciones indicadas.

Generalizaciones

¿Qué pasaría si tuviésemos dos montones con un número distinto de cerillas? Se resuelve de la misma manera utilizando un rectángulo con un número de casillas en cada lado una unidad mayor que el número de cerillas de cada montón.

¿Qué pasaría si ganase el jugador que coge la última cerilla? En este caso procedemos como antes, sabiendo que el que llegue a la casilla (0,0) gana, por tanto las casillas (0,1), (1,0) y (1,1) son perdedoras. Retrocediendo hacia las casillas iniciales se tienen cuáles son las posiciones ganadoras.

Veneno

Es un juego para dos jugadores.
Se colocan diez objetos sobre una mesa.
Cada jugador, por turno, puede coger uno o dos objetos. El que coge el último objeto que queda es «VENENO» y pierde.
¿Se te ocurre alguna manera de ganar todas las veces?
¿Tiene algo que ver si empiezas tú o empieza el otro?

Solución

Para ganar siempre hay que dejar sobre la mesa 1, 4, 7 y 10 objetos. Para ello hay que ser segundo y coger 1 objeto si el oponente coge 2 y viceversa.

Generalizaciones

¿Qué pasaría si hubiese un número distinto de objetos sobre la mesa? Puede ganar el primer jugador o el segundo. Eso puede saberse dividiendo el número total de objetos entre 3. Si el resto es cero lleva ventaja el primero, si no es cero, lleva ventaja el segundo. El número de objetos que hay que dejar sobre la mesa para ganar es 1, 4, 7, 10, etc.

¿Qué pasaría si se pudiesen coger los objetos de tres en tres? Habría que dejar sobre la mesa 1, 5, 9, 13, etc.

Una variación de *Veneno* es el siguiente problema:

Fichas sobre la mesa

Colocar sobre la mesa un número determinado de objetos pequeños como fichas y decidir la cantidad máxima que se puede coger cada vez. Dos jugadores van cogiendo las fichas por turno. El que coja la última gana (o pierde: eso hay que decidirlo con antelación). ¿Existe alguna manera de ganar todas las veces?

La carrera del 100

Es un juego para dos jugadores.
El que empieza dice un número cualquiera del 1 al 10. El otro jugador le suma al número que dijo su oponente un número del 1 al 10 y dice el resultado. Continúan jugando así, por turnos. Gana el que primero diga 100.
¿Tiene ventaja alguno de los jugadores? ¿Por qué? Si alguno de los dos lleva ventaja, ¿cómo debe jugar para ganar siempre?

Solución

El jugador que dice 89 gana, pues diga lo que diga el otro, puede decir a continuación 100. El 78 asegura decir 89, el 67 decir 78, el 56 decir 67, y así sucesivamente hasta llegar a 1. Por tanto gana el primero. Nótese que 1 es el resto de la división de 100 entre 11.

Generalizaciones

¿Qué pasaría si hubiese que llegar a otro número? Se van descontando números de 11 en 11 hasta llegar al menor que se debe decir. Si este número no es cero, lleva ventaja el primer jugador y si es cero, entonces lleva ventaja el segundo jugador si empieza diciendo 11 y luego los otros números ganadores.

¿Qué pasaría si se pudiese añadir hasta 15? Se resuelve igual pero descontando de 16 en 16.

El juego de Nim

Es un juego para dos jugadores.
El juego de Nim se puede jugar partiendo de esta formación:

Los jugadores van cogiendo por turno un objeto, o más, de cualquier fila (no columna) y el ganador (o el perdedor) es el que coge el último. Buscar tácticas para ganar.

Solución

Es difícil encontrar una estrategia para ganar siempre al juego de Nim. El interés especial del juego consiste en que sus posiciones pueden ser clasificadas como «seguras» o «inseguras». A partir de una posición segura un jugador sólo puede crear una posición insegura, independientemente de la jugada que haga; desde una posición insegura se puede pasar a una segura o insegura, dependiendo de la jugada que se haga. Ahora bien, *¿cómo podemos identificar las posiciones seguras e inseguras?* Si ponemos en base dos el número de objetos de cada fila y sumamos los dígitos de cada columna, en base diez, sin «llevarse», tenemos en nuestro caso :

1	1
3	11
5	101
7	111
	224

En una posición segura, la suma de los dígitos de cada columna tiene que ser par; en caso contrario estamos en una posición insegura. Por tanto en nuestro caso tenemos que la situación inicial es segura y haga lo que haga el primer jugador dejará el juego en una situación insegura.

¿Cómo pasar de una situación insegura a una situación segura? Pues tratando de que la suma de los dígitos de cada columna sea par. Otras posiciones seguras son: (1, 3, 4, 6), (2, 4, 6), (3, 5, 6), (2, 5, 7), (1, 2, 3) y muchas más. En nuestro caso, como partimos de una posición segura el segundo jugador llevaría ventaja si conociese la estrategia ganadora.

¿Por qué funciona esta estrategia?

Cogiendo monedas

Se colocan monedas en los vértices de un polígono regular. Dos jugadores cogen alternativamente una o dos monedas. En este último caso deben estar situadas en vértices consecutivos. Gana el que se lleva la última moneda. ¿Cuál es la estrategia ganadora?

Solución

Para ganar hay que dejar al oponente que empiece y jugar de manera simétrica, es decir, coger las monedas que están en el o los vértices opuestos a la o las que coja el otro jugador, así podremos coger la última moneda. Si el número inicial de monedas es par, se cogen las mismas monedas que el oponente, pero si es impar hay que coger una más o una menos que las que él coja.

Comportamientos de los estudiantes del Club matemático

Los participantes del Club matemático han resuelto con gusto y con interés estos problemas a los que solemos dedicar tres sesiones. La resolución de algunos juegos como *La caza cartesiana, Persecución cartesiana, Veneno, Fichas sobre la mesa, La carrera del cien* y *Cogiendo monedas*, no ha presentado ninguna dificultad a los estudiantes, pero sí la de otros como *Jugando con cerillas* y *El juego de Nim*. Para resolver estos últimos han tratado de obtener las posiciones ganadoras a partir de aquéllas que están más claras y más próximas a la victoria, estudiando todos los casos posibles y empleando un diagrama en árbol. Pero no suelen descubrir la analogía entre *La caza cartesiana* y *Jugando con cerillas*.

La solución del *juego de Nim* que se expuso antes no la han descubierto los estudiantes pues es difícil de encontrar, pero se les ha presentado como ejemplo de aplicación del sistema binario. Junto a este ejemplo se les propone el siguiente juego:

Adivinando el pensamiento

En cinco tarjetas que llamamos 0, I, II, III y IV escribo los siguientes números:

0

1	**3**	**5**	**7**	**9**	**11**
13	**15**	**17**	**19**	**21**	
23	**25**	**27**	**29**	**31**	

II

4	**5**	**6**	**7**	**12**	**13**
14	**15**	**20**	**21**	**22**	
23	**28**	**29**	**30**	**31**	

IV

16	**17**	**18**	**19**	**20**	**21**
22	**23**	**24**	**25**	**26**	
27	**28**	**29**	**30**	**31**	

I

2	**3**	**6**	**7**	**10**	**11**
14	**15**	**18**	**19**	**22**	
23	**26**	**27**	**30**	**31**	

III

8	**9**	**10**	**11**	**12**	**13**
14	**15**	**24**	**25**	**26**	
27	**28**	**29**	**30**	**31**	

Pido a alguien que piense un número de los que están en las tarjetas y que me diga en cuáles está. Soy capaz de adivinar el número, ¿por qué?

Solución

Los números del 1 al 32 están distribuidos en las tarjetas de la siguiente manera:

— en la tarjeta 0 aquellos cuya última cifra en sistema binario es 1
— en la tarjeta I aquellos cuya penúltima cifra en sistema binario es 1
— en la tarjeta II aquellos cuya antepenúltima cifra en sistema binario es 1, etc.

así cuando me indican en qué tarjetas está el número, lo escribo de izquierda a derecha en base dos poniendo un cero si no está en la tarjeta IV y un 1 si está; a continuación un cero si no está en la tarjeta III y un 1 si está; un cero si no está en la tarjeta II y un 1 si está; un cero si no está en la tarjeta I y un 1 si está y un cero si no está en la tarjeta 0 y un 1 si está. Así por ejemplo si el número pensado es 26 escribiré 11010 porque está en las tarjetas IV, III y I. Luego lo paso a base 10 y obtengo: $2+2^3+2^4=26$.

PARA CONTINUAR...
BUSCANDO «EL CAMINO MAS CORTO»

Un camino entre P y Q

En el plano se consideran los puntos P(8,2) y Q(5,11) y un móvil se desplaza de P a Q según un camino que ha de cumplir las siguientes condiciones: El móvil parte de P y llega a un punto del eje X, a lo largo del cual recorre un trayecto de longitud 1; después se aleja de este eje y se dirige a un punto del eje y a lo largo del cual recorre un trayecto de longitud 2, se separa de este eje y se dirige al punto Q. Entre todos los caminos posibles, determinar el de longitud mínima, así como esta misma longitud.

X Olimpiada Matemática Española, Madrid, 1973

Solución

La solución de este problema es inmediata si se le observa de modo correcto, es decir, si se agranda el marco del primer cuadrante del plano a todo el plano y se sale de aquél utilizando traslaciones y simetrías axiales (ver página 93), obteniendo así un camino equivalente al buscado cuyos extremos se pueden unir por un segmento.

Comportamientos de los estudiantes

La mayor parte de los estudiantes a los que se ha propuesto este problema: miembros del Club, alumnos de COU y participantes en la X OME, han preferido formalizar el problema en el contexto de la Geometría analítica, designando los puntos A, B, C y D mediante coordenadas como se muestra en la figura adjunta:

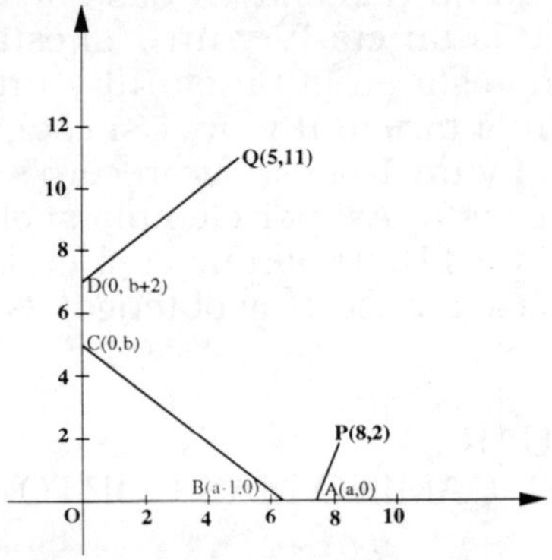

A continuación han calculado la función suma de las distancias:

$$f(a,b) = d(P,A) + d(A,B) + d(B,C) + d(C,D) + d(D,Q)$$

empleando la fórmula de la distancia entre dos puntos. Esta función es derivable y sus valores mínimos se pueden obtener resolviendo el siguiente sistema de ecuaciones:

$$\frac{\delta f(a,b)}{\delta a} = 0$$

$$\frac{\delta f(a,b)}{\delta b} = 0$$

Si se simplifican estas ecuaciones eliminando las raíces cuadradas, se tiene un sistema de ecuaciones de grado 8. Pero los conocimientos matemáticos de los estudiantes no les permitían resolver este sistema. En este punto se han atascado muchos estudiantes y no han sabido continuar. Otros, pocos, han cambiado de estrategia y lo han resuelto utilizando transformaciones geométricas.

Los participantes en el Club también han seguido mayoritariamente este comportamiento y tras un aplazamiento en la búsqueda de la solución, tuvieron ocasión de incubar ideas y de pensar en utilizar las propiedades de las simetrías. Algunos encontraron analogías en el mundo físico, por ejemplo en la reflexión de los rayos de luz o en los rebotes elásticos de las bolas de billar.

En los procesos de resolución de este problema se ha constatado la resistencia de los alumnos a sobrepasar una región del plano, la que está delimitada por la representación gráfica que ilustra una posible trayectoria en el primer cuadrante del plano. También la preferencia por el uso de la Geometría analítica, que en el caso que nos ocupa ha resultado infructuosa. Esta última tendencia se puede corroborar también en la resolución de otros problemas que ni siquiera están formulados en el contexto de la Geometría analítica.

Generalizaciones

¿Qué pasaría si en lugar de que los puntos de partida y de llegada P y Q sean fijos, fuesen centros de dos circunferencias de radios 1 y 2 respectivamente y el móvil partiese de un punto de la circunferencia de centro P y llegase a un punto de la circunferencia de centro Q?

Otros problemas relacionados son:

Un camino entre M y N

Dados dos puntos M y N y una línea recta AB sobre un plano, encontrar un punto de la recta AB tal que la suma de las distancias a M y a N sea mínima.

Solución

En este caso AB divide el plano en dos semiplanos y los puntos M y N pueden estar en distintos semiplanos o en el mismo. En el primer caso la respuesta es trivial, pues basta con trazar el segmento que una los puntos M y N. El segundo caso se reduce al anterior trazando el punto simétrico a uno de los puntos, por ejemplo a M, respecto de la recta AB, que designamos M' y uniendo M' con N. El punto de corte del segmento M'N con la recta AB es el punto buscado

Elipse

¿Cuál es el camino más corto para ir del punto F, foco de la elipse, al punto S de la figura adjunta, tocando en el borde de la elipse?

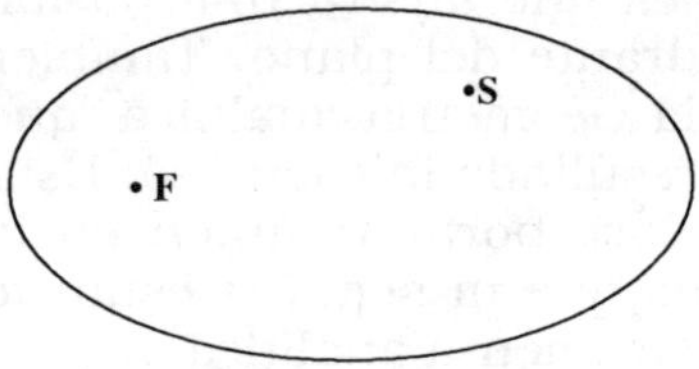

Solución

Empleando la desigualdad triangular se demuestra fácilmente que el punto de la elipse que define el camino más corto es la intersección de ésta con la recta que pasa por S y por el otro foco F' de la elipse.

Sea M un punto de la elipse alineado con F' y con S y sea N otro punto cualquiera de la elipse, distinto de M. Se demuestra que

$$SM + MF < SN + NF$$

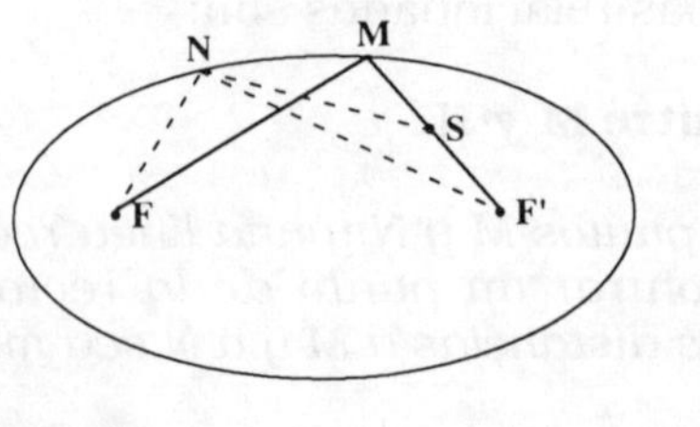

Por la definición de elipse

$$F'M + MF = F'N + NF \qquad (1)$$

Como F', S y M están alineados:

$$F'S + SM = F'M$$

Pero los puntos F', S, y N no están alineados, por tanto

$$F'N < F'S + SN$$

Sustituyendo estas últimas expresiones en la igualdad (1) se tiene:

$$(F'S + SM) + MF = F'N + NF < (F'S + SN) + NF$$

Simplificando esta expresión se tiene la desigualdad buscada.

Comportamientos de los participantes en el Club matemático

Casi la mitad de los estudiantes del Club han estado empeñados en encontrar un camino equivalente cuyos puntos se pudiesen unir por un segmento. Pero ello les planteaba la dificultad de encontrar la tangente a la elipse respecto de la cual trazar el punto simétrico a F o a S. Una estudiante conocía un problema parecido a éste en el que se trataba de una sala de forma elíptica en la que todo lo que se hablaba en uno de los focos de ésta se oía con casi la misma intensidad en el otro foco (Guzmán, 1984a, pp. 115-122), pero no lo relacionó en el momento de resolver este problema. Otro estudiante ha querido aplicar las fórmulas de la Geometría analítica para calcular la distancia entre dos puntos pero no ha tenido éxito. Los restantes lo resolvieron como hemos visto anteriormente.

Generalizaciones

¿Qué pasaría si consideramos otras cónicas, por ejemplo la circunferencia y la parábola, y si estudiamos cómo son los rebotes de las bolas en billares de forma elíptica según que las bolas pasen o no por los focos, o cómo son los rebotes en otros tipos de billares? (cf. Zemliakov, 1982 y Steinhaus,

1980). Estas cuestiones se pueden trabajar haciendo simulaciones con ordenador de reflexiones sobre una circunferencia, una parábola o una elipse (cf. Dony, 1986).

Triángulo inscrito

Dibujar el triángulo de perímetro mínimo que se puede inscribir en un triángulo acutángulo dado.

Solución

Este problema se resuelve fácilmente si se comienza por casos más simples en los que dos o uno de los vértices del triángulo buscado son fijos. Si los vértices M y N del triángulo inscrito son fijos, el problema es el mismo que *Un camino entre P y Q* que hemos visto anteriormente:

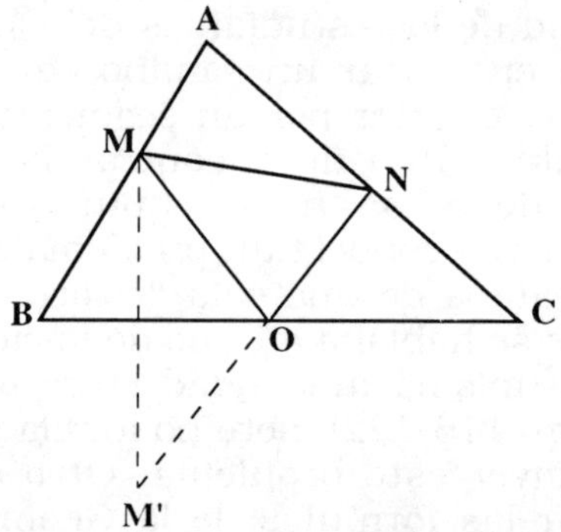

El triángulo inscrito de perímetro mínimo es MON, siendo O la intersección del segmento de extremidades M' (punto simétrico de M respecto del lado BC del triángulo) y N con el lado BC.

Si solamente estuviese fijo el vértice M del triángulo inscrito, el triángulo de perímetro mínimo se obtiene trazando los puntos simétricos de M respecto de los lados BC (punto M') y AC (punto M") de la figura adjunta y uniendo ambos puntos. Los puntos de intersección del segmento M'M" con BC y con AC son los otros vértices del triángulo:

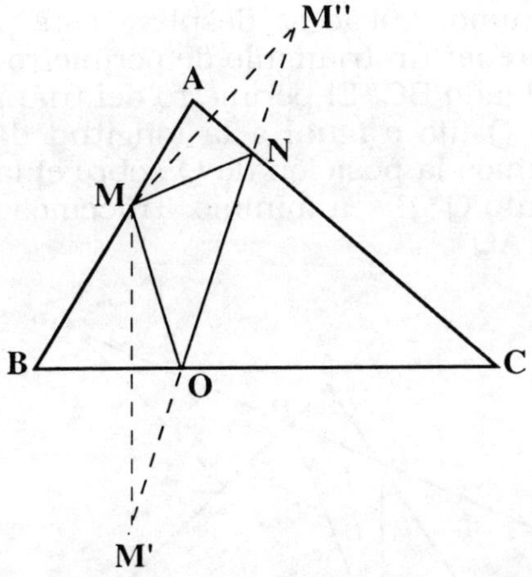

Se puede demostrar que MNO es el triángulo inscrito de perímetro mínimo. En efecto, si se dibuja otro triángulo inscrito cualquiera con un vértice en M, por ejemplo el triángulo MPQ de la figura de abajo:

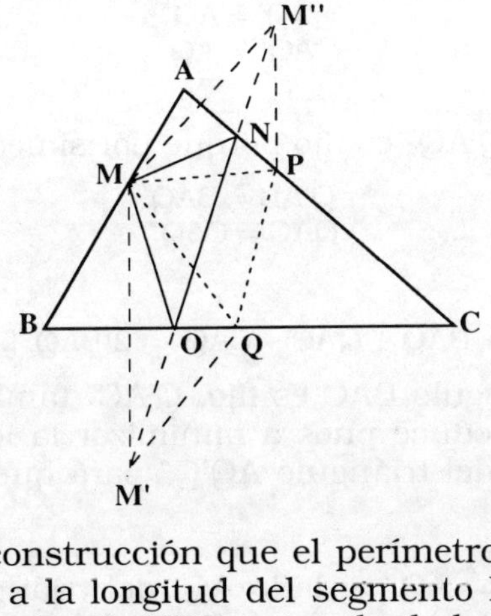

tenemos por construcción que el perímetro del triángulo MNO es igual a la longitud del segmento M'M", sin embargo, el perímetro de MPQ es igual a la longitud de la línea quebrada M"PQM', que tiene por extremidades M' y M". MNO es pues el triángulo inscrito de vértice fijo M de perímetro mínimo.

Si no se fija ningún vértice, se puede partir de un punto arbitrario Q de un lado y construir el triángulo de perímetro mínimo. Luego se desplaza este punto por el lado hasta obtener un triángulo de perímetro mínimo. Fijemos Q en el lado BC. El perímetro del triángulo PQR es mínimo para Q fijo e igual a la longitud del segmento Q'Q". Busquemos la posición de Q sobre el lado BC para que el segmento Q'Q" sea mínimo. Tracemos los segmentos AQ', AQ y AQ":

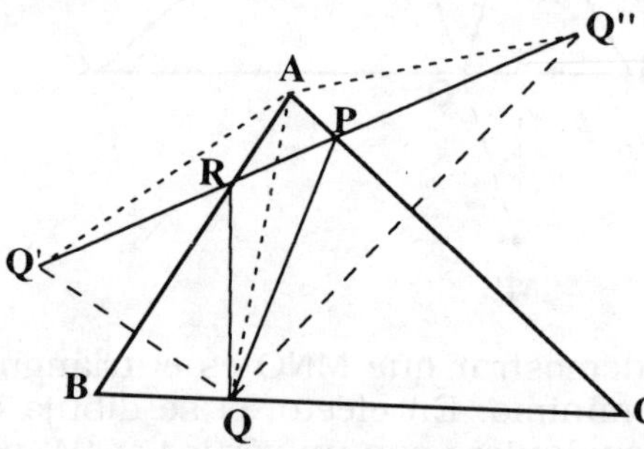

El triángulo AQ'Q" es isósceles porque por simetría:

AQ' = AQ
AQ" = AQ

luego AQ' = AQ".

El ángulo Q'AQ" es fijo porque por simetría

Q'AB = BAQ
QAC = CAQ"

luego

Q'AQ" = Q'AB + BAQ + QAC + CAQ" = 2(BAQ + QAC) = 2(BAC)

Como el ángulo BAC es fijo, Q'AC" también es fijo. El problema se reduce pues a minimizar la longitud de los lados iguales del triángulo AQ'Q" para que Q'Q" sea mínimo.

Como AQ' = AQ, el lado AQ' del triángulo AQ'Q" es mínimo cuando AQ es una altura del triángulo. El vértice Q es por tanto el pie de la altura correspondiente al vértice A. Gracias a la simetría de los datos del problema los vértices P y R del triángulo inscrito son también los pies de las alturas que parten de los vértices C y B respectivamente. Se trata pues del *triángulo órtico* del triángulo dado.

Comportamientos de los estudiantes del Club matemático

Tras discutir en grupo la solución del problema de la *Elipse*, hemos intentado resolver en el Club este problema. Los estudiantes han hecho conjeturas acerca de cuál podría ser la solución: el triángulo de vértices los puntos medios de los lados, el que tiene por vértices los pies de las alturas, un triángulo de lados perpendiculares a los del triángulo dado, un triángulo equilátero inscrito. Para demostrar estas conjeturas todos los alumnos menos uno han utilizado la desigualdad triangular de los puntos del plano, pero ninguno ha conseguido llegar así a obtener la solución. Hay que hacer notar la transferencia que han hecho de la resolución del problema de la *Elipse* a ésta. Para facilitarles que encontrasen la solución les he propuesto que resolvieran primero un problema más sencillo.

Generalizaciones

¿Qué pasaría si en lugar de considerar un triángulo consideramos un cuadrilátero?

Paralelepípedo I

Calcula el camino más corto entre P y Q desplazándose por las caras del paralelepípedo de la figura adjunta

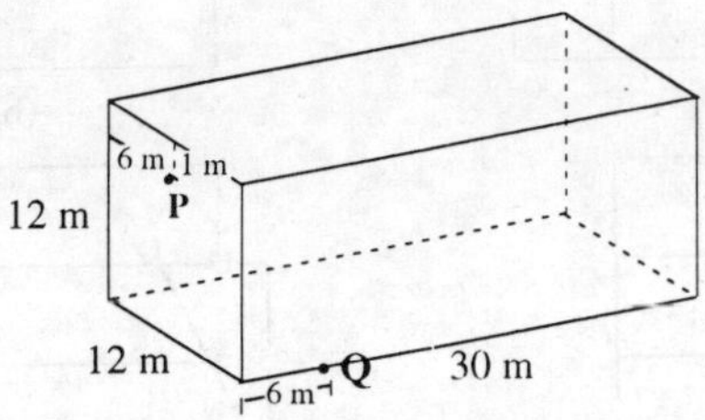

Paralelepípedo II

Calcula el camino más corto entre P y Q desplazándose sobre las caras del paralelepípedo

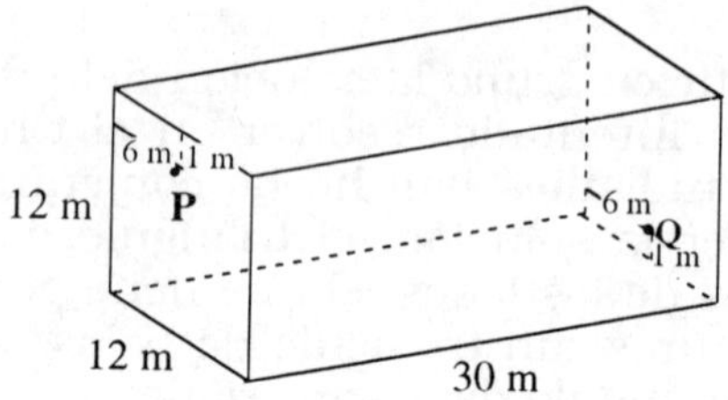

Solución

Estos problemas se resuelven desarrollando el paralelepípedo de todas las formas posibles, uniendo los puntos P y Q, y calculando la longitud del segmento PQ por el teorema de Pitágoras. La dificultad de estos problemas estriba en que no basta con desarrollar el paralelepípedo, lo que ya es una astucia para resolverlo, sino que también hay que considerar todos los desarrollos posibles, cuatro, en los dos problemas.

En *Paralelepípedo I:*

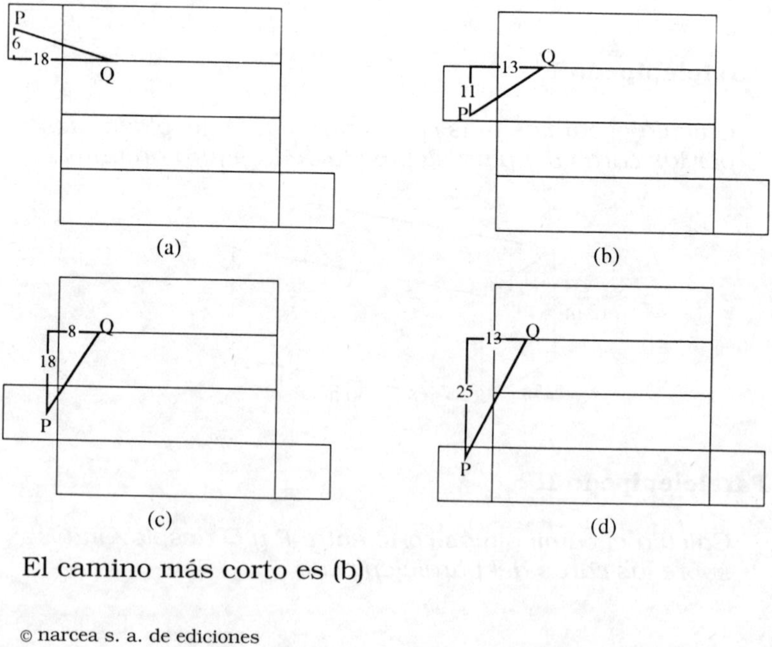

El camino más corto es (b)

En *Paralelepípedo II:*

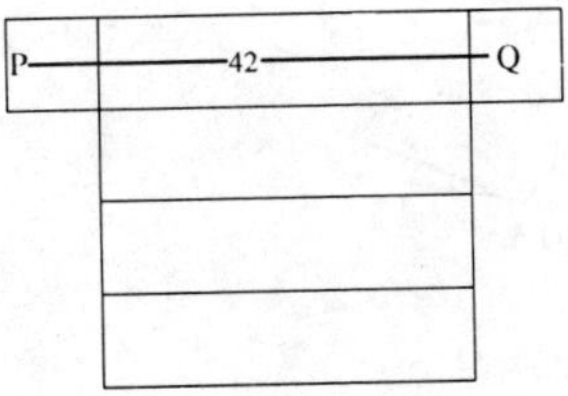

(a)

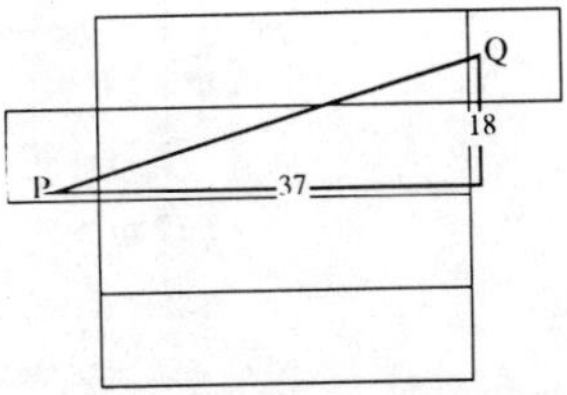

(b)

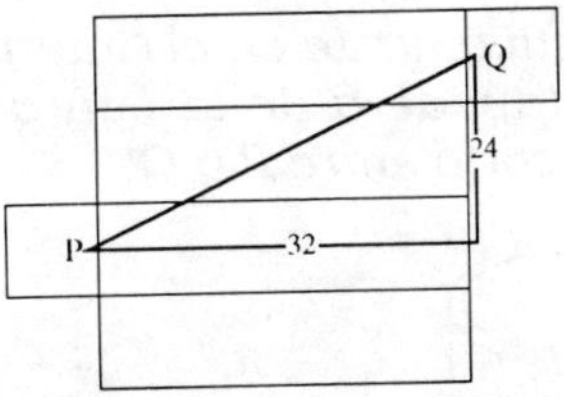

(c)

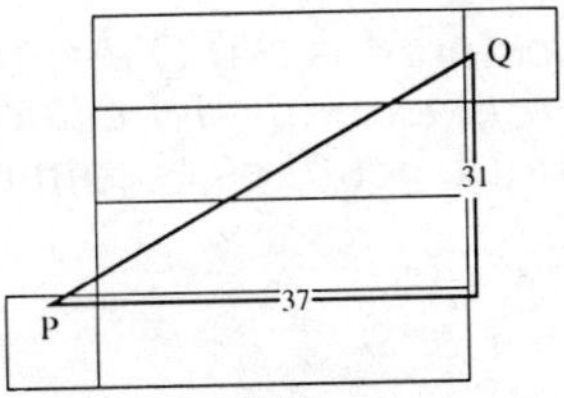

(d)

El camino más corto es (c).

Comportamientos de los estudiantes del Club matemático

Los estudiantes han trazado primero el camino sobre la figura dada y a continuación han calculado la longitud del segmento que une los puntos sobre un único desarrollo del paralelepípedo. Esto les ha conducido a un error en el segundo problema, pues el camino que parece más corto en la figura, contenido en un plano paralelo a dos caras del paralelepípedo, no es el más corto:

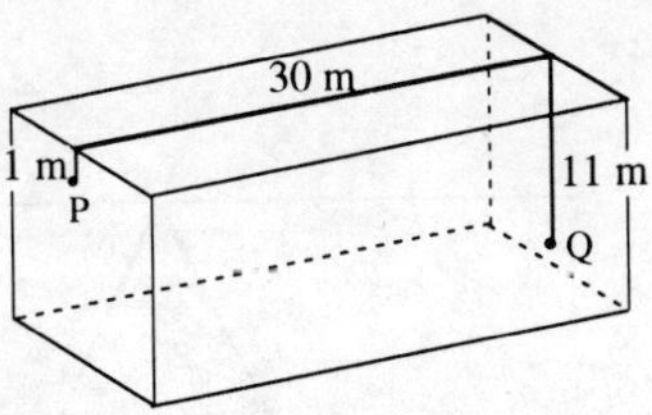

En efecto, hay que intentar otros desarrollos del paralelepípedo hasta llegar a encontrar el camino más corto que pasa por 5 caras del paralelepípedo y es el siguiente:

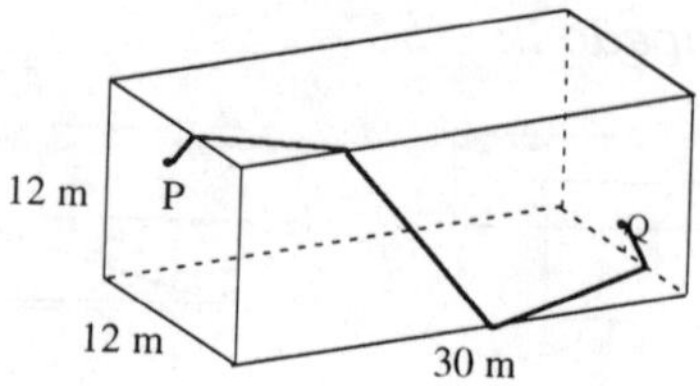

Cilindro

Los puntos P y Q están respectivamente en el interior y en el exterior del cilindro sin tapadera de la figura adjunta, ¿cuál es el camino más corto entre P y Q?

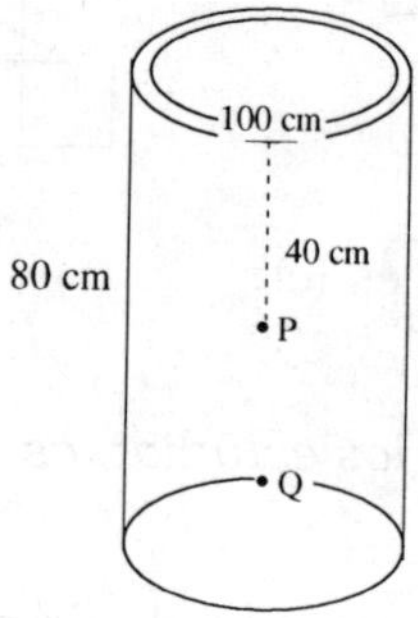

Solución

Se obtiene el camino más corto desarrollando la superficie lateral del cilindro. Por simetría, el camino PMQ es de la misma longitud que el segmento QP', luego es el más corto que cumple las condiciones del problema:

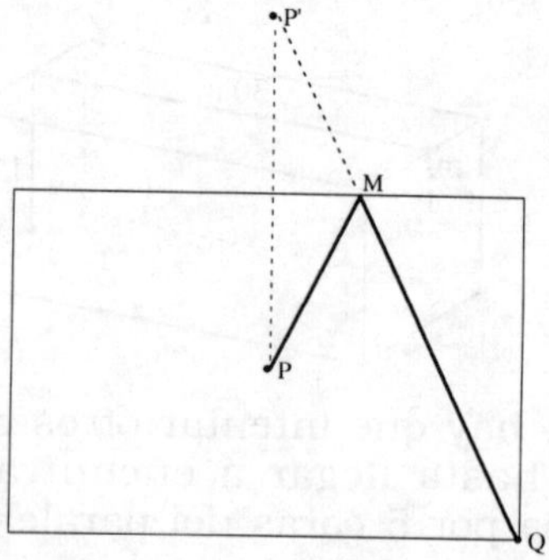

Comportamientos de los estudiantes del Club matemático

Los estudiantes del Club, tras haber resuelto otros problemas de caminos mínimos, no han tenido dificultad en resolver este nuevo problema que ha sido más bien un ejercicio de aplicación de sus conocimientos.

Campo de minas

Un soldado debe comprobar la presencia de minas en una región que tiene forma de triángulo equilátero. El radio de acción de su detector es la mitad de la altura del triángulo. Si el soldado empieza su trabajo en un vértice, ¿cuál es el camino más corto que puede recorrer para obedecer la orden?

XV Olimpiada Matemática Internacional, Moscú, 1973

Solución

Si el soldado parte de un vértice, por ejemplo, el vértice A de la figura, los puntos más alejados son los otros vértices del triángulo, B y C. Para detectar la presencia de minas en estos puntos, basta con que el soldado vaya de A hacia un punto P del arco DE de centro B y radio la mitad de la altura, de la figura de abajo y a continuación a un punto Q del arco FG:

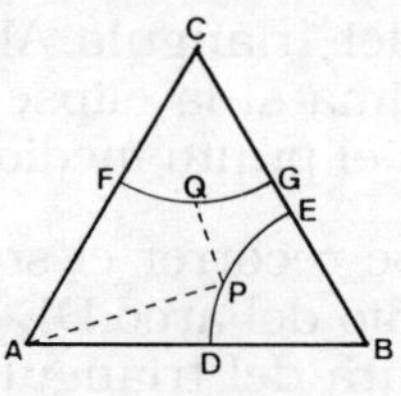

Si se considera P fijo, los puntos P, Q y C deben estar alineados:

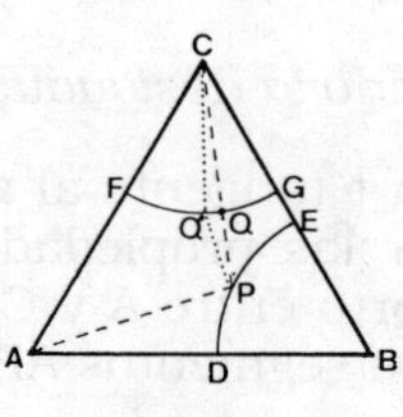

En efecto, como QC = Q'C, por la desigualdad triangular se tiene que PQ < PQ'. Basta pues con determinar la posición del punto P.

Por la simetría de los datos del problema o mediante algunos ejemplos, se puede conjeturar que P es el punto medio del arco DE. La demostración de este resultado se puede hacer de varias formas, por ejemplo, utilizando las propiedades de las elipses de focos A y C o empleando la desigualdad triangular.

Demostración empleando las propiedades de las elipses

El lugar geométrico de los puntos cuya suma de distancia a A y a C es constante e igual a AP + PC, siendo P un punto cualquiera del arco DE, es una elipse de focos A y C que corta o toca al arco DE en el punto P:

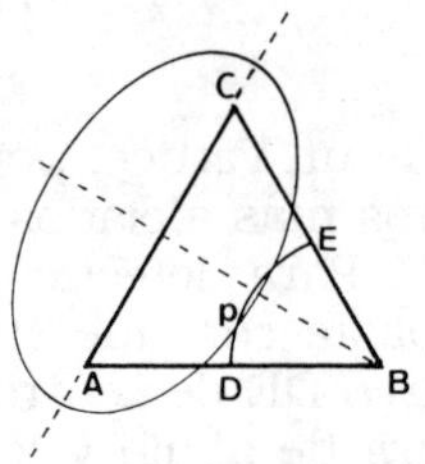

Su eje mayor contiene al lado AC del triángulo y su eje menor la altura del triángulo ABC de vértice B. La suma AP + PC es mínima si la elipse es tangente al arco DE, en cuyo caso P es el punto medio del arco DE.

El camino que debe recorrer el soldado es pues APQ, siendo P el punto medio del arco DE de centro B y de radio la mitad de la altura del triángulo, y Q un punto del arco FG de centro C y de radio la mitad de la altura del triángulo, alineado con C y con P.

Demostración empleando la desigualdad triangular

Si se traza la recta t tangente al arco DE en el punto medio P, se sabe, por las propiedades de las simetrías, que el camino más corto entre A y C que toca esta recta está compuesto por los segmentos AP y PC:

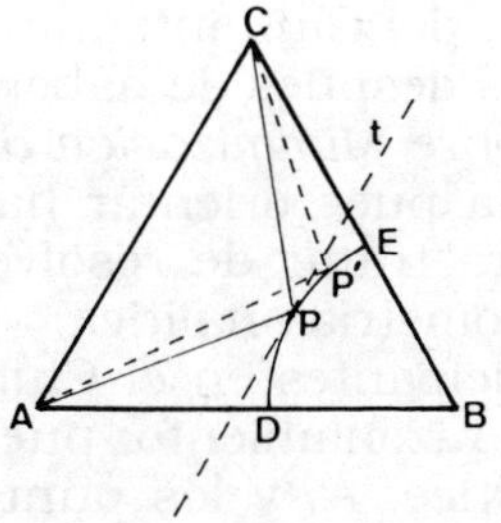

Como la suma de distancias de A y C a un punto P' del arco DE es mayor que AP + PC (la demostración es trivial por la desigualdad triangular) resulta que AP + PC es mínimo.

Comportamientos de los estudiantes del Club matemático

La resolución de este problema por los participantes en la Olimpiada Internacional ha sido objeto de algunos comentarios de G. Glaeser (1986) porque pone en evidencia las consecuencias de un enfoque de la Geometría que reduce la resolución de problemas de esta rama de la matemática a la resolución de ecuaciones:

> «Se podría esperar de estos candidatos brillantes, argumentos elementales y simples inspirados en las leyes de la reflexión en óptica de la simetría, en la desigualdad de triangular y en la intersección de la elipses de focos A y C con el arco de centro B trazado sobre la figura.
>
> Pero un gran número de participantes se lanzaron a la búsqueda del mínimo de la función
>
> $$f(t) = \sqrt{(\text{sen}t - a)^2 + (\cos t - b)^2} + \sqrt{(\text{sen}t - a)^2 + (\cos t + b)^2}$$
>
> a base de derivadas» (p. 124)

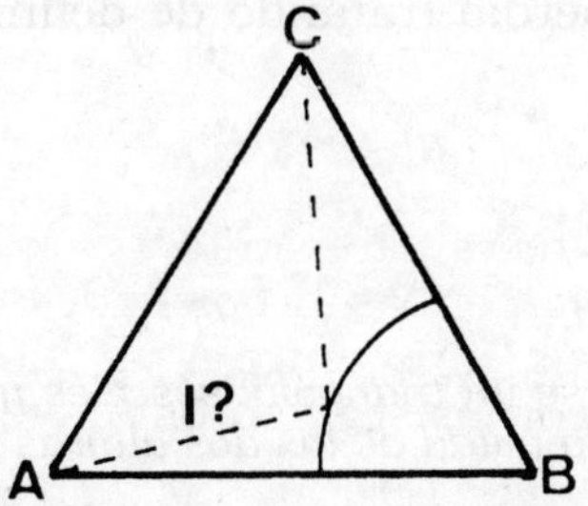

Los estudiantes del Club intentaron resolver este problema cinco meses después de haber resuelto los problemas anteriores sobre *Minimización de caminos*. Esta experiencia les podía pues orientar hacia la búsqueda de ideas simples para tratar de resolverlo, sin emplear el «aparato» de la Geometría analítica.

Todos los participantes en el Club coincidieron en la primera parte del razonamiento: puesto que el punto de partida es un vértice, A, y los puntos más alejados de éste son los otros vértices, B y C, hay que considerar los sectores circulares de centros B y C. Para detectar B y C basta pues llegar a un punto del arco DE y a un punto del arco FG de las figuras anteriores.

A partir de aquí a todos los estudiantes menos a uno les ha resultado fácil determinar los puntos de los arcos DE y FG que debe «tocar» el soldado. Para ello han razonado como sigue: para todo punto Q del arco FG la distancia de Q al punto C es constante, por tanto los puntos P, Q y C deben estar alineados. Han conjeturado que el punto P es la intersección del arco DE con una altura. Algunos de los razonamientos plausibles han sido los siguientes:

> *«El ángulo de incidencia debe ser igual al ángulo de reflexión puesto que debe haber una simetría».*
>
> *«Si los dos vértices (A y C) del triángulo tienen la misma "potencia", entonces está claro que se trata de este punto. En efecto, por simetría (respecto a la altura que parte del vértice B) los puntos de una mitad (del arco) se reflejan en la otra mitad. Como la solución debe ser un único camino (?) he ahí el único camino común a las dos mitades».*
>
> *«Por la simetría del problema el punto debe estar sobre la bisectriz».*

Para justificar sus conjeturas todos han querido comparar directamente el camino que les parecía más corto con otros caminos, pero no han sabido hacerlo.

El único estudiante que ni siquiera llegó a establecer la conjetura se perdió tratando de definir el camino mediante arcos.

Generalizaciones

Qué pasaría si...

— *el campo fuese un triángulo isósceles y el radio de acción del detector la mitad de las dos alturas iguales;*

— *el campo fuese un cuadrado y el radio de acción del detector fuese la mitad del lado*

Triángulo y punto

Un punto se desplaza sobre los lados del triángulo ABC definido por los vértices A(–1.8, 0), B(3.2, 0), C(0, 2.4). Determinar las posiciones de dicho punto en las que la suma de su distancia a los tres vértices es máxima o mínima absoluta.

IX Olimpiada Matemática Española, Madrid, 1972

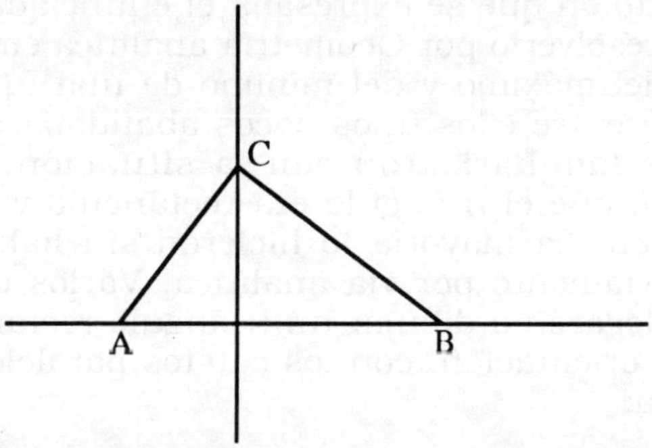

Solución

Si se calcula la longitud de los lados del triángulo se tiene que AB = 5, AC = 3 y CB = 4, luego es rectángulo. La suma de las distancias de un punto P que se desplaza sobre los lados a los vértices es:

si $P \in AB$ entonces $d(P,A) + d(P,B) + d(P,C) = AB + PC$
si $P \in AC$ entonces $d(P,A) + d(P,B) + d(P,C) = AC + PB$
si $P \in BC$ entonces $d(P,A) + d(P,B) + d(P,C) = BC + PA$

Como AB es el lado mayor del triángulo, la suma de las distancias es máxima si P está sobre este lado y coincide con el vértice B. Esta suma es igual a 9.

Para que la suma de las distancias sea mínima, P

debe estar situado en el pie de una altura. Como el triángulo es rectángulo, P debe coincidir con C o es el origen de coordenadas. Si P=C la suma de distancias es 7; si el punto P es el origen de coordenadas, la suma de distancias es 7,4. Por tanto P debe estar en C para que la suma sea mínima.

Comportamiento de los estudiantes

Este problema lo resolvieron los participantes en la IX OME (34 estudiantes), 11 estudiantes de COU de un Instituto de Bachillerato y 6 alumnos del Club matemático. Algunos estudiantes han estado obsesionados por el contexto en que se expresaba el enunciado y han intentado resolverlo por Geometría analítica empleando el criterio del máximo y del mínimo de una función derivable. De entre ellos unos pocos abandonaron este camino, se familiarizaron con la situación, se dieron cuenta de que el triángulo era rectángulo y obtuvieron la solución. La mayoría lo hicieron sin haberlo intentado previamente por vía analítica. Varios estudiantes incluso llegaron a dibujar un triángulo rectángulo cambiado de orientación, con los catetos paralelos al borde de la hoja.

Prisma hexagonal

Sea un prisma hexagonal regular, ¿cuál es la longitud más corta que, partiendo de un vértice de la base, recorre todas las caras laterales y termina en el vértice de la cara superior, situado en la misma arista que el vértice de partida?

IX Olimpiada Matemática Española, Madrid, 1972

Solución

Como los extremos de la línea poligonal están sobre las caras laterales del prisma y éste es regular, basta desarrollar sus caras laterales y unir los puntos P y Q por un segmento.

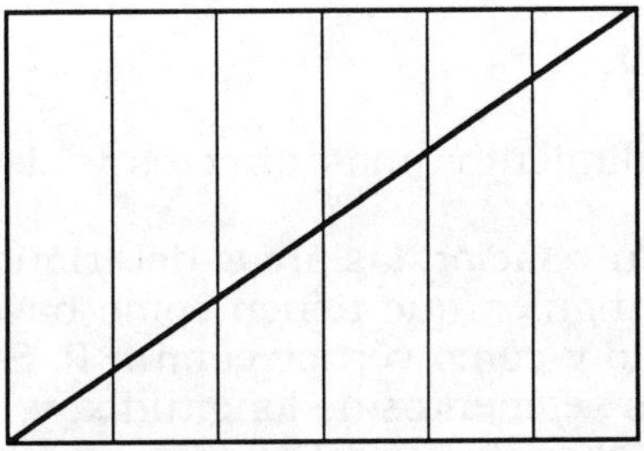

Si se recompone la figura se tiene la línea poligonal buscada.

Comportamientos de los estudiantes

Este problema no ha supuesto ninguna dificultad a los estudiantes que llegaron a obtener la solución sin tan siquiera dibujar el desarrollo del prisma.

Y SEGUIR ...
EN TORNO A UN TRIANGULO

Triángulo equilátero

Se considera un triángulo equilátero de altura igual a 1. Para todo punto P interior al triángulo se designan por x, y, z, las distancias del punto P a los lados del triángulo.

a) Probar que para todo punto P interior al triángulo es $x+y+z=1$.
b) ¿Para qué puntos del triángulo se verifica que la distancia a un lado es mayor que la suma de distancias a los otros dos?
c) Hallar la probabilidad de que al romper en tres trozos una barra de longitud igual a 1, se pueda formar un triángulo con los tres trozos.

X Olimpiada Matemática Española, Madrid, 1973

Solución

La solución a las tres cuestiones se puede encontrar de diferentes formas que pasamos a describir a continuación:

A. Cuestión a.

Los procedimientos más directos y elegantes consisten en:

— poner en relación las áreas del triángulo dado y los tres triángulos que tienen como base los lados del triángulo y como vértice común P. Sus alturas son pues los segmentos de longitud x, y, z;

— reducir el caso general al caso en que el punto P es un vértice o un punto de un lado del triángulo, utilizando las propiedades de las transformaciones en el plano.

Descomposición del triángulo

Si se trazan tres segmentos que unen cualquier punto P interior al triángulo con los vértices A, B y C de la figura, se obtienen tres triángulos APB, BPC y CPA de bases los lados AB, BC y CA del triángulo y de alturas los segmentos de longitud x, y, z.

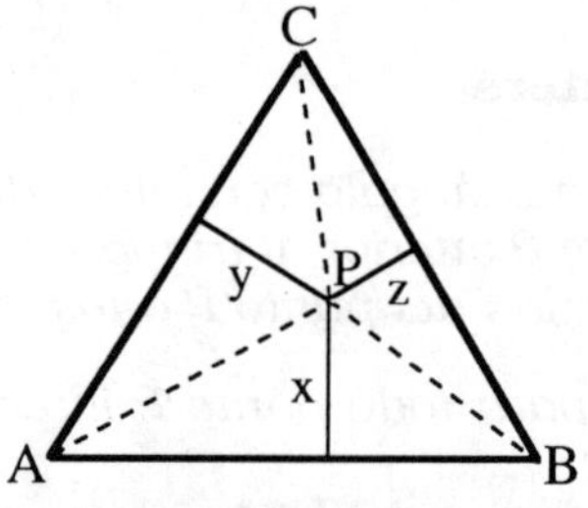

En esta figura se puede establecer la siguiente relación entre áreas:

$$Ar(ABC) = Ar(APB) + Ar(BCP) + Ar(CPA)$$

Si se sustituye el área de cada triángulo por la mitad de la base por la altura se tiene:

$$\frac{L \times 1}{2} = \frac{L \times x}{2} + \frac{L \times y}{2} + \frac{L \times z}{2}$$

siendo L la longitud del lado del triángulo ABC. Simplificando la expresión se tiene la igualdad buscada.

Reducción del caso general a un caso particular

Se puede verificar que la propiedad se cumple en un caso particular como los vértices, los lados, el ortocentro o las alturas, e intentar reducir el caso general a uno de ellos.

— A los vértices o a un punto de un lado:
La propiedad es evidente si P es un vértice del triángulo. Si P es un punto de un lado, el caso se reduce al anterior si se traza una paralela a un lado del triángulo que pasa por P (figura de la izquierda). Se puede verificar también directamente, sabiendo que las tres alturas de un triángulo equilátero son iguales. Por último, el caso general se reduce al caso de los vértices trazando por P dos paralelas a dos lados del triángulo (figura del centro). Se puede también reducir el caso de los puntos de los lados trazando una paralela a un lado (figura de la derecha).

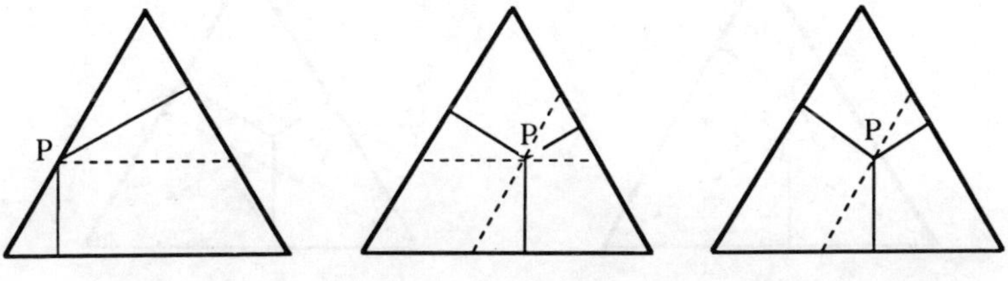

— Al ortocentro o a un punto de una altura:
La propiedad es evidente en el ortocentro del triángulo que designamos por O. Si P está sobre una altura, se traza los segmentos PQ y PQ' paralelos a los lados y se tienen dos triángulos rectángulos iguales PQO y PQ'O con ángulo en O de 60°:

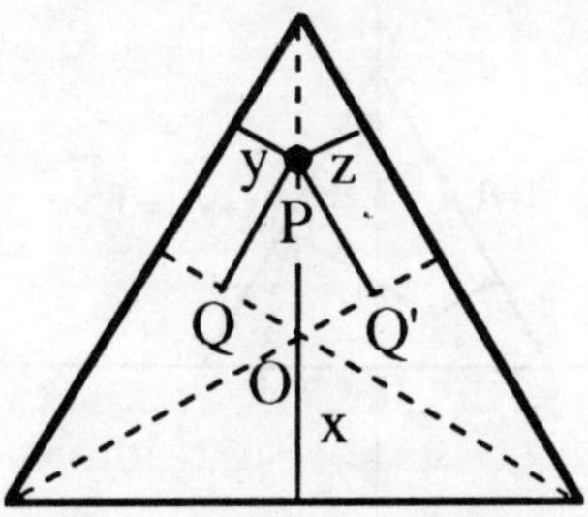

Si se desplaza el punto P sobre un altura, por ejemplo la vertical, hacia el vértice superior, la disminución de las distancias y, z, de P a los lados es OQ+ OQ' = 2OQ; el aumento de la distancia de x a los lados es PO. Pero el ángulo POQ es 60°, luego PO=2OQ. Por tanto la suma de las distancias de P a los lados permanece constante.

Si P es un punto cualquiera, designemos por H al punto de intersección del segmento de longitud x con una altura del triángulo; sean PQ y PQ' dos segmentos paralelos a dos lados del triángulo, se tiene que PQH y PQ'H son dos triángulos rectángulos iguales. Los ángulos PHQ y PHQ' son de 60°. La disminución de las distancias y, z de P a los lados con relación a las distancias y', z' de H a los lados es QH+HQ'=2QH y el aumento de la distancia x de P a los lados en relación a la distancia x' de H a los lados es PH. Puesto que el ángulo PHQ es de 60°, se tiene que PH=2QH, luego x+y+z=1.

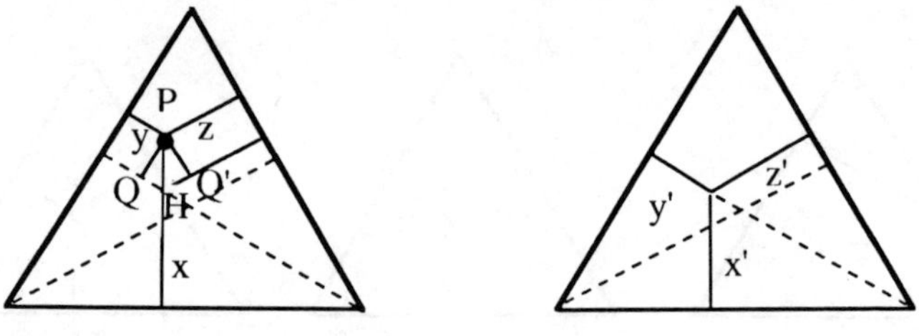

Resolución por Geometría analítica

Se puede formalizar el problema en el dominio de la Geometría analítica y aplicar la fórmula de la distancia de un punto a una recta:

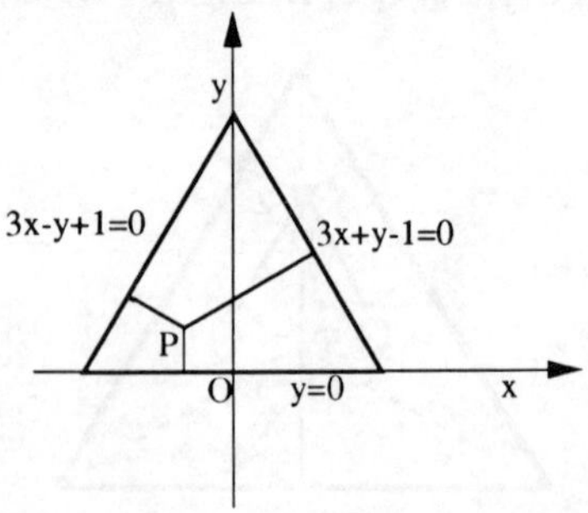

$$d(P, AB) = -\frac{\sqrt{3}x_0 + y_0 - 1}{\sqrt{3 + 1}}$$

$$d(P, BC) = \frac{\sqrt{3}x_0 - y_0 + 1}{\sqrt{3 + 1}}$$

$$d(P, CA) = y_0$$

$$d(P, AB) + d(P, AB) + d(P, AB) = \frac{-2y_0 + 2}{2} + y_0 = 1$$

B. Cuestión b

La condición exigida por esta cuestión se expresa de la siguiente forma:

$$(x > y + z) \vee (y > x + z) \vee (z > x + y)$$

Gracias a las simetrías del triángulo y de esta expresión se puede considerar una sola de las desigualdades anteriores, por ejemplo;

$$x > y + z$$

y generalizar a continuación el resultado obtenido para la variable x a las otras variables.

Si se utiliza el resultado demostrado en (a) se tiene:

$$x > 1 - x$$

$$x > \frac{1}{2}$$

Generalizando a las otras variables se tiene:

$$y > \frac{1}{2}$$

$$z > \frac{1}{2}$$

La interpretación geométrica de estas desigualdades es la siguiente:

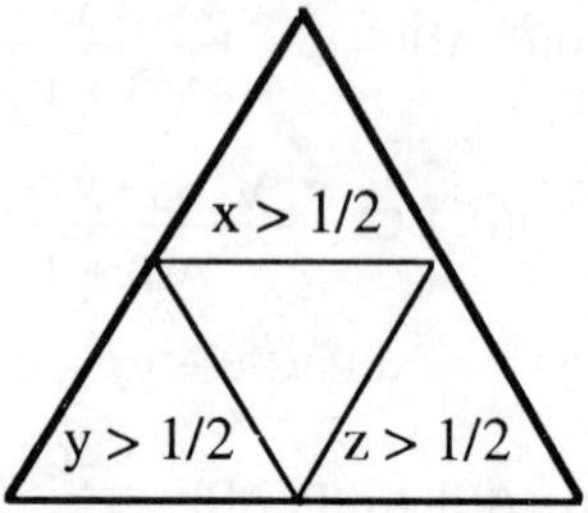

En efecto, por el teorema de Tales, los segmentos paralelos a los lados del triángulo equilátero que cortan a cada altura en su punto medio, cortan también a los lados en su punto medio.

C. Cuestión c

Las estrategias de resolución de esta cuestión pueden apoyarse o no sobre los resultados previamente demostrados. Expondremos primero un estrategia que se obtiene directamente de estos resultados y luego otra que no los considera.

Analogía con las cuestiones anteriores:

Consideramos que la barra se rompe en tres trozos al mismo tiempo. Designemos por la terna ordenada (x, y, z) las longitudes de los tres trozos de barra medidas a partir de uno de los extremos. Tenemos que $x+y+z=1$.

Cada división de la barra se puede representar por un punto P interior al triángulo ABC tal que las distancias de P a los lados AB, AC y CB sean respectivamente x, y, z. Este punto se obtiene de la siguiente forma: se traza una paralela a AB en el interior del triángulo, a una distancia x, y una paralela a AC en el interior del triángulo, a una distancia y. La intersección de estos segmentos es el punto P buscado, puesto que la distancia de P a BC es z:

$$d(P, BC) = 1 - d(P, AB) - d(P, AC) = 1 - x - y = z$$

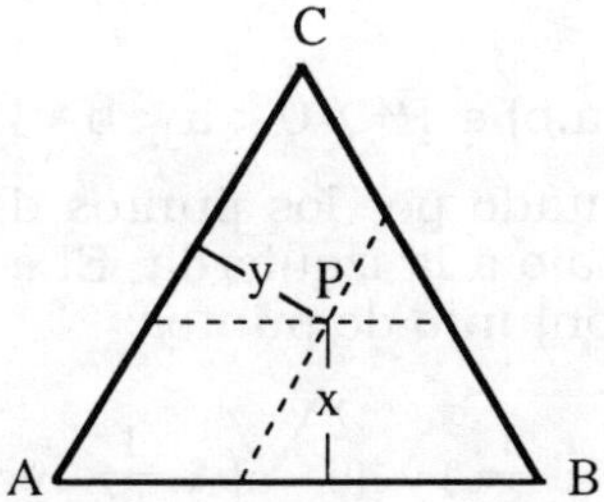

Los puntos interiores al triángulo representan el conjunto de casos posibles. El conjunto de casos favorables es el conjunto de los puntos que definen tres segmentos x, y, z tales que cada uno es menor que el semiperímetro del triángulo:

$$\left(x < \frac{1}{2}\right) \vee \left(y < \frac{1}{2}\right) \vee \left(z < \frac{1}{2}\right)$$

La interpretación geométrica es el triángulo rayado de la figura de abajo:

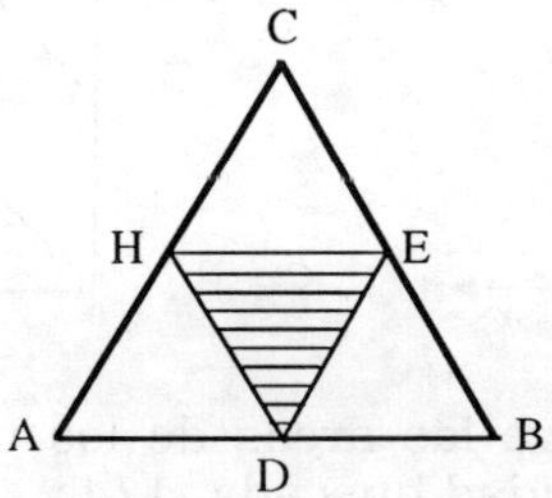

Por tanto la probabilidad de poder construir un triángulo formado por los tres trozos de la barra es la relación entre las áreas de los triángulos DEH y ABC de la figura anterior, es decir, 1/4.

Interpretación geométrica:

Si los extremos de las dos divisiones de la barra se encuentran a la distancia a y b de una misma extremidad, se puede representar geométricamente el conjunto de casos favorables y de casos posibles.

El conjunto de casos posibles es el conjunto de puntos

$$\{(a,b) \in R^2 \ / \ 0 < a < b < 1\}$$

que está representado por los puntos del triángulo OAB de la figura de abajo a la izquierda. El conjunto de casos favorables es el conjunto de puntos:

$$\{(a,b) \in R^2 \ /(\ a < \frac{1}{2} \ ) \text{ y } \ (b - a) < \frac{1}{2} \ \text{ y } \ (1 - b) < \frac{1}{2} \ \}$$

$$\{(a,b) \in R^2 \ / \ a < \frac{1}{2} \ \text{ y } \ b < a + \frac{1}{2} \ \text{ y } \ b > \frac{1}{2} \ \}$$

La solución de este sistema de inecuaciones es el triángulo ECD de la figura de la derecha:

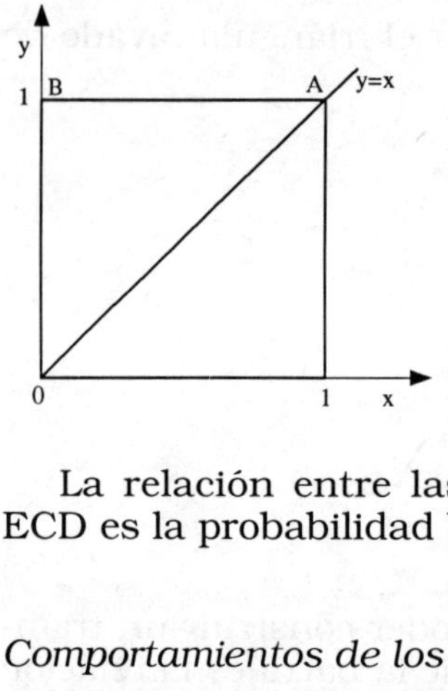

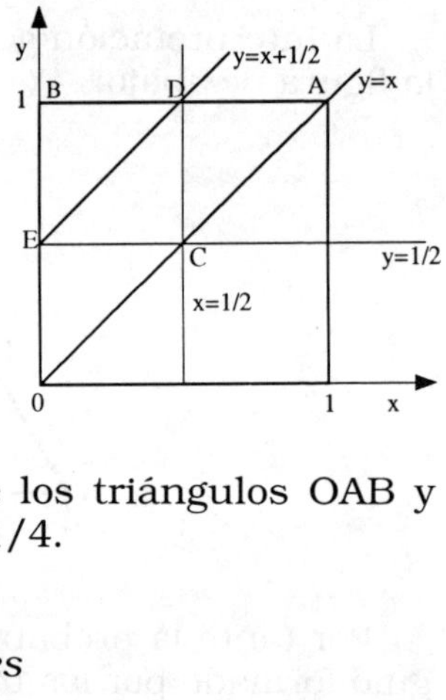

La relación entre las áreas de los triángulos OAB y ECD es la probabilidad buscada, 1/4.

Comportamientos de los estudiantes

A. Cuestión a

La mayoría de los estudiantes que han resuelto este problema (participantes en las olimpiadas, alumnos de clases de COU y miembros del Club) han utilizado la Geometría analítica, y de ellos la mitad han tenido éxito. Los que no llegaron a mostrar el resultado buscado han cometido errores de cálculo con expresiones algebraicas. El segundo procedimiento más empleado ha sido reducir el caso general a uno particular, mostrando preferencia por los puntos de las alturas o el ortocentro. Algunos de los alumnos que han intentado reducir el caso general al del ortocentro, no lo han conseguido, pues han dibujado figuras en las que no se distinguían bien las líneas auxiliares necesarias para aplicar dicha estrategia, de las líneas superfluas. Ante esta dificultad varios han pensado en aplicar otra estrategia, poniendo en relación las longitudes de los segmentos de los triángulos rectángulos obtenidos uniendo P a los vértices del triángulo y considerando las distancias de P a los lados, pero no han tenido éxito pues el sistema de ecuaciones obtenido era muy difícil de resolver.

Los estudiantes que han puesto en relación las áreas de los triángulos han obtenido la solución. Unos se han dado cuenta enseguida y otros tras familiarizarse con el problema, considerando casos particulares y trazando algunas líneas auxiliares. Es digno de hacer notar que los estudiantes que han unido P con los vértices del triángulo han interpretado preferentemente esta figura como seis triángulos rectángulos y han relacionado las longitudes de sus lados; pocos han visto en ella tres triángulos de la misma base y vértice común P y han relacionado sus áreas con la del triángulo dado.

B. Cuestión b

Esta cuestión se reduce a un mero ejercicio si se tiene en cuenta el resultado demostrado en el apartado (a). La mayoría de los estudiantes dieron las soluciones correctas, aunque algunos de ellos sólo consideraron una variable. Estas soluciones las expresaron unas veces en forma geométrica, otras en forma de enunciado y otras en forma algebraica. Algunos estudiantes no respondieron a esta pregunta por falta de tiempo.

C. Cuestión c

Las soluciones más simples para resolver la cuestión (c) las han dado aquellos estudiantes que han relacionado las longitudes de los trozos de la barra con los puntos interiores al triángulo, aunque sólo uno del Club llegó a dar la solución correcta. Los otros han manifestado su dificultad para aplicar sus conocimientos de teoría de la probabilidad, pues se trataba de un caso en que el espacio muestral es infinito no numerable pero de medida geométrica finita. Es digno de hacer notar que muchos estudiantes intentaron responder a esta cuestión sin tener en cuenta su relación con las anteriores, quizá debido a que la pregunta se hacía en un contexto matemático distinto, la teoría de la probabilidad.

Generalizaciones

Qué pasaría si ...
— *consideráramos un punto exterior al triángulo;*
— *cambiáramos a otros polígonos, regulares o no;*
— *trabajáramos en el espacio y consideráramos un tetraedro o un cubo u otro poliedro regular.*

Otros problemas de triángulos equiláteros son:

Distancias a los lados a, 2a y 3a

Se considera un triángulo equilátero de lado 3. Un punto P, interior a dicho triángulo dista de los tres lados a, 2a y 3a respectivamente. Calcular la longitud de a.

IV Concurso de Resolución de Problemas, Madrid, 1986

Solución

Este problema se puede resolver empleando el resultado de que la suma de las distancias de un punto interior a un triángulo equilátero a los lados del triángulo es igual a su altura:

$$a + 2a + 3a = \sqrt{3^2 - (\frac{3}{2})^2}$$

$$6a = \sqrt{\frac{27}{4}}$$

$$a = \frac{\sqrt{3}}{4}$$

Si se ignora este resultado se puede calcular «a» empleando cualquiera de las estrategias descritas anteriormente para la resolución de la cuestión (a) del problema del *Triángulo equilátero.*

Comportamientos de los estudiantes del Club matemático

Este problema no ha presentado dificultad a los estudiantes del Club, puesto que han recordado la propiedad antes mencionada relativa a la suma de las distancias a los lados de los puntos interiores a un triángulo equilátero.

Lado del triángulo equilátero

Sea P un punto interior al triángulo equilátero ABC y tal que PA=5, PB=7 y PC=8. Hallar la longitud de un lado del triángulo ABC.

I Olimpiada Iberoamericana, Bogotá, 1986

Solución

Se puede resolver este problema considerando el triángulo dado descompuesto en tres partes y a continuación recomponiéndolas de modo que el triángulo APB se coloque como muestra la figura:

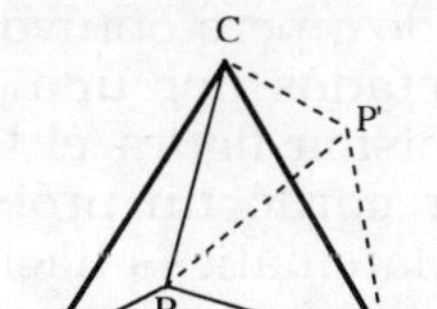

Sabemos que PBP' es un triángulo equilátero porque PB=P'B=7 y PBP'=60°. Para calcular el lado CB se puede calcular primero el ángulo CPP' aplicando el teorema del coseno al triángulo CPP' y a continuación se obtiene la medida de CB aplicando el teorema del coseno al triángulo CPP':

$$CP'^2 = CP^2 + PP'^2 - 2 \cdot CP \cdot PP' \cdot \cos(CPP')$$
$$5^2 = 8^2 + 7^2 - 2 \cdot 7 \cdot 8 \cdot \cos(CPP')$$
$$\cos(CPP') = \frac{11}{14} \quad y \quad \text{sen}(CPP') = \frac{5\sqrt{3}}{14}$$

El ángulo CPB = 60° +CPP'. Sabemos calcular CB aplicando el teorema del coseno al triángulo CPB :

$$CB^2 = CP^2 + PPB^2 - 2 \cdot CP \cdot PPB \cdot \cos(CPB)$$
$$CB^2 = 8^2 + 7^2 - 2 \cdot 7 \cdot 8 \cdot \cos(60° + CPP')$$
$$CB = \sqrt{129}$$

Comportamientos de los estudiantes del Club matemático

Tras haber obtenido la solución del problema «Distancias a los lados a, 2a, y 3a», los estudiantes del Club intentaron en la misma sesión resolver este problema. Sólo 2 de 6 estudiantes lo lograron. Los otros aplicaron sin éxito los teoremas del seno y del coseno.

Uno de los dos aplicó la estrategia «pensar en un problema análogo» con éxito. Comenzó relacionando las áreas de los tres triángulos que componen el triángulo dado formados por P y dos de sus vértices, gracias a la fórmula de Herón que relaciona el área de un triángulo y la longitud de los lados, pero obtuvo una ecuación cuyos términos están afectados por una raíz cuadrada. Después aplicó en la misma figura el teorema del seno sin éxito. Finalmente recordó un problema que había resuelto en clase de Matemáticas hacía varios meses. Este estudiante lo contaba así en el curso de la entrevista:

«Yo había resuelto anteriormente un problema parecido: dadas tres circunferencias concéntricas, construir un triángulo equilátero que tenga un vértice sobre cada circunferencia. Dibujé las tres circunferencias de centro P y radios 5, 7 y 8 y construí el triángulo cuyos vértices están sobre cada circunferencia. Empleando los datos de la construcción lo he resuelto»

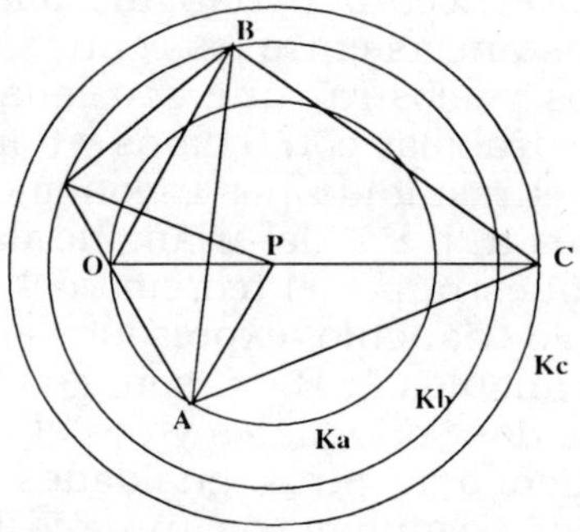

Si se supone el problema resuelto, el punto B es la intersección de la circunferencia Kb con la circunferencia Ka a la que se le ha aplicado un giro de 60° de centro el punto A. Conocemos los lados del triángulo POB (PO = 5, OB = 7, PB = 8), por tanto se puede calcular el ángulo BOP por el teorema del coseno. BPA = BPO + 60° porque POA es un triángulo equilátero. Se conocen pues los lados PB y PA del triángulo BPA lo que permite conocer la longitud de AB gracias también al teorema del coseno.

El otro estudiante que ha llegado a la solución ha utilizado la estrategia que hemos descrito anteriormente.

Triángulo de Napoleón

Dado un triángulo cualquiera se construyen tres triángulos equiláteros sobre cada uno de sus lados. Demostrar que los centros de estos triángulos son vértices de otro triángulo equilátero.

Solución

La resolución de este problema puede ser contemplada por vía analítica o por vía sintética. En el primer caso se puede reemplazar el problema geométrico por la resolución de ecuaciones de varias maneras (cf. Polya, 1981):

- formalizando el problema en el dominio de la Geometría analítica. Las coordenadas de los vértices del nuevo triángulo se expresan en función de las coordenadas de los vértices del triángulo dado. Se pueden calcular las distancias entre los centros de los triángulos equiláteros y mostrar que son iguales, pero para ello habrá que trabajar con 6 datos y 6 incógnitas
- demostrando el resultado por trigonometría. Se consideran los lados a, b y c del triángulo dado ABC como datos. Se demuestra por el teorema del coseno que los lados del nuevo triángulo, expresados en función de a, b y c y de los ángulos A, B y C son iguales. Basta mostrar que dos lados son iguales y por el mismo procedimiento se obtienen las otras igualdades
- calculando por trigonometría un solo lado del triángulo buscado y tratando de expresarlo por una función cuya expresión algebraica no varíe si se permutan las longitudes de los lados entre sí, es decir, por una función simétrica respecto a los lados del triángulo dado
- formalizando el problema en el plano complejo. Los vértices del triángulo dado se expresan mediante números complejos de modo que el origen del sistema de referencia sea el centro del triángulo dado. Los vértices del nuevo triángulo se expresan en función de los números complejos que designan los vértices del triángulo dado. Se demuestra que los vértices del nuevo triángulo son equidistantes entre sí.

Se puede resolver también este problema de forma elegante, por Geometría sintética. Para ello se construyen sobre cada lado del triángulo dado el arco capaz de 60°. Los triángulos equiláteros construidos sobre los lados tendrán sus vértices en los arcos capaces y, a su vez, el centro de estos triángulos y de los arcos coinciden:

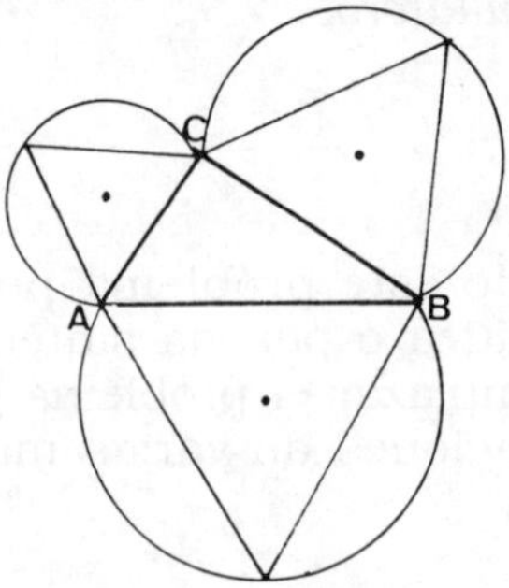

Si se elige un punto cualquiera de un arco capaz, por ejemplo el punto P de la figura de abajo, se une con el vértice C y se prolonga este segmento hasta la intersección Q con otro arco capaz, y se continúa este procedimiento, se obtiene por construcción un triángulo equilátero:

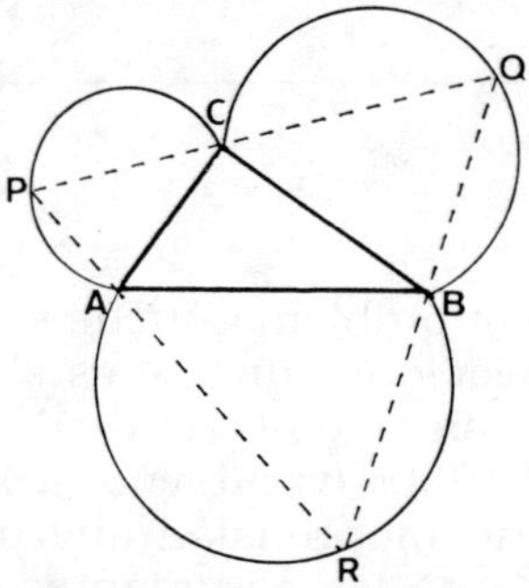

Se trataría de demostrar que, de todos los posibles triángulos así construidos, hay uno cuyos lados son paralelos a los lados del triángulo formado uniendo los centros de los arcos capaces.

Comportamientos de los estudiantes del Club matemático

Sólo uno de los estudiantes del Club llegó a obtener la solución del problema por vía analítica. Los otros percibieron la simetría del problema, estudiaron casos particulares y dinamizaron la situación sin éxito. Algunos buscaron un método para no emplear muchas ecuaciones pero no lo consiguieron.

Generalización

Si en los lados de un paralelogramo se construyen cuatro cuadrados por el interior (o por el exterior), demostrar que sus centros son vértices de otro cuadrado.

MAS PROBLEMAS DE GEOMETRIA

Trapecio

Las diagonales A'B y AB' de un trapecio se cortan en O. Demostrar que los triángulos A'OA y B'OB tienen la misma área.

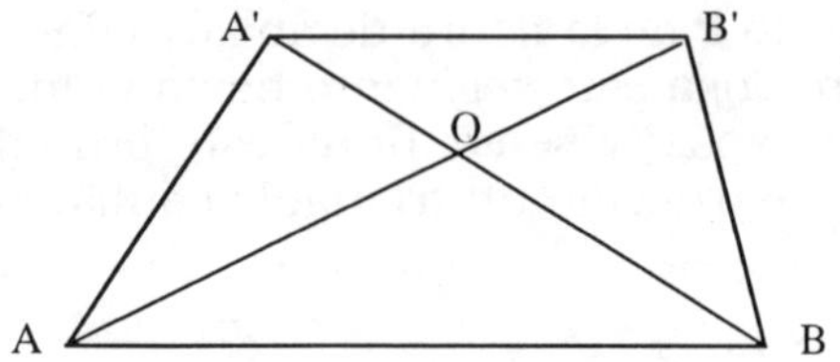

Solución

La solución de este problema puede ser simple o complicada según las relaciones que se establezcan en la figura. Este problema ha sido objeto de diversos comentarios (Glaeser, 1979-1980; Ivanitsyna, 1970) a causa de los fenómenos de subcomprensión que ponen de relieve los comportamientos de los estudiantes, originados por la práctica escolar habitual en el estudio del cálculo del área de un triángulo.

Para demostrar que las áreas de dos triángulos son iguales se pueden utilizar varias estrategias:

- demostrar que los dos triángulos son iguales (ángulos iguales y un lado común, lados iguales,...)
- calcular sus áreas aplicando una fórmula y comprobar que se tiene el mismo resultado
- descomponer los triángulos en otras figuras y comprobar que las sumas de las áreas son iguales
- añadirles una misma figura y demostrar que las áreas de las nuevas figuras así obtenidas son iguales
- demostrar que un triángulo puede ser obtenido a partir del otro por una transformación geométrica que conserva el área (isometría, simetría oblicua, deslizamiento de la base sobre la recta que la contiene, deslizamiento del vértice en la dirección del lado opuesto).

G. Glaeser (1979-1980) ha hecho notar el aspecto dinámico del problema: se pueden considerar los triángulos ABA' y ABB' de la figura de arriba como dos posiciones de un triángulo variable cuyo vértice opuesto a la base AB describe la recta soporte de la base menor del trapecio. Se trataría de interpretar la fórmula clásica para el cálculo del área de un triángulo (producto de la mitad de la base por la altura) de forma dinámica. El resultado buscado se deduce restando el área del triángulo común AOB. A juicio de Glaeser (1979-1980), este problema es más difícil si se acompaña de esta figura:

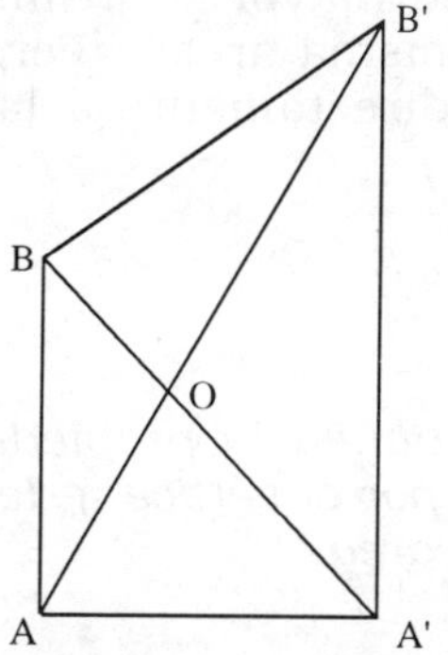

ya que la fórmula «área de un triángulo igual a base por altura partido por dos» se asocia con la imagen mental de un triángulo de base horizontal.

Comportamientos de los estudiantes del Club matemático

Algunos estudiantes del Club percibieron en unos minutos que los triángulos ABA' y ABB' tenían la misma base y altura y dieron enseguida la solución. Otros hicieron la misma constatación tras una larga familiarización con el problema en la que yuxtapusieron trapecios iguales o descompusieron el trapecio en pequeños triángulos. Un tercer grupo intentó resolver el problema a partir del resultado buscado: escribieron la igualdad entre las áreas de los triángulos empleando el teorema del seno:

$$\text{Arca}_{A'OA} = \frac{A'O \cdot AO \cdot \text{sen}(A'OA)}{2}$$

$$\text{Area}_{B'OB} = \frac{B'O \cdot BO \cdot \text{sen}(B'OB)}{2}$$

y dado que los ángulos A'OA y B'OB son iguales y los triángulos AOB y A'OB' semejantes, se tiene la igualdad buscada.

Un tercer grupo de estudiantes no encontró la solución tras múltiples ensayos que consistieron en comparar las áreas a base de descomponer la figura. Uno de ellos llegó a la siguiente constatación: «Los triángulos de base la base mayor y la misma altura que el trapecio tienen la misma área». Pero no se dio cuenta que ello conducía directamente a la solución del problema.

Generalizaciones

¿Qué polígonos tienen la propiedad de que algunos triángulos opuestos por el vértice y de lados las diagonales, tienen la misma área?

Tres circunferencias

Tres circunferencias del mismo radio pasan por un punto P. Demuestra que los otros tres puntos de intersección de cada dos de las circunferencias están sobre una circunferencia de radio igual a las primeras.

Solución

La resolución puede hacerse por vía analítica o por vía geométrica. En el segundo caso, la interpretación espacial de una representación plana hace transparente el método de solución.

Se puede formalizar el problema en el dominio de la Geometría analítica. Las ecuaciones de las circunferencias vendrán dadas en función de las coordenadas del punto de intersección P y del radio. Se pueden determinar las coordenadas de los otros tres puntos de intersección así como la ecuación de la circunferencia que definen. Finalmente se calcula el radio de ésta.

Sin embargo la Geometría sintética permite obtener una solución de manera más sencilla y más elegante (cf. Polya, 1981): Si se une el centro de cada circunferencia a los tres puntos de intersección, se obtiene la representación siguiente:

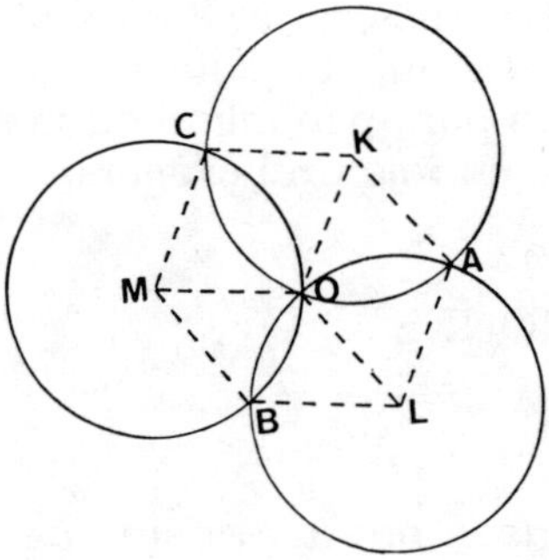

Los segmentos así trazados tienen todos la misma longitud. En esta figura se puede percibir la representación isométrica plana de un cubo opaco. Los vértices K, L y M, centros de las circunferencias dadas, definen una circunferencia que tiene el mismo radio que las dadas y centro el punto O. La circunferencia buscada está definida por los vértices del cubo C, A y B. Estos vértices son simétricos a K, L, M respecto al centro del cubo, por tanto la circunferencia que pasa por ellos tiene el mismo radio que la que pasa por K, L, M.

Pero la percepción del cubo en perspectiva no es absolutamente necesaria para resolver este problema por Geometría sintética, bastaría con percibir la igualdad de los triángulos KLM y CAB de la figura de arriba y demostrarla.

Comportamientos de los estudiantes del Club matemático

Los participantes en el Club ensayaron la resolución de este problema y sólo 2 obtuvieron la solución. Una estudiante vio sin dificultad que los segmentos que unen los centros de las circunferencias y los puntos de intersección formaban un cubo en perspectiva isométrica (ver protocolo de resolución en p. 89); otro estudiante mostró que los centros de las circunferencias y los puntos de intersección definen dos triángulos iguales. Esto prueba el resultado buscado porque las circunferencias dadas tienen el mismo radio y un punto común. Otros tres estudiantes también percibieron la igualdad de estos triángulos pero no supieron demostrarla. Por último, el empleo de distintos colores en el dibujo impidió a un estudiante cambiar el punto de vista para percibir el cubo en perspectiva, pues había señalado en rojo un hexágono.

PASEOS Y REUNIONES

El cubo y la mosca

Una mosca se pasea por las aristas de un cubo ABCDEFGH. Cuando se encuentra en un vértice prosigue su camino hasta el vértice de una cualquiera de las aristas que parten del vértice en que está. Por tanto la probabilidad de que elija una arista determinada es 1/3. Los vértices F y G están fumigados con un insecticida mortal. Si la mosca parte de A, ¿cuál es la probabilidad:
1) de que llegue al vértice F,
2) de que llegue al vértice G,
3) de que no pase nunca ni por F ni por G?

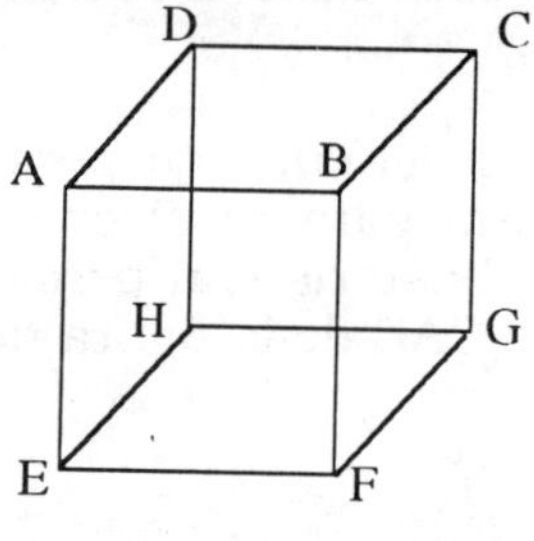

Solución

Se pueden representar las direcciones de los recorridos de la mosca sobre las aristas del cubo por el siguiente grafo:

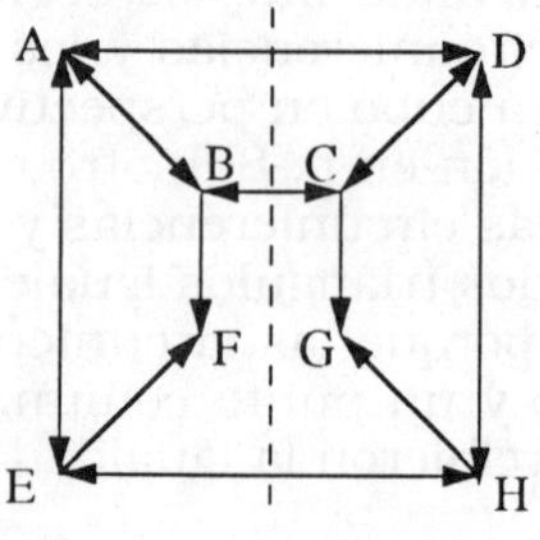

Sea p(E→F) la probabilidad de ir del vértice E al vértice F en un número indeterminado de aristas recorridas y sean

$$x = p(E \to F)$$
$$y = p(A \to F)$$
$$z = p(A \to G)$$

Teniendo en cuenta que:

— cuando la mosca se encuentra en un vértice, cada una de las tres aristas que sale de este vértice tiene la misma probabilidad de ser elegida;
— en el grafo de la figura anterior algunos vértices tienen las mismas posiciones relativas en relación a los vértices envenenados F y G (E y H, A y D, B y C);
— como la mosca puede recorrer un número indeterminado de aristas hasta llegar a un vértice envenenado, la probabilidad de llegar a F partiendo de A es la misma que la de llegar a F desde A tras encontrarse en A después de haber recorrido un número indeterminado de aristas.

Se tendrá pues:

$$x = p(E \to F) = p(B \to F) = p(C \to G) = p(H \to G)$$
$$y = p(A \to F) = p(D \to G)$$
$$z = p(A \to G) = p(D \to F)$$

Cuando la mosca se encuentra en un vértice, la probabilidad de elegir una de las tres aristas que salen de este vértice es 1/3. Se tendrá pues que:

$$p(A \to F) = \frac{1}{3}\, p(E \to F) + \frac{1}{3}\, p(B \to F) + \frac{1}{3}\, p(D \to F)$$

$$p(A \to G) = \frac{1}{3}\, p(E \to G) + \frac{1}{3}\, p(B \to G) + \frac{1}{3}\, p(D \to G)$$

$$p(E \to F) = \frac{1}{3} + \frac{1}{3}\, p(H \to F) + \frac{1}{3}\, p(A \to F)$$

$$p(E \to G) = \frac{1}{3}\, p(H \to G) + \frac{1}{3}\, p(A \to G)$$

$$p(H \to F) = p(E \to G)$$

Si se sustituyen las probabilidades anteriores por *x*, *y*, *z* y se reducen términos, se tiene el sistema de tres ecuaciones con tres incógnitas siguiente:

$$3y = 2x + z$$
$$8x = 3 + z + 3y$$
$$7z = 3y + 2x$$

cuyas soluciones son:

$$x = p(E \to F) = \frac{9}{14}$$
$$y = p(A \to F) = \frac{8}{14} = \frac{4}{7}$$
$$z = p(A \to G) = \frac{6}{14} = \frac{3}{7}$$

Por tanto la probabilidad de que la mosca llegue al vértice F es 4/7, de que llegue a G es 3/7 y de no pasar nunca ni por F ni por G, cero.

Comportamientos de los participantes en el Club matemático

En el capítulo 5 hemos dado cuenta de una parte del trabajo de los estudiantes intentando resolver este problema. Continuamos aquí donde dejamos la narración. Tras la discusión en grupo, los comportamientos de los tres únicos estudiantes que habían continuado la investigación activa eran los siguientes:

— uno de ellos había prescindido del vértice G y había clasificado los vértices en tres tipos, en relación al número de aristas que le separaban de F. Ha planteado un sistema de ecuaciones pero no ha llegado a obtener la solución;

— otro había definido una matriz que expresaba las probabilidades de ir de un vértice a otro. Este estudiante había oído hablar de las «matrices de transición» para calcular probabilidades;

— el tercero había retomado la idea de calcular la suma de una serie y ha simplificado el diagrama en árbol definiendo un triángulo de Pascal generalizado según la figura que sigue.

					A					
				B	E	D				
			C	F	A	H	C			
		D	G	B	E	D	G	B		
	A	H	C	F	A	H	C	F	A	
B	E	D	G	B	E	D	G	B	E	D

					1					
				1	1	1				
			1	2	3	2	1			
		1	3	6	7	6	3	1		
	1	4	10	16	19	16	10	4	1	
1	5	15	30	45	51	45	30	15	5	1

Estas representaciones simplificaban el cálculo de la probabilidad de llegar a un vértice después de un número dado de aristas recorridas. Si $\mathbf{a}_k$ representa el número de caminos que no pasan ni por F ni por G después de recorrer k aristas, entonces:

$$a_0 = 1$$
$$a_1 = 3$$
$$a_n = 2\,a_{(n-1)} + a_{(n-2)}$$

Pero así no podía calcular

$$\text{Lím}_{n \to \infty} \frac{a_n}{3^n}$$

siendo 3^n el número de caminos diferentes posibles después de recorrer n aristas. Por ello ha planteado la ecuación:

$$c^n = 2c^{n-1} + c^{n-2}$$

Ha acotado la sucesión a_n por la sucesión

$$c_n = (1 + \sqrt{2})^n \cdot 3$$

y ha encontrado que el límite anterior es cero. Pero este método no le permitía calcular la probabilidad de llegar a F ó a G.

Unos meses más tarde, transcurrido más de un año desde que el problema se había propuesto en el Club matemático, dos estudiantes tuvieron la idea de considerar las probabilidades de llegar a los vértices envenenados, prescindiendo del número de aristas recorridas para llegar a tal fin, y llegaron a obtener la solución tal como se ha expuesto anteriormente.

Líneas aéreas

En un país la red de líneas aéreas está concebida de forma que una ciudad cualquiera está comunicada directamente por línea aérea con tres ciudades como máximo y se puede ir de una ciudad a otra haciendo un transbordo como máximo. ¿Cuál es el número máximo de ciudades que puede tener este país?

Solución

Si una ciudad P está unida directamente con tres ciudades A, B y C, entonces de cada una de éstas pueden salir a su vez como máximo dos nuevas líneas que conectarían con seis nuevas ciudades como muestra la figura siguiente:

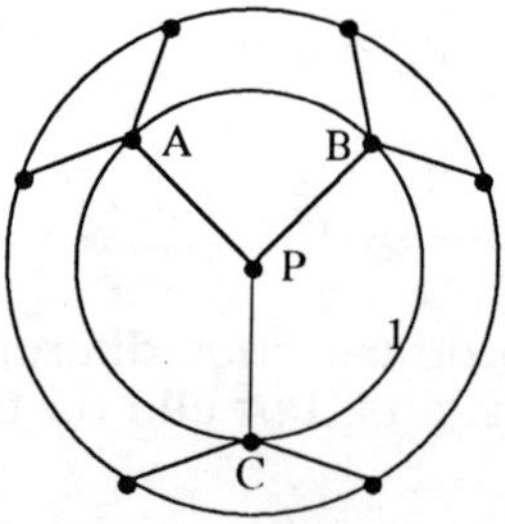

Las líneas que llegan a las ciudades del nivel 2 de la figura no pueden continuar hasta un nivel 3, pues entonces no se puede ir desde la ciudad que está en el centro de la figura, que se encuentra saturada de líneas, hasta una ciudad del nivel 2 haciendo un solo transbordo.

Se pueden unir las ciudades del nivel 2 entre sí para verificar si se cumple la condición del problema:

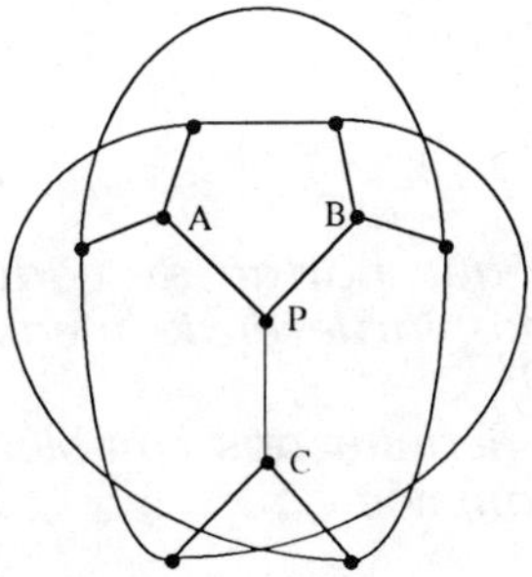

Como efectivamente se puede hacer, se tiene que la solución es 10 ciudades.

Comportamientos de los estudiantes del Club matemático

Todos los estudiantes del Club han dibujado representaciones gráficas tratando de encontrar la solución de este problema, pero en algunas ocasiones éstas no han sido las más adecuadas para expresar las propiedades de la situación. Es el caso de los estudiantes que han dibujado diagramas en árbol de forma no circular. Una representación original es la de un estudiante que ha dibujado triángulos yuxtapuestos para representar la situación:

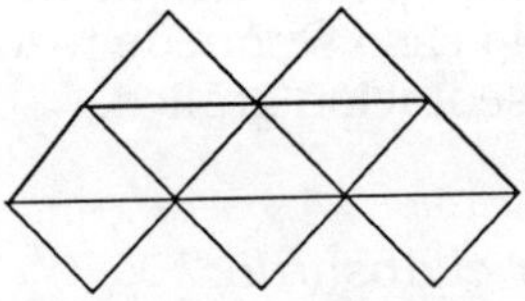

Los triángulos representan las ciudades; los lados comunes y las flechas las líneas directas. Se tiene pues el desarrollo de un objeto de 10 caras triangulares, imposible de construir en el espacio, que representa la solución del problema:

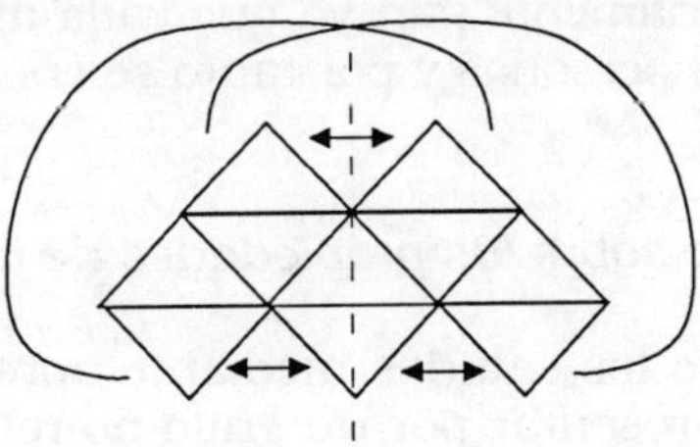

Generalizaciones

Qué pasaría si ...

- *en lugar de que partan de cada ciudad 3 líneas como máximo, partiesen k líneas, siendo k un número natural;*
- *en lugar de permitir dos cambios como máximo se permiten n cambios*

Reunión-1

Demostrar que en una reunión de 285 personas, una al menos ha dado un número par de apretones de manos (0 se considera número par: caso de un asistente que no estrecha la mano)

XIV Olimpiada Matemática Española, Madrid, 1977

Solución

La solución del problema se puede obtener por diferentes vías, según que se contemplen las propiedades comunes a cualquier situación o el desarrollo de la reunión. En el primer caso se puede hacer una demostración por el absurdo y en el segundo caso se puede razonar sobre las propiedades de la representación gráfica.

Demostración por el absurdo:

Supongamos que todas las personas han dado un número impar de apretones de manos, entonces la suma total de apretones será impar puesto que el número de sumandos es impar. Pero esto es imposible porque el número total ha de ser necesariamente par, ya que cada apretón de manos implica a dos personas y por tanto se cuenta dos veces.

Razonamiento sobre las propiedades de un grafo:

El conjunto de los saludos mediante apretones de manos se puede representar por un grafo no reflexivo y simétrico que tendrá pues un número par de arcos. El número

mero de arcos es el número total de apretones de manos dados durante la reunión y los arcos que parten de cada vértice el número de veces que el individuo representado por dicho vértice da la mano. Pueden darse varios casos, por ejemplo que alguien no haya dado la mano y entonces la conclusión está demostrada, pero como el número 285 es muy grande para hacer esta representación gráfica, se puede contemplar la reunión con un número más pequeño de personas, 6 ó 7, por ejemplo:

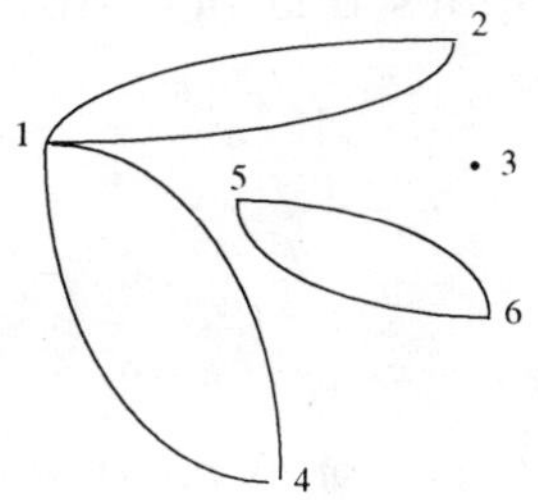

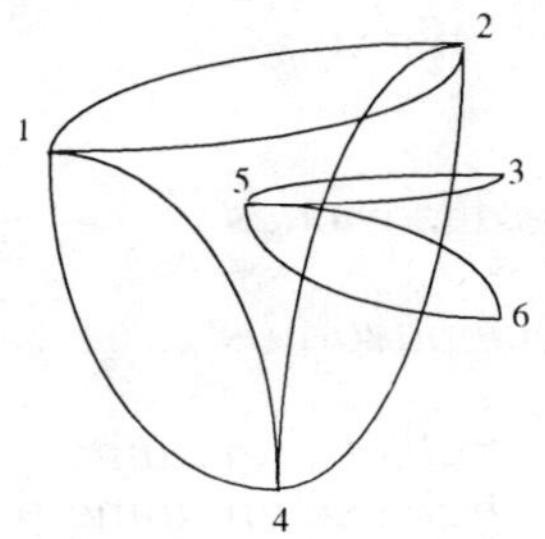

Si el número de vértices es 6 no se verifica la conclusión del problema; sin embargo, si el número de vértices es 7 es imposible que de todos los vértices partan un número impar de arcos porque la suma de 7 términos impares es impar y hemos visto que el número total de arcos ha de ser par. Se puede pues modificar el grafo de la figura de la derecha aumentando o disminuyendo pares de arcos entre dos vértices y se tendrá siempre al menos un vértice con un número impar de arcos. Esto sucede para todo grafo no reflexivo y simétrico con un número impar de vértices.

Comportamientos de los estudiantes

Este problema lo han resuelto los participantes en la XIV Olimpiada Matemática (año 1977) y los participantes en el Club matemático. En el primer grupo algunos estudiantes han intentado demostrar el resultado mediante un razonamiento progresivo a partir de situaciones particulares en las que la conclusión del problema era evidente, pero ninguno lo ha conseguido porque no han percibido las propiedades de la situación; un estudiante ha razonado por inducción sin llegar a la solución; sólo llegaron a demostrar el resultado algunos de los alumnos que hicieron una demostración por el absurdo.

Algunos de las estudiantes del Club han captado las propiedades de la situación utilizando grafos o tablas de doble entrada y sólo uno llegó a resolver el problema empleando un razonamiento progresivo. Los demás se perdieron en la búsqueda de un individuo que verificase la condición pedida. Ninguno hizo pues una demostración por el absurdo.

Generalizaciones

Qué pasaría si ...

- *hubiese un número impar de personas en la reunión*
- *hubiese un número par de personas en la reunión*
- *todas las personas se saludasen, ¿cuál sería el número total de apretones de manos?*

Reunión-2

En una reunión hay 1987 personas. La primera da la mano a 1 persona; la segunda da la mano a 2 personas; la tercera da la mano a 3 personas, ... ; la 1986ª da la mano a 1986 personas. ¿Cuántas veces da la mano la 1987ª persona?

Solución

Comencemos por la 1986 persona, que es la que más debe saludar. Ella da la mano a todo el mundo menos a sí mismo, naturalmente; la 1985 persona saluda a todas menos a la primera que ya ha saludado; la 1984 saluda a todas menos a sí misma y a la primera y a la segunda que ya dieron los saludos que les correspondían, y así sucesivamente. Este razonamiento se puede representar gráficamente mediante una tabla:

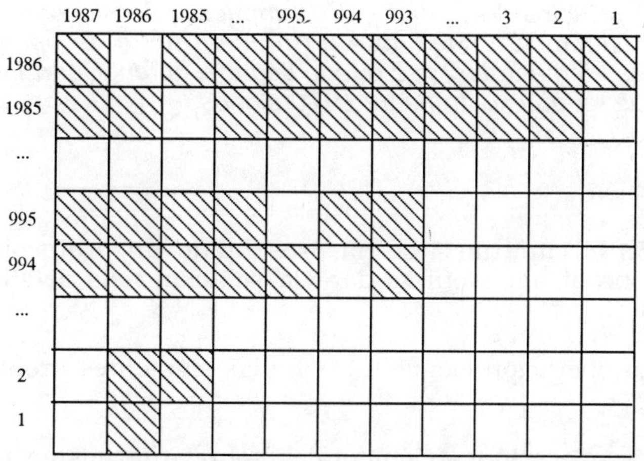

Cuando se llega hacia la mitad de la tabla se observa que la persona 994 ha apretado la mano de todas las personas que la siguen, 993 (1987-994=993). Por tanto da también la mano a la 993 persona. Esto quiere decir que todo el mundo ha dado la mano, luego la 1987 persona ha dado la mano 994 veces.

Comportamientos de los estudiantes del Club matemático

Este problema se les propuso a los miembros del Club y sólo dos llegaron a la solución. Uno de ellos utilizó el procedimiento que acabamos de describir, el otro consideró primero varios casos particulares hasta darse cuenta que no podía empezar la primera persona dando la mano, pues era más conveniente que comenzara la nº 1987. Los otros cinco estudiantes se bloquearon al tratar de relacionar a las personas empezando por la nº1.

CAJON DE SASTRE

Matriz de signos

Los términos de un matriz 100 x 100 son signos («+» o «–»). Se llamará operación elemental al cambio de todos los signos de una misma fila o de un misma columna.

Al principio la matriz está compuesta de signos «+» exclusivamente. Mediante un número finito de operaciones elementales, ¿se puede llegar a obtener una matriz que tenga exactamente 1970 signos «-»?

Solución

En el capítulo 4 se ha presentado un protocolo de este problema. Aquí se dará la solución más detalladamente.

La operación elemental tiene las siguientes propiedades:

- dos operaciones elementales sobre una misma fila o columna la dejan como estaba
- el orden en que se hagan las operaciones es indiferente, es decir, tras un número determinado de operaciones la matriz queda de la misma forma sea cual sea el orden en que éstas se hayan hecho
- en virtud de estas dos propiedades se pueden considerar las operaciones elementales cero o una vez en cada fila o columna; todo número superior se reduce pues a uno de los casos anteriores
- cualquiera que sea la operación elemental, el número de la fila o de la columna es indiferente
- como consecuencia de las dos últimas propiedades, se pueden reagrupar las p filas modificadas una vez a la izquierda y las q columnas modificadas una vez arriba de la matriz, según la figura siguiente:

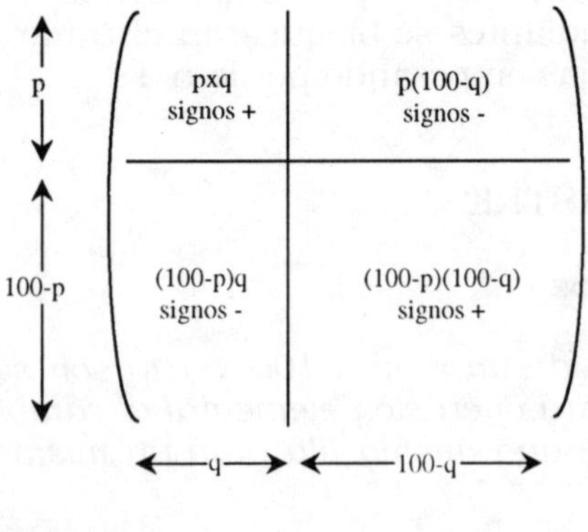

Por tanto basta resolver el problema suponiendo que se cambia una vez los signos de las p primeras filas y una vez los signos de las q primeras columnas. La condición exigida se puede pues expresar mediante la ecuación siguiente:

$$(100 - p)\,q + p\,(100 - q) = 1970$$

siendo p y q números naturales más pequeños o iguales a 100.

Si se calcula p en función de q se tiene:

$$p = \frac{1970 - 100q}{100 - 2q}$$

que es la ecuación de una hipérbola equilátera.

El cambio de variable que representa esta ecuación de la forma más sencilla es una traslación de ejes. Los nuevos ejes son las asíntotas de la hipérbola.

Si se hace $n = q - 50$ y $m = p - 50$ se tiene $n \times m = 1515$

pudiendo tomar n y m valores enteros comprendidos entre –50 y +50.

Para saber si esta ecuación tiene solución basta con descomponer 1515 en factores primos: $1515 = 3 \times 5 \times 101$, y se deduce inmediatamente que es imposible escribir 1515 como producto de dos números enteros comprendidos entre –50 y +50. La respuesta a la cuestión planteada es pues negativa.

Comportamientos de los estudiantes del Club matemático

La principal dificultad que han tenido los estudiantes cuando han querido resolver este problema ha sido encontrar soluciones enteras de la ecuación :

$$(100 - p)\,q + p\,(100 - q) = 1970$$

Algunos lo han hecho por tanteo y sólo uno se ha dado cuenta de que se trataba de la ecuación de una hipérbola equilátera, pero no transformó esta ecuación escribiéndola en forma canónica.

Cuatro caballos

Intercambiar en el mínimo número de movimientos los dos caballos blancos y los dos caballos negros, partiendo de la posición inicial de la figura sobre un tablero 3x3.

Solución

Este problema presenta varios tipos de simetrías: simetría de los datos, simetría de la posición inicial en relación a la posición final y, en consecuencia, simetría de las jugadas que darán la solución.

Si nombramos por una letra las diferentes casillas:

G	H	I
D	E	F
A	B	C

y elegimos un caballo cualquiera, por ejemplo el blanco en A, puede desplazarse con un movimiento a la casilla H o a la casilla F. Pero, a la vez, un caballo en H podrá o bien volver a A o ir a C. De C, continuando el camino, podrá ir a D, después a I, a B, a G a F y finalmente a A. Esta sucesión de movimientos puede representarse de la forma siguiente:

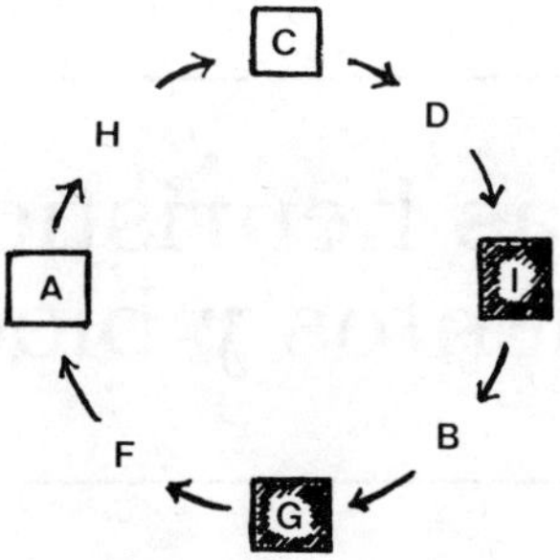

Pero esta misma representación puede utilizarse con todos los caballos.

Dando media vuelta a la figura se pueden intercambiar las posiciones negras y blancas. Esta rotación corresponde a cuatro movimientos por caballo, es decir, a dieciséis movimientos en total. Es por tanto mínima.

Se puede razonar también sin la representación anterior. El mínimo de movimientos para cambiar un caballo blanco por uno negro o viceversa es 2. Pero en este caso, dos caballos deben ocupar simultáneamente la misma posición (por ejemplo, los caballos en G y en A ocuparán al mismo tiempo la casilla F). Sin embargo si se consideran 4 movimientos por caballo, se evita esta dificultad ($G \to F \to A \to H \to C$). Los movimientos de cada caballo son equivalentes al camino de G dando al tablero un giro de 90°, 180° y 270°.

Comportamientos de los estudiantes del Club matemático

Los participantes en el Club percibieron las simetrías del problema y lo resolvieron sin dificultad.

Generalizaciones

¿Qué pasaría si el tablero fuese 4 x 4, 5 x 5, ..., n x n? ¿Y si cambiamos el caballo por otra pieza del ajedrez?

—8
Estrategias heurísticas, razonamientos y bloqueos

Los problemas que se han comentado en el capítulo anterior se resuelven aplicando diversas estrategias heurísticas y distintos modos de razonamiento que, a veces, los estudiantes son capaces de aplicar o de esbozar sin que se les hayan presentado de forma explícita. Pero es bueno que los alumnos vayan reconociendo estas herramientas útiles en la resolución de problemas. Por ello en las puestas en común en que se discuten las distintas maneras de abordar y solucionar un problema, se pone de relieve su importancia para que pasen a formar parte de la base de conocimientos de los alumnos para resolver problemas. Junto a estas herramientas también aparecen en el transcurso de los procesos de resolución bloqueos que obstaculizan el camino para llegar a la solución de un problema. También es necesario tomar conciencia de dichos bloqueos para poder contrarrestarlos. En este capítulo se repasarán los problemas comentados previamente desde la perspectiva de las estrategias heurísticas, los razonamientos y los bloqueos que subyacen en los mismos.

ESTRATEGIAS HEURISTICAS

La resolución de un problema supone un serio trabajo consciente de familiarización con el mismo hasta llegar a captar su estructura mediante el estudio de casos particulares, límites o singulares, la búsqueda de analogías, la observación de simetrías o de regularidades, el dibujo de un representación gráfica, la elección de una notación, etc. Resumamos estas estrategias heurísticas en la resolución de los problemas del capítulo anterior.

Estudio de casos particulares, límites o singulares

Los problemas *Triángulo equilátero, Trapecio, Triángulo de Napoleón* y *Tres circunferencias*, propuestos de forma general, pueden explorarse examinando casos particulares, límites (vértices y puntos de los lados del triángulo equilátero) o singulares (ortocentro y puntos de la alturas del triángulo equilátero; trapecio isósceles o rectángulo; triángulo equilátero o isósceles para el *Triángulo de Napoleón;* las tres circunferencias dispuestas simétricamente). Dicha exploración permite:

- contemplar la estrategia que consiste en reducir el caso general a un caso particular, para resolver el problema del *Triángulo equilátero*
- percibir las propiedades de los puntos de intersección de las *Tres circunferencias* (equidistancia entre centros y puntos de corte) que se conservan en el caso general
- concebir los problemas de forma dinámica, a partir de un caso singular, estudiando la variación de los elementos sobre los que se plantea la pregunta.

Analogías

Resolver un problema análogo más simple, más general o equivalente es otro procedimiento utilizado para encontrar la solución de un problema. Pero los puntos de semejanza pueden ser diversos (Polya, 1966 y 1972; Deltheil, 1962; Silver y Smith, 1980): el método de solución, el resultado, la estructura del problema. Se trata de una estrategia bastante compleja compuesta de la toma de varias decisiones (elegir la estrategia, el tipo de analogía y el problema que a primera vista presenta dicha analogía), adaptaciones (cómo sacar provecho del problema elegido para la resolución del nuevo problema) y aplicaciones (cómo aplicar la estrategia) (Schoenfeld, 1985).

A veces las analogías entre problemas son completamente superficiales (la forma de la cuestión planteada, el contexto del problema) y los alumnos los resuelven sin reflexionar, aplicando «recetas» aprendidas para resolver un tipo particular de problemas-tipo. Además, si se propone a los alumnos una misma colección de problemas que presentan una analogía superficial, se produce un obstáculo debido a la transferencia automática de procedimientos de resolución de un problema a otro (Adda,1985). Para trabajar esta dificultad se han elaborado en el Club matemático series de problemas que plantean la misma pregunta aunque cada problema se resuelve de forma diferente al anterior (por ejemplo, los problemas de *Minimización de caminos* trabajados en tres sesiones consecutivas)

Resolución de un problema análogo más sencillo

La finalidad de resolver un problemas más simple que el propuesto es tratar de vislumbrar una analogía entre el método empleado o el resultado del problema más sencillo con el método de solución o el resultado buscado del problema original.

Por ejemplo, si en el problema *Un camino entre P y Q* se imponen menos condiciones, por ejemplo, que el móvil sólo toque al eje x, y P y Q se colocan a la misma distancia de este eje o a un lado y al otro del mismo, se puede descubrir las propiedades de la situación y darse cuenta de que hay una reflexión, luego el ángulo de incidencia es el mismo que el de reflexión, o de que se puede encontrar por simetría un camino equivalente cuyos puntos se puedan unir por un segmento:

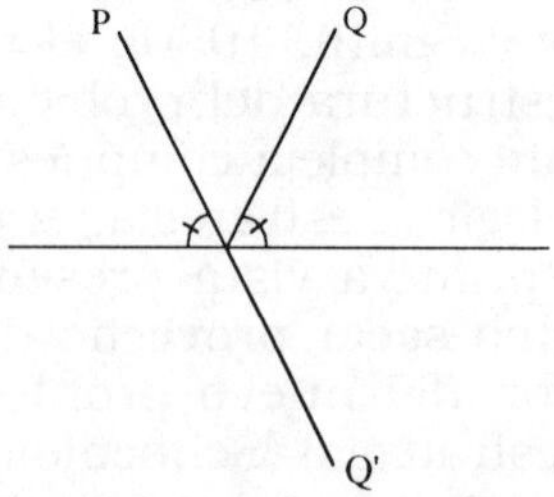

En aquellos problemas en los que intervienen cantidades fijas se pueden considerar números más pequeños. Por ejemplo, si en *Reunión-1*, en lugar de trabajar con 285 personas se consideran 2, 3, 4 ó 5, se puede conjeturar que la propiedad enunciada se verifica si el número de personas es impar, se trata por tanto de una cuestión de paridad. Si en *Reunión-2* se trabaja con 5 ó 6 personas, se constata que un razonamiento progresivo que considere a las personas en el orden natural no permite llegar a la solución, es pues mejor hacer un razonamiento regresivo empezando por la persona con numeración más alta.

El problema *El cubo y la mosca* puede mirarse de manera más sencilla, imaginando en lugar de un cubo un triángulo, un cuadrado o un tetraedro; en lugar de dos vértices envenenados, uno solo. A continuación se puede conjeturar el resultado y generalizar el método.

En el problema del *Triángulo inscrito* se puede abordar fijando dos vértices del triángulo buscado, después uno solo y finalmente aplicar el método al caso general.

Resolución de un problema equivalente

Cogiendo cerillas es un problema equivalente a *Persecución cartesiana*, aunque están presentados de distinta manera.

La parte c del problema del *Triángulo equilátero* es en cierta manera equivalente a la parte (b) del mismo problema si se elige una vía geométrica de resolución.

El problema *Lado del triángulo equilátero* es equivalente a la construcción geométrica de un triángulo equilátero cuyos vértices son tres circunferencias concéntricas de centro P y cuyos radios son las distancias del punto P a los vértices del triángulo como ya hemos visto.

Modelos del mundo físico

Las leyes de la óptica, las imágenes en un espejo y las trayectorias de bolas de billar son modelos que pueden ayudar a resolver los problemas *Un camino entre P y Q*, *Un camino entre M y N*, *Elipse*, *Triángulo inscrito* y *Campo de minas*.

Interpretación geométrica

La interpretación geométrica es otro tipo de analogía. En los problemas propuestos pueden ayudar a la visualización de las siguientes situaciones:

- los tres trozos en que se divide una barra de longitud 1 se pueden representar mediante los puntos interiores de un triángulo equilátero de altura 1 (*Triángulo equilátero*, cuestión (c))
- las soluciones enteras de una determinada ecuación con dos incógnitas se pueden representar mediante los puntos de coordenadas enteras de una hipérbola equilátera *(Matriz de signos)*.

Estas interpretaciones conducen directamente a la solución de estos problemas, mientras que el camino para llegar a ella es más difícil si se trabaja con expresiones algebraicas y ecuaciones.

Simetrías

G. Polya distingue dos tipos de simetrías en los problemas: la simetría geométrica y la simetría lógica. Esta última no es sino una acepción más general de la primera: se dice que una situación presenta este tipo de simetría si se compone de partes intercambiables, ya sean los datos, la situación de partida respecto de la final o el método de solución. Estas simetrías son a veces evidentes; otras veces es necesario modificar la situación para hacerlas evidentes; en fin, en ciertos casos parecen ocultas.

Los problemas *Triángulo equilátero (a), Campo de minas, El cubo y la mosca, Líneas aéreas, Tres circunferencias* y *Jugando con cerillas* presentan simetría de los datos. Los dos primeros porque se trata de un triángulo equilátero, los otros porque los elementos son total o parcialmente intercambiables.

Veamos las simetrías en el problema de *El cubo y la mosca*: los vértices simétricos respecto a la recta del grafo de abajo son intercambiables dos a dos. Esto quiere decir que si la mosca se pasea por las aristas del cubo, la probabilidad de ir de un vértice cualquiera de la mitad izquierda a F o a G es la misma si se pone C en lugar de B, D en lugar de A, H en lugar de E y G en lugar de F o viceversa, por tanto:

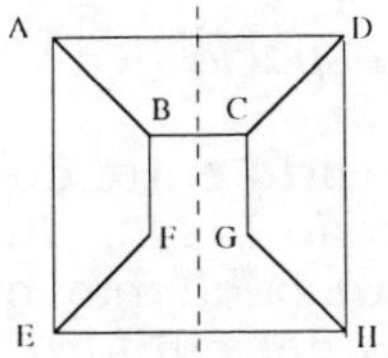

$p(A \to F) = p(D \to G)$
$p(B \to F) = p(C \to G)$
$p(E \to F) = p(H \to G)$
$p(A \to G) = p(D \to F)$
$p(B \to G) = p(C \to F)$
$p(E \to G) = p(H \to G)$

Además, $p(E \to F) = p(B \to F)$, por tanto $p(H \to G) = p(C \to G)$.

La representación gráfica del problema de las *Tres circunferencias* muestra la simetría central de los centros de las circunferencias dadas con relación a sus puntos de intersección. Esta simetría es más clara si se miran estos puntos como vértices de un cubo en perspectiva: el centro del cubo es entonces el centro de simetría entre estos dos conjuntos de puntos.

El juego *Persecución cartesiana* y el problema *Cuatro caballos* presentan una simetría de la situación inicial respecto de la final puesto que las casillas de partida y de llegada son intercambiables. La estrategia para ganar el juego *Cogiendo monedas* es también simétrica pues se vence al contrincante, al que se debe dejar empezar, jugando de forma simétrica en los vértices del polígono que forman las monedas.

Dibujo de representaciones gráficas

Las representaciones gráficas constituyen un elemento importante en la resolución de algunos problemas. Aquí sólo haremos referencia a aquellas que constituyen una parte importante del proceso deductivo.

Traspasar el cuadro de la representación inicial mínima

Los métodos más simples para resolver los problemas *Un camino entre P y Q*, *Un camino entre M y N* y *Triángulo inscrito* consisten en desbordar el espacio cerrado o semicerrado de la representación inicial mínima y trabajar en todo el plano o fuera del triángulo.

Del espacio al plano o del plano al espacio

Para encontrar el camino más corto entre dos puntos de un paralelepípedo *(Paralelepípedo I y II)*, un cilindro *(Cilindro)* o un prisma *(Prisma hexagonal)* hay que desarrollar estos cuerpos. En el caso del cilindro hay que considerar también el espacio exterior a este desarrollo. El paso del plano al espacio puede ser útil en la resolución de los problemas *Líneas aéreas* y *Tres circunferencias.*

Descomposición y recomposición de la representación

El triángulo de la representación que ilustra el problema del *Triángulo equilátero* (a) se puede descomponer uniendo el punto interior P con los vértices: se tiene entonces seis triángulos rectángulos que se pueden recomponer para obtener tres triángulos de la misma base, de alturas x, y, z y con un vértice común P .

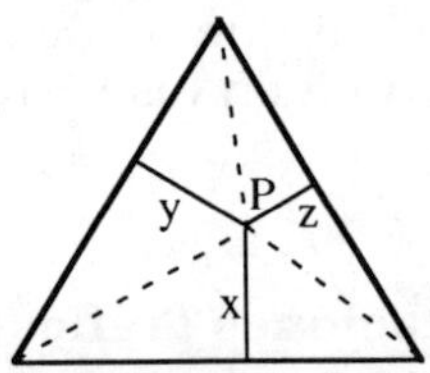

Se puede hacer una recomposición más sofisticada a partir del triángulo equilátero del problema *Lado del triángulo equilátero.* Se pueden yuxtaponer los lados iguales de dos triángulos para obtener así un cuadrilátero con un ángulo de 60° compuesto por dos lados iguales:

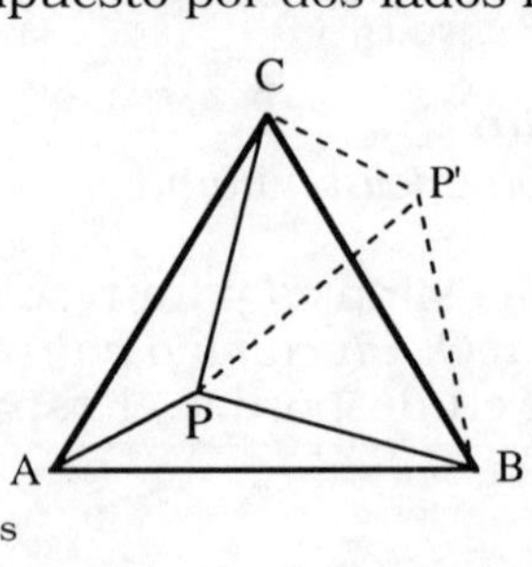

Figuras superpuestas

La resolución del problema del Trapecio es más sencilla si se perciben los dos triángulos superpuestos ABD y ABC de la figura de abajo:

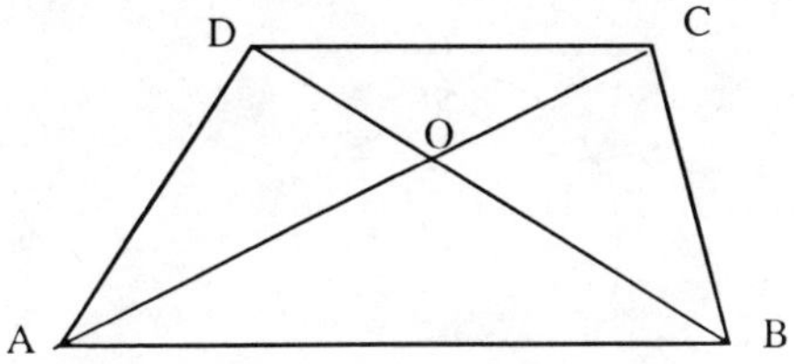

Concepción dinámica de las representaciones

Algunos problemas se pueden representar mentalmente de forma dinámica aunque se planteen de manera estática. Por ejemplo, se puede representar el punto P interior al *Triángulo equilátero* desplazándose paralelamente por un lado de dicho triángulo o, por el contrario, fijar P y desplazar el triángulo haciendo deslizar un lado sobre su recta soporte. Luego se mide la variación de la suma de las distancias y se comprueba que es cero:

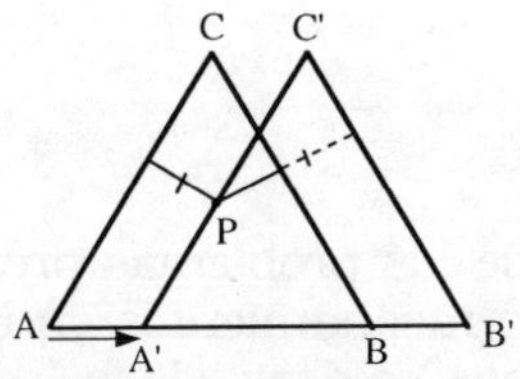

Se puede imaginar también que el vértice C del triángulo ABC del *Trapecio* ABCD de abajo recorre la base menor hasta convertirse en el triángulo ABD. Como la base y la altura de los triángulos formados es constante, cl árca permanece constante:

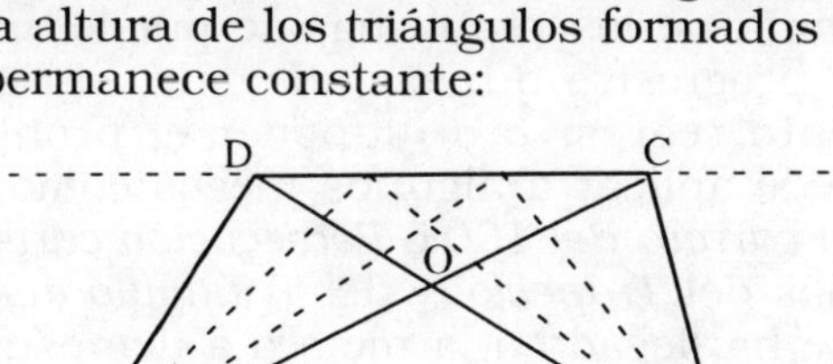

Las *Tres circunferencias* pueden desplazarse a partir de una posición simétrica:

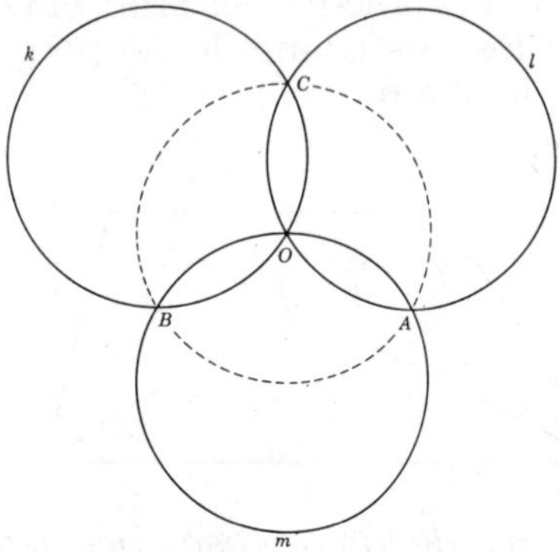

Se ve cómo uniendo los puntos se tiene un cubo en perspectiva.

Cambio de representación

El problema *Jugando con cerillas* se resuelve fácilmente haciendo un cambio de representación, ya sea un diagrama en árbol o una cuadrícula en la que se representan los movimientos del juego.

RAZONAMIENTOS

En la resolución de los problemas propuestos aparecen los diferentes tipos de razonamientos en Matemáticas: progresivo o hacia adelante, es decir, de los datos a la solución, y regresivo o hacia atrás, es decir de la solución hacia los datos; por reducción al absurdo, por casos, deductivo, etc.

En la mayoría de los problemas se puede aplicar un razonamiento progresivo o hacia adelante, sin embargo, el razonamiento regresivo o «suponer el problema resuelto» se puede aplicar a algunos juegos como *La caza cartesiana, La carrera del 100* o *Persecución cartesiana* y a los problemas del *Trapecio* y del *Triángulo inscrito* : se supone que se ha llegado a la meta o a demostrar el resultado que se busca y desde ahí se retrocede hacia los datos resolviendo situaciones más sencillas que las planteadas inicialmente. En los juegos se trataría de encontrar casillas ganadoras próximas a la meta o números cercanos a 100 que aseguran decir éste; en los otros problemas se puede suponer que efectivamente los dos triángulos del trapecio opuestos por el vértice tienen igual área con lo que bastaría demostrar una cierta relación entre los lados opuestos, o que se tiene ya el triángulo de perímetro mínimo inscrito en el triángulo dado con lo que habría que ir desplazando los vértices para que efectivamente se tenga el de perímetro mínimo.

En los problemas *El cubo y la mosca, Reunión-1 y Reunión-2* conviene contemplar mejor *la situación final* que el desarrollo de la situación. En el primer caso, en lugar de considerar la ruta de la mosca según el número de aristas recorridas, se calcula la probabilidad de que llegue a F o a G desde cada vértice; en el segundo caso, en lugar de que la primera persona dé la mano, luego la segunda, etc., se supone que todo el mundo se ha dado la mano y luego se cuenta el número total de apretones de manos; en el tercer caso, se comienza por la persona que tiene que dar más apretones de manos y se va retrocediendo en relación al número de apretones de manos que tiene que dar cada persona, hasta que se han dado todos los apretones de manos.

El razonamiento por *reducción al absurdo* se puede aplicar al problema *Reunión-1.*

BLOQUEOS

La resolución de los problemas descritos puede dar lugar a varios tipos de bloqueos. Aquí sólo se van a exponer los de tipo cognitivo y los originados por la pragmática escolar, ya que los de tipo afectivo están ligados a los sujetos.

Bloqueos de origen cognitivo

- Concebir la estrategia de resolución en la dirección y el punto de vista encerrados en el enunciado. Por ejemplo:

- — resolver el problema *Un camino entre P y Q* en el dominio en que se ha formalizado el enunciado, es decir, la Geometría analítica;
- — concebir estrategias que establezcan la misma relación entre los datos que la dada en el enunciado de un problema, por ejemplo las relaciones entre las longitudes de los segmentos del *Triángulo equilátero;*
- — considerar solamente aquellas figuras de las que se hable en el enunciado del problema, por ejemplo los triángulos opuestos por el vértice en el problema del *Trapecio;*
- — considerar el valor de los datos expresados en forma numérica como necesarios para resolver el problema y no alguna de sus propiedades. Por ejemplo: la descomposición del número 285 en *Reunión-1*, en lugar de ver que este número es impar; 1987 en *Reunión-2*, cuando este número no es relevante en el procedimiento de solución

- centrarse en el desarrollo de una situación en lugar de en su desenlace. Este comportamiento bloquea la resolución de *El cubo y la mosca, Reunión-1 y Reunión-2*
- contemplar el problema desde un solo punto de vista o desde un punto de vista generado por la costumbre
- añadir a las representaciones gráficas líneas auxiliares que no son necesarias o, por el contrario, no añadir aquellas que pondrían de relieve las relaciones necesarias
- trabajar en el espacio físico delimitado por la representación dibujada como traducción del enunciado.

Bloqueos originados por la pragmática escolar

- Aplicar automatismos o algoritmos operando mediante reflejos condicionados por la práctica escolar
- presuponer que basta una sola astucia para resolver un problema. Por ejemplo, que es suficiente desarrollar el paralelepípedo *(Paralelepípedos I y II)* una sola vez para encontrar el camino más corto entre dos puntos

- presuponer una analogía entre problemas que plantean la misma pregunta. Por ejemplo: los problemas sobre *Minimización de caminos*, los problemas *Suma de cuadrados* y *Valor absoluto*; *Distancias a los lados a, 2a y 3a* y *Lado de un triángulo equilátero*
- influencia de la experiencia reciente, es decir, retomar la misma estrategia que en el problema anterior aunque ésta no sea la más adecuada
- presuponer una gradación de dificultades en cuestiones sucesivas.

ANEXOS

—1

Cuestionario sobre concepciones de los alumnos

Mis ideas sobre la resolución de problemas

Lee atentamente las siguientes frases y rodea con un círculo el número de las frases con las que más te identifiques, tacha los números de las frases con las que estés más en desacuerdo y deja sin marcar aquéllas con las que no sientas ni una cosa ni otra.

1. Tengo que ser bueno/a en clase de Matemáticas para ser bueno resolviendo problemas
2. Si tengo dificultades con las Matemáticas entonces tendré dificultades resolviendo problemas
3. La gente que no es buena en Matemáticas no tiene que gastar tiempo pensando cómo resolver un problema
4. Tras leer por primera vez el enunciado de un problema mi profesor/a de Matemáticas es capaz de comprender inmediatamente lo que tiene que hacer para resolverlo
5. Cada paso que dé en la resolución de un problema tiene que ser correcto. No hay lugar para hacer «ensayo y error» o para jugar un poco con la situación
6. Normalmente no es necesario usar la intuición para resolver problemas
7. Si cambio el problema por otro semejante más sencillo puedo encontrar más fácilmente la solución del que me proponen
8. Hay sólo una forma de resolver un problema
9. Un problema sólo tiene una respuesta correcta

10. Las destrezas que utilizo para resolver problemas en clase de Matemáticas no tienen nada que ver con las que uso para resolver problemas en la vida cotidiana
11. Estar atascado o bloqueado en un problema es una situación muy digna.
12. Se puede aprender más de un intento fallido que de una cuestión resuelta con toda rapidez y sin dificultades, siempre que se piense seriamente sobre ello.
13. Mejorar las habilidades para resolver problemas es fácil
14. La resolución de un problema exige paciencia y perseverancia
15. Si me quedo en blanco mientras intento resolver un problema tengo la sensación de perder el tiempo
16. Todo el mundo que encuentra la solución de un problema lo ha resuelto de la misma manera
17. Los «expertos» en Matemáticas encuentran fácilmente la estrategia para resolver cualquier problema
18. Si soy capaz de resolver algunos tipos de problemas, seré un buen resolutor de problemas
19. Si domino los contenidos de Matemáticas del curso, entonces puedo resolver todos los problemas relacionados con los temas que he estudiado
20. Puedo adquirir la capacidad de resolver problemas observando cómo lo hace mi profesor/a de Matemáticas u otras personas a las que se les den bien las Matemáticas
21. La resolución de un problema termina cuando encuentro la solución
22. El resultado al que llego tras intentar resolver un problema es más importante que el proceso que he seguido
23. Si no encuentro la solución de un problema tengo la sensación de haber fracasado
24. Si no encuentro la solución de un problema tengo la sensación de haber perdido el tiempo
25. Da un ejemplo de una situación que sea un problema para ti:

26. ¿Cómo le explicarías a un extraterrestre lo que es un problema?

2

Cuestionario para realizar un informe retrospectivo

Reflexiona sobre el proceso que has seguido

LA SOLUCION

¿Has llegado a encontrar la solución del problema?

SI NO

¿Cuál es?
Justifícala.

LA COMPROBACION DE LA SOLUCION

Si has llegado a algún resultado:

a. ¿Has verificado el planteamiento del problema, los razonamientos, los cálculos, etc. para comprobar que tu solución es correcta?
b. ¿Entiendes bien tu solución? ¿Entiendes por qué marcha? ¿Tiene sentido esta solución o es absurda?

EL CAMINO

¿Cómo ha sido el camino?
¿Dónde te atascaste? ¿En qué momento y cómo has salido de los atascos?
¿Cuáles han sido los momentos de cambio de rumbo?
¿Han sido acertados?
¿Qué dificultades has tenido a lo largo del proceso?

OTROS PROBLEMAS SEMEJANTES

¿Sabes resolver ahora el problema de manera más sencilla?
¿Sabes aplicar el método empleado a casos más generales?
¿Puedes resolver otras situaciones relacionadas con el problema?

TUS SENTIMIENTOS

Expresa cuáles han sido tus sentimientos mientras resolvías el problema

—3

Problemas en un Tres en raya

Tres en raya

Juan leyó un libro en dos días. El primer día leyó 3/5 del total y 16 páginas. El segundo día leyó 3/4 de la parte que le quedaba y las 20 últimas páginas. ¿Cuántas páginas tenía el libro?	Probar que si una mediana de un triángulo es una bisectriz entonces el triángulo es isósceles. 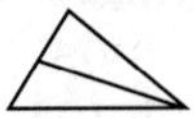	En el trapecio ABCD las diagonales AC y BD se cortan en un punto P. Probar que las áreas de los triángulos APD y BPC son iguales. 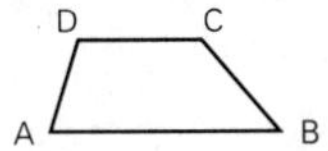
Qué número es mayor 10^9 ó 9^{10}	Probar que la suma de dos números impares consecutivos es divisible por 4.	Probar que si se escribe un número cualquiera de tres cifras ya continuación ese mismo número para formar otro de seis cifras, este último es divisible por 7, por 11 y por 13.
Ayer por la tarde Juan fue a un concierto; Guillermo pasó algún tiempo con Ana; Jaime no vio a Carmen; María estuvo en el cine; Carmen estuvo en el teatro; un chico y una chica fueron juntos a un espectáculo. Estaban también Marcos e Isabel. ¿Quién estuvo con quién y dónde?	Divide en dos partes un rectángulo de 16 cm por 25 cm de forma que con ellas puedas formar un cuadrado. 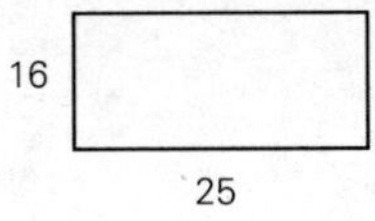	En una caja hay 10 bolas marcadas con números del 1 al 10. Cinco chicos, Tomás, Juan, Francisco, Marcos y Faime cogen dos bolas cada uno y dicen cuánto suman los números marcados con sus bolas. Estas sumas son: Tomás 11; Juan 4; Francisco 7; Marcos 16 y Jaime 17. ¿Esta información es suficiente para saber qué números estaban marcados en las bolas de cada uno de los chicos.

Club matemático IEPS

—4

Temas matemáticos

La proporción áurea
Los dígitos de π
Cuadros mágicos
Grafos
Caminos
Laberintos
Paseos al azar
Números primos
Números de Fibonacci

TEMAS MATEMATICOS

Club matemático IEPS

LA PROPORCION AUREA

Las figuras de abajo, además de ser rectangulares, tienen algo más en común: estos rectángulos, llamados rectángulos áureos, se consideran los más agradables a la vista.

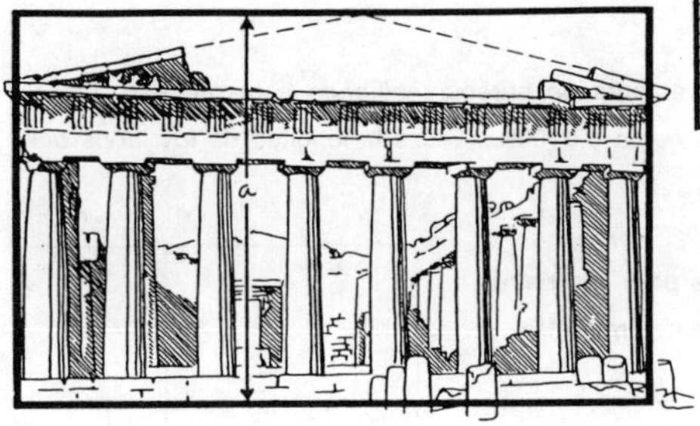

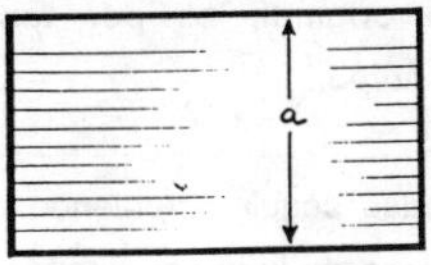

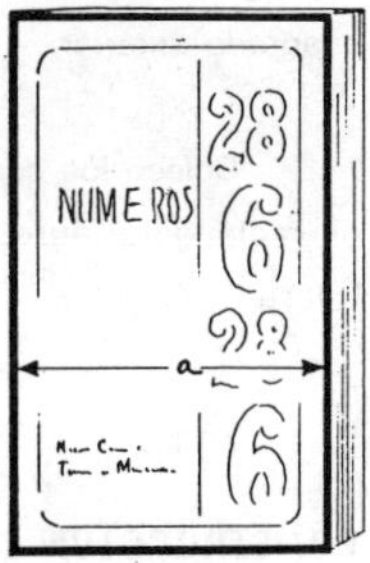

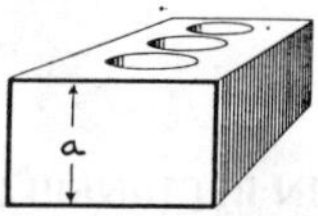

Mide la longitud y la anchura de cada rectángulo en milímetros. Expresa la razón entre la anchura y la longitud aproximando hasta las centésimas.

	anchura (a)	longitud (l)	razón a/l	expresión decimal
Partenón	________	________	______	______________
Ficha	________	________	______	______________
Libro	________	________	______	______________
Ladrillo	________	________	______	______________

Expresando estas razones en forma decimal puedes observar que cada una de ella es aproximadamente 0.60. Más exactamente 0.61803... que se llama **razón áurea.**

OBTENCION DE RECTANGULOS AUREOS

Corta un trozo de papel que mida 25 cm por 15.5 cm. Este rectángulo es aproximadamente un rectángulo áureo. Dobla una esquina del rectángulo como muestra la figura adjunta. Luego corta y separa el cuadrado del rectángulo. El nuevo rectángulo tiene las mismas proporciones que el rectángulo original, es por tanto también un rectángulo áureo.

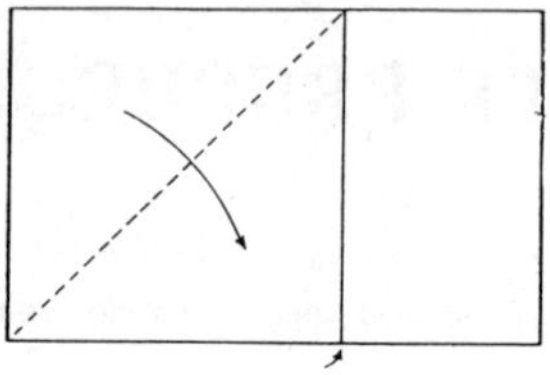

Puedes seguir obteniendo rectángulos áureos repitiendo este proceso. Cada cuadrado tiene de lado aproximadamente 0.61803... veces la longitud de los lados del cuadrado anterior.

Coloca los cuadrados juntos para reconstruir el rectángulo áureo original, como muestra la figura.

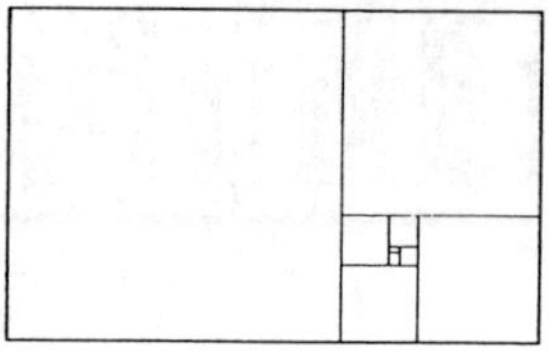

CONSTRUCCION DE UN RECTANGULO AUREO

Un rectángulo áureo puede construirse con regla y compás. Para ello sigue los pasos que se te indican.

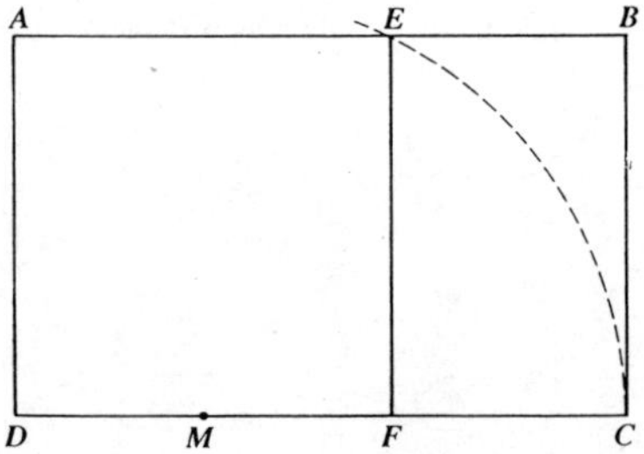

1. Construye un cuadrado AEFD
2. Designa por M el punto medio de DF
3. Prolonga DF
4. Con centro M y radio ME dibuja un arco desde E hasta la línea DF en un punto que designamos C.
5. Construye una perpendicular a DC en C
6. Prolonga AE hasta cortar la perpendicular anterior en B

Los rectángulos ABCD y EFGB son rectángulos áureos. Para comprobarlo calcula los valores decimales de estas razones:

BC/DC ______________________ FC/BC _________________________ .

¿Son equivalentes?

Más adelante no sólo lo comprobarás sino que podrás *demostrar* que mediante esta construcción se obtienen rectángulos áureos.

OBTENCION DE RAZONES AUREAS CON LOGO

Para obtener rectángulos áureos con lenguaje LOGO usando la idea de cuadrados yuxtapuestos, se puede definir un **procedimiento recursivo**, esto es, un procedimiento que tenga como una de las órdenes el procedimiento mismo.

Comienza escribiendo un procedimiento que dibuje un cuadrado de longitud variable y que deje a la tortuga en la posición inicial:

```
PARA CUADRADO : LADO
   REPITE 4 [AD : LADO DE 90]
FIN
```

Luego añade al cuadrado otro cuadrado. Para ello has de empezar colocando la tortuga en el vértice superior derecho girándola 90º a la derecha. Puedes hacer eso volviendo a dibujar los dos primeros lados del cuadrado. A continuación dibuja un cuadrado cuyo lado sea 0.61803 veces la longitud del cuadrado original. Para obtener los cuadrados yuxtapuestos repite el proceso hasta obtener un cuadrado tan pequeño como quieras:

```
PARA RECTANGULOS.AUREOS : LADO
    SI : LADO<1 [STOP]
  CUADRADO : LADO
  AD : LADO DE 90 AD : LADO
   RECTANGULOS.AUREOS : LADO*0.61803
  OCULTATORTUGA
FIN
```

Otro procedimiento para obtener rectángulos áureos que no requiere la definición del procedimiento CUADRADO y que llamaremos AUREO, es el que sigue:

```
PARA AUREO : LADO
   SI : LADO<1 [STOP]
   REPITE 2 [AD : LADO DE 90 AD: LADO*1.61803 DE 90]
   AD :LADO DE 90 AD :LADO
     AUREO* :LADO*0.61803
   OCULTATORTUGA
FIN
```

Estudia cómo dibuja la tortuga.

Haz el dibujo que resultaría si eliminaras la cuarta línea del procedimiento anterior.

Imagina un arco de 90ºC entre los vértices opuestos de cada cuadrado como muestra la figura:

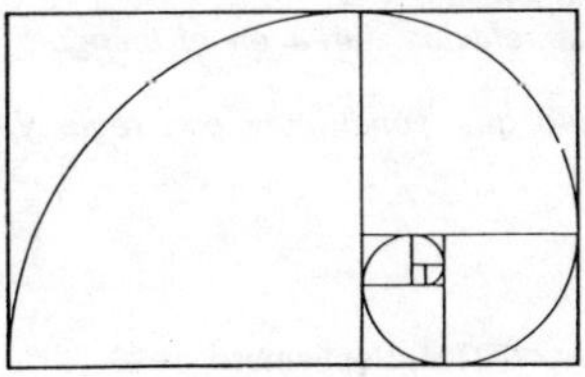

Es la **espiral áurea**.

LA PROPORCION AUREA

La **proporción áurea** data del matemático **Luca Paoli** (S.XVI). La encontró dividiendo un segmento en dos partes de modo que *"la longitud del trozo más pequeño es a la longitud del trozo más grande como la longitud del trozo más grande es a la longitud del segmento dado"*. Divide un segmento de longitud unidad en dos partes. Designa al segmento mayor x.

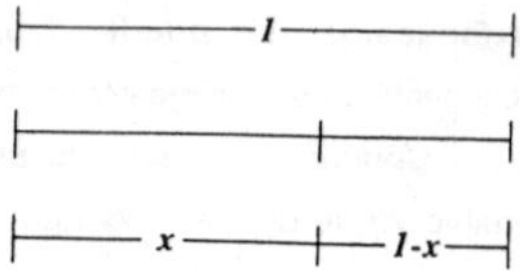

La razón entre los segmentos es la proporción áurea si se tiene que

$$\frac{1-x}{x}=\frac{x}{1}$$

Resolviendo esta ecuación

$$x^2 = 1 - x$$

$$x^2 + x - 1 = 0$$

$$x = \frac{-1+\sqrt{5}}{2} \quad \text{o} \quad \frac{-1-\sqrt{5}}{2}$$

Como la longitud no puede ser negativa, la segunda solución puede ser descartada. Usa una calculadora para aproximar la solución positiva hasta cinco o más decimales. ¿Te sorprende el resultado? La expresión algebraica anterior sirve para calcular el valor de la razón áurea con más precisión que el plegado de papel usado anteriormente.

SABIAS QUE...

- Miguel Angel usó la razón áurea en su arte.
- La razón áurea es el límite de la razón de los términos sucesivos de la **sucesión de Fibonacci.**
- El inverso de 0.61803... es 1.61803... ¿Hay otro número que difiera de su inverso en 1?

SERIAS CAPAZ DE ...

- *Escribir un procedimiento en LOGO que dibuje una espiral áurea.*
- *Construir un pentágono regular usando regla y compás.*
- *Encontrar la relación entre la media del lado de un pentágono regular y la medida de sus diagonales.*
- *Demostrar que BC/AD es la relación áurea en el triángulo ABC.*
- *Demostrar que el rectángulo que construiste con regla y compás es áureo*

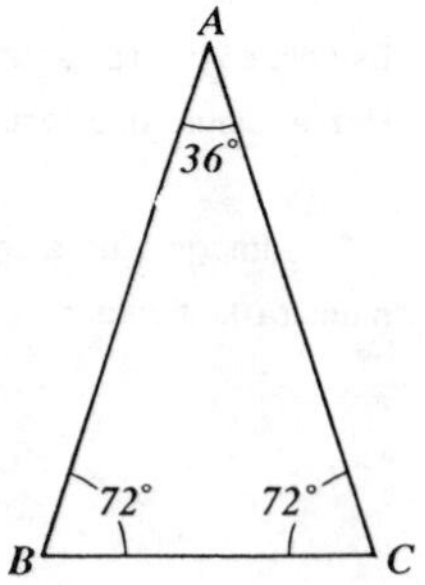

Adaptado de *Student Math Notes*, NCTM, Septiembre, 1986

TEMAS MATEMATICOS

Club matemático IEPS

LOS DIGITOS DE Π

Coge 4 trocitos de palillos de dientes de longitud la mitad de la distancia entre las líneas de abajo. Desde una altura adecuada dejalos caer sobre la superficie rayada de abajo. Si un palillo cae encima o atraviesa una de las líneas anota un punto. Cuenta el número de puntos en 25 lanzamientos de los 4 palillos y luego haz el recuento total. Divide el total de palillos lanzados (100) entre el total de puntos. ¿Cuál es el cociente?

Suma tus puntos con los de tus compañeros y divídelo entre el número total de palillos lanzados (100 x número de compañeros). ¿Cuál es el resultado?

EL ATRÁCTIVO DE Π (PI)

Con esta experiencia te has unido a la larga historia del decubrimiento de los dígitos del número π; π se define como la relación entre la longitud de una circunferencia y su diámetro. El lanzamiento de palillos es una forma poco exacta de estimar el valor de π y se conoce como el **problema de las agujas de Buffon.** Se basa en el desarrollo por Pierre **Laplace** (1749-1827) de una idea de George Louis Leclerc, Conde de Buffon (1707-1788). Pero esta idea es tardía en la historia de la búsqueda de los dígitos de π.

En todas las épocas ha habido mucha gente que ha pensado que los dígitos de π obedecían a algún modelo. Pero en 1761, Johann Heinrich **Lambert** demostró que π es un número irracional, por tanto no se puede escribir como un número decimal periódico. Podemos calcular el valor de **pi** con tantos decimales como queramos, pero no existe un modelo repetitivo de sus dígitos.

Aquí tienes un cálculo de pi con 200 decimales:

π ≈ 3. 14159 26535 89793 23846 26433 83279 50288 41971 69399 37510
58209 74944 59230 78164 06286 20899 86280 34825 34211 70679
82148 08651 32823 06647 09384 46095 50582 23172 53594 08128
48111 74502 84102 70193 85211 05559 64462 29489 54930 38196

Compáralo con la aproximación que hiciste en la experiencia anterior.

ESTIMACION DE Π MEDIANTE FRACCIONES

Quizá te sorprenda saber que la **Biblia** da un valor de π. El libro primero de los Reyes, en su capítulo 7, versículo 23 dice así

**"Hizo también un depósito de metal fundido:
medía cinco metros de diámetro;
era todo redondo, de dos metros y medio de alto
y quince de perímetro, medidos a cordel"**

El pasaje se refiere a un gran depósito del templo de Salomón. ¿Cuál es el valor que da de π?

Alrededor del año 240 a.C., **Arquímedes** dibujó una circunferencia de diámetro una unidad. Calculó el perímetro de los polígonos inscrito y circunscrito de 96 lados y encontró la siguiente igualdad:

$$3\frac{10}{71} < \pi < 3\frac{1}{7}$$

Determina los cinco primeros decimales de estas dos fracciones. ¿Qué lugar decimal difiere de la aproximación dada arriba?

En el siglo V d.C., el astrónomo chino **Ch'ung-Chih** encontró una aproximación fraccionaria de π.

$$\frac{355}{113}$$

Esta fracción da una aproximación de π, ¿con cuántos valores decimales? La aproximación anterior es válida en muchas aplicaciones, pero los matemáticos no estaban satisfechos y continuaron en la empresa de calcular el valor exacto de π.

Π COMO UN PRODUCTO INFINITO Y COMO UNA SUMA INFINITA

En 1592, aproximadamente 1800 años después de Arquímedes, el matemático francés François **Vieta** expresó π como una secuencia de operaciones algebraicas:

$$\pi = \frac{1}{\sqrt{1/2}\sqrt{1/2 + 1/2\sqrt{1/2}}\sqrt{1/2 + 1/2\sqrt{1/2 + 1/2\sqrt{1/2}}} \times \ldots}$$

El trabajo de **Vieta** es importante porque por primera vez se representó π como un modelo matemático regular.

En 1674, el matemático alemán Gottfried Wilhelm von **Leibnitz** (uno de los dos inventores del análisis) usó la expresión anterior para escribir π como una suma infinita.

$$\pi = 4(1 - 1/3 + 1/5 - 1/7 + 1/9 - \ldots)$$

Esta fórmula presenta π como una serie infinita de fracciones cuyos denominadores son números impares y donde los signos +, - van alternando. La simplicidad de esta serie la convierten en la expresión de π mejor conocida.

¿Cuál es la aproximación de π tomando seis términos de la serie? ¿y tomando once?

Estas aproximaciones no son las que hacen la serie interesante, sino aquellas otras en que se toman mucho más términos.

El siguiente programa en BASIC sirve para aproximar π mediante la serie de **Leibnitz**.

```
10  PRINT "APROXIMACION DE PI MEDIANTE SERIE DE LEIBNITZ"
20  INPUT "NUMEROS DE TERMINOS" =; N
30   PI = 1
40   A = 3
50    B = -1
60  FOR C = 2 TO N
70    PI = PI + B/A
80     B = B*(-1)
90   A = A + 2
100 NEXT C
110  PI = 4*PI
120 PRINT "PI ES APROXIMADAMENTE IGUAL A"; PI
130 GOTO 20
140 END
```

REGLAS NEMOTECNICAS PARA RECORDAR LOS DECIMALES DE PI

Entre los records del año 1983 figura Rajan **Mahadevan** que fue capaz dé recitar de memoria 31.811 decimales de π. Una regla nemotécnica en inglés consiste en relacionar el número de letras de las palabras siguientes con los valores decimales de π.

Yes. I Know a digit.
May I have a large container of coffee?

See. I have a rhyme assisting
My feeble brain, its tasks orttimes resisting

SABRIAS...

- Inventar una regla nemotécnica en español para recordar los diez primeros decimales de π
- Calcular la probabilidad de que un dígito cualquiera aparezca en una aproximación de π de 200 decimales.
- Calcular la relación entre el área de este círculo y el área de un cuadrado de lado su radio.

SABES QUE ...

- El decimal de π que ocupa el número un millón és 1; el dos millones es 9.
- En 1610 el alemán Ludolph von **Celem** llegó a obtener 35 decimales de π. Esta aproximación la grabaron en su tumba y aún hoy llaman a π en Alemania **número de ludolphine**

Bibliografía utilizada

Student Math Notes, NCTM, Noviembre, 1983

TEMAS MATEMATICOS

Club matemático IEPS

CUADRADOS MAGICOS

Alberto Durero (1471-1528) fue un famoso artista alemán. Vivió en el Renacimiento y fue uno de los primeros pintores que usó la perspectiva geométrica. Su grabado **Melancolía** contiene el **cuadrado mágico** 4 x 4 de abajo. Nota que, inteligentemente, incorporó el año de realización del cuadro, 1514, en el centro de la parte inferior.

16	3	2	13
5	10	11	8
9	6	7	12
4	15	14	1

Los números de cada fila, columna y diagonal de un cuadrado mágico suman la misma cantidad que se llama **suma mágica**.

1. ¿Cuál es la suma mágica del cuadrado mágico anterior?

2. Busca 5 cuadrados 2 x 2 en el cuadrado mágico anterior cuyos cuatro números sumen igual que la suma mágica.

3. Ahora trata de encontrar 4 números, cada uno de una fila y columna diferente, que también sumen igual que la suma mágica. Hay dos soluciones además de las diagonales.

ROTACIONES Y REFLEXIONES

Gira el cuadrado A en el sentido de las agujas del reloj 0º (A), 90º (B), 180º (C), 270º (D) y completa los cuadrados mágicos B, C y D.

16	3	2	13
5	10	11	8
9	6	7	12
4	15	14	1

A

4			16
1			

B

			16

C

D

Haz la simetría de cada uno de los cuatro cuadrados mágicos anteriores sobre su eje vertical. Completa esas simetrías en los cuatro cuadrados de abajo:

13			16
1			4

A

16			4
			1

B

16			

C

D

LO-SHU

El cuadrado mágico más antiguo que se conoce apareció en una antigua tabla china que data del 2200 a. de C., y se conoce como cuadrado mágico Lo-Shu. La leyenda dice que el cuadrado fue dibujado primero sobre una concha de tortuga dada al emperador Yu.

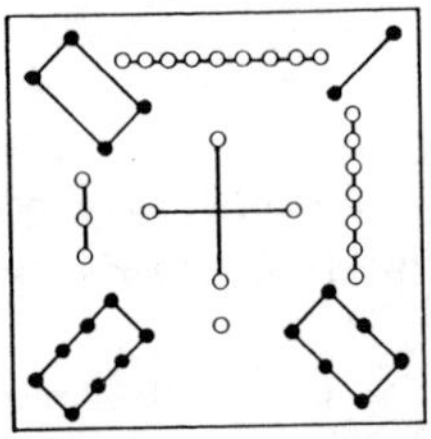

Traduce el cuadrado mágico 3x3 Lo-Shu, dibujado a la derecha, a nuestra numeración decimal.

Los cuadrados mágicos pueden transformarse en otros cuadrados mágicos sumando, multiplicando o dividiendo todos los números por un valor constante. Transforma el cuadrado mágico de Lo-Shu sumando 2 en cada casilla y después dividiendo por 8. Escribe el resultado en forma de fracciones simplificadas. Comprueba que el nuevo cuadrado es otro cuadrado mágico.

CONSTRUIR UN CUADRADO MAGICO 5X5

Este es un método para construir un cuadrado mágico 5x5 usando los números del 1 al 25: Empieza con un 1 en el medio de la fila superior. Muévete un cuadrado arriba y a la derecha para los números siguientes:

1.- Si esa posición está fuera del cuadrado, coloca el número siguiente cinco cuadros más abajo de él (como con 2) o cinco cuadros a la izquierda de él (como con 4)

2.- Si esa posición está ya ocupada, coloca el número directamente debajo del último cuadro relleno (como con 6)

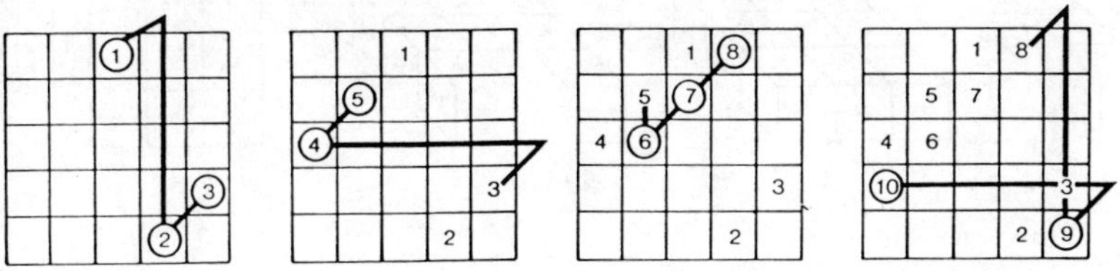

Sigue la colocación de los números de 1 al 10 usando estas reglas y completa el cuadrado mágico. El número 16 deberá quedar debajo del número 15. Comprueba que es un cuadrado mágico, calculando la suma de las 5 filas, las 5 columnas y las diagonales. ¿Cuál es la suma mágica?

CUADRADOS MAGICOS DIABOLICOS

Un cuadrado mágico puede transformarse por giros y simetrías en otros cuadrados mágicos. Los cuadrados mágicos diabólicos permiten además que las filas se permuten de arriba a abajo, de abajo a arriba, de izquierda a derecha o de derecha a izquierda.

Un cuadrado mágico diabólico 4x4 se ha repetido una y otra vez para formar la tabla siguiente.

7	12	1	14	7	12	1	14	7	12	1	14	7	12	1	14	7	12	1	14	7	12	1	14	7	12	1	14	7	12	1	14
2	13	8	11	2	13	8	11	2	13	8	11	2	13	8	11	2	13	8	11	2	13	8	11	2	13	8	11	2	13	8	11
16	3	10	5	16	3	10	5	16	3	10	5	16	3	10	5	16	3	10	5	16	3	10	5	16	3	10	5	16	3	10	5
9	6	15	4	9	6	15	4	9	6	15	4	9	6	15	4	9	6	15	4	9	6	15	4	9	6	15	4	9	6	15	4
7	12	1	14	7	12	1	14	7	12	1	14	7	12	1	14	7	12	1	14	7	12	1	14	7	12	1	14	7	12	1	14
2	13	8	11	2	13	8	11	2	13	8	11	2	13	8	11	2	13	8	11	2	13	8	11	2	13	8	11	2	13	8	11
16	3	10	5	16	3	10	5	16	3	10	5	16	3	10	5	16	3	10	5	16	3	10	5	16	3	10	5	16	3	10	5
9	6	15	4	9	6	15	4	9	6	15	4	9	6	15	4	9	6	15	4	9	6	15	4	9	6	15	4	9	6	15	4

1.- Dibuja un cuadrado 4x4 alrededor de 16 números cualesquiera de la tabla. Comprueba si el cuadrado que elegiste es también un cuadrado mágico.

2.- Mira cuántos cuadrados puedes encontrar en la tabla de este modo. ¿Es cada uno un cuadrado mágico?

3.- Supón que recortas uno de estos cuadrados mágicos 4x4 que encontraste, pegas la parte superior con la inferior y luego la unes los otros bordes como muestra el dibujo, para formar una figura llamada todo. Cuatro números cualesquiera que estén seguidos (de lado a lado o de esquina a esquina) tendrán la misma suma. Trata de hacer un modelo de toro mágico.

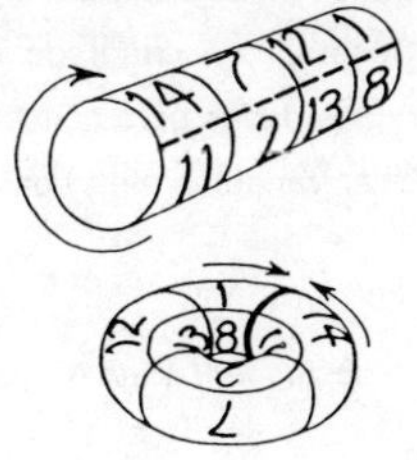

CUBOS MAGICOS

Imagina estos tres bloques de 3x3 cubos, dispuestos para formar un cubo mágico como aparece en la figura.

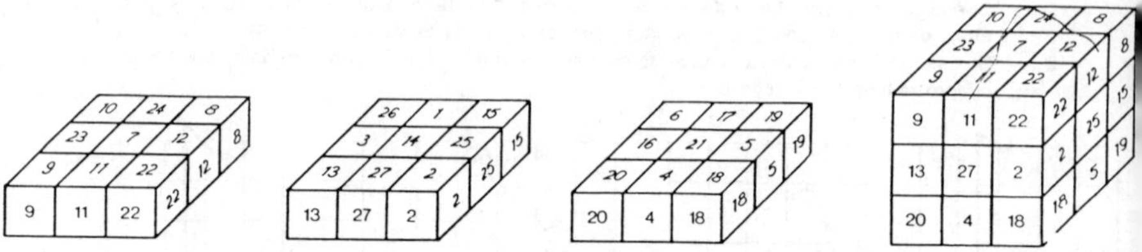

Hay 39 modos de disponer tres cubos numerados unidos en una fila, cara a cara, arista a arista, o vértice a vértice de modo que sumen 42. Haz una lista con todos los que puedas encontrar.

Sabías que...

* Hay 880 modos de colocar los números enteros del 1 al 16 en un cuadrado mágico 4x4 sin contar las rotaciones y las reflexiones.
* Benjamín Franklin se interesó mucho por los cuadrados mágicos. Inventó un cuadrado mágico 8x8 con suma mágica 260 no sólo para sus 18 filas, columnas y diagonales, sino también para otras formas de combinaciones posibles de los números.
* La sucesión de los 18 dígitos que se repiten en el desarrollo decimal de 1/19 puede usarse para formar un cuadrado mágico 18x18. 1/19 puede usarse para formar un cuadrado mágico 18x18.
  1/19 = 0.052631578947368421...
  Para las 18 filas, escribe en orden creciente como aparece en el recuadro, los 18 dígitos.

05263157 ......
10526315 ......
15789473 ......
21052631 ......
26315789 ......
....
....

Serías capaz de ...

* Construir un cuadrado mágico 3x3 con suma mágica 2.
* Construir un cuadrado mágico 5x5 con los enteros comprendidos entre -12 y 12.
* Construir un cuadrado mágico 7x7 usando los números del 1 al 49 siguiendo las reglas dadas para construir un cuadrado mágico 5x5.
* Usar variables para construir un cuadrado mágico 3x3 si el centro es n.

Adaptado de *Student Math Notes*, Enero, 1985

EMAS MATEMATICOS

Club matemático IEPS

RAFOS

Los retoños es un juego para dos personas. Se empieza con tres puntos no alineados. Los adores, por turnos, dibujan arcos entre los puntos de acuerdo con las siguientes reglas:

e puede trazar un arco uniendo dos puntos cualesquiera.

e puede trazar un arco uniendo un punto consigo mismo y se tiene un lazo.

ada vez que se traza un nuevo arco, se coloca un nuevo punto en medio del arco.

e un punto pueden salir como máximo tres arcos

ingún arco puede cortar a otro.

ugador que traza el último arco gana.

uí tienes los primeros movimientos de un juego:

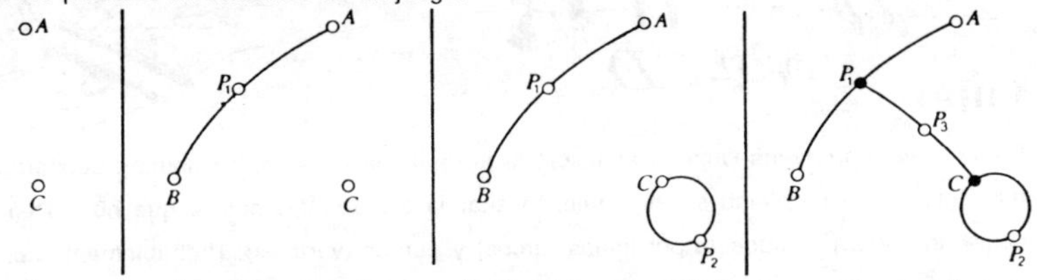

sca un amigo o una amiga y juega con él o con ella. Aquí tienes señalados tres puntos para jugar:

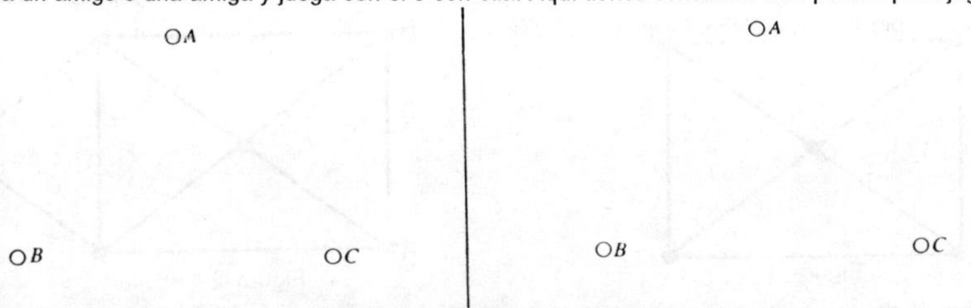

ando hayas jugado varias veces intenta responder a las siguientes preguntas:

¿Cuántos movimientos posibles hay al empezar el juego?

ué ocurre con el número de movimientos cada vez que un jugador traza un arco y señala un nuevo punto?

¿Puede el juego terminar cuando un jugador traza un lazo?, ¿por qué?

Si el juego empieza con 4 puntos, ¿cuál es el máximo número de movimientos en el juego?

¿Y si el juego empieza con n puntos?

Investiga las consecuencias que tendría admitir que de un punto puedan salir cuatro arcos.

Los puentes de Königsberg

La ciudad de Königsberg, en Alemania, fue famosa por sus siete puentes sobre el río P Seis de sus puentes unían las dos orillas del río a cada una de las dos islas que formaba y el sé unía las dos islas, como ves en el dibujo. Cuentan las crónicas que el alcalde de la ciudad ofre mano de sus hija a quien fuera capaz de recorrer los siete puentes sin pasar dos veces por el n puente. ¿Serías capaz de hacerlo? Trata de hacer el recorrido sin levantar el lápiz del papel pasar dos veces por el mismo puente:

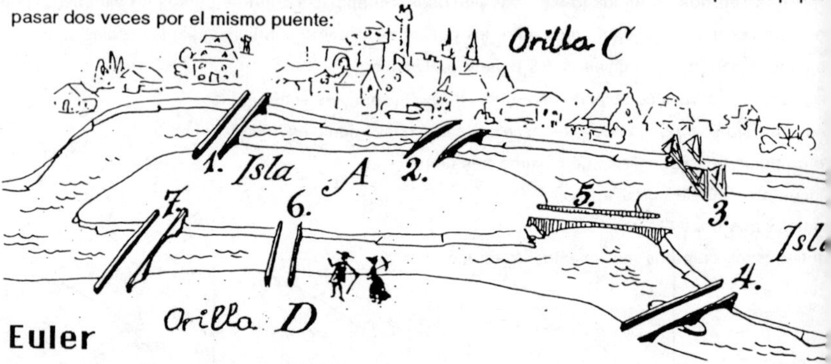

Euler

En 1735 este problema llamó la atención de un matemático suizo de nombre Leonardo Euler una solución al problema sin ni siquiera visitar la ciudad. Veamos lo que hizo. Definió un como una figura compuesta por líneas (arcos) y puntos (vértices). Probablemente conocerás tipo de figuras y alguna vez habrás intentado recorrerlas sin levantar el lápiz del papel y sin p dos veces por la misma línea. Pruébalo con éstas:

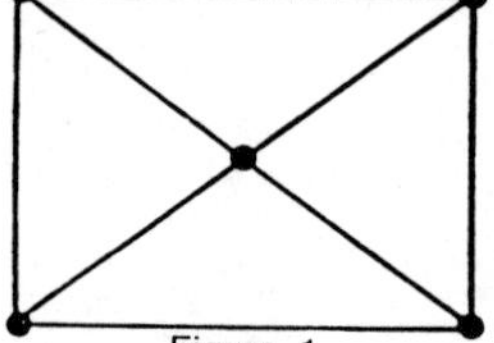

Figura 1

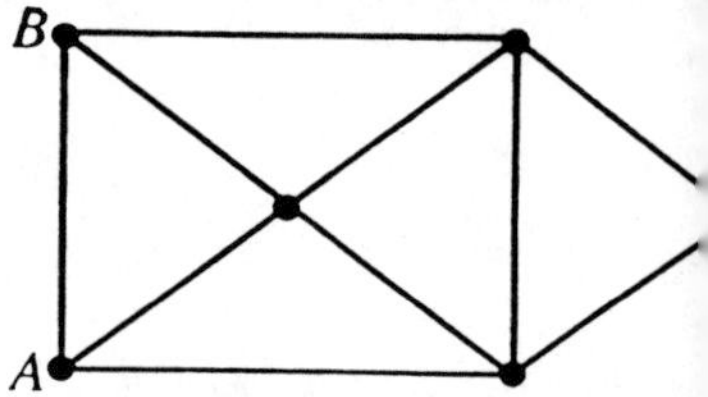

Figura 2

¿Te has dado cuenta que no puedes hacerlo en la figura 1 pero sí en la figura 2? No obstante ti que empezar en A y terminar en B o viceversa.

Euler estableció algunas propiedades en los grafos para resolver el problema:

- Llamó a un vértice *impar* si salía de él un número impar de arcos.
- LLamó a un vértice *par* si salían de él un número par de arcos.

En la figura 2 los vértices A y B son impares pues salen de ellos un número impar de arcos y todos los demás pares; en cambio en la figura 1 todos los vértices son impares excepto el del centro del que salen cuatro arcos.

Euler encontró que el número de vértices pares e impares determina si se puede recorrer el grafo sin pasar dos veces por el mismo arco.

Más ejemplos de grafos son los siguientes:

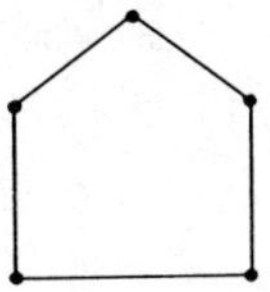

Figura 3

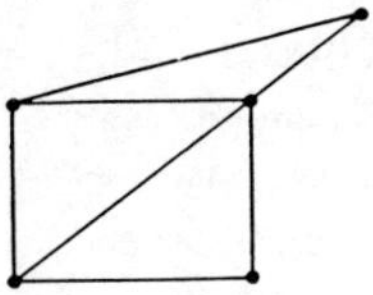

Figura 4

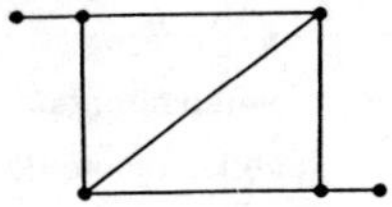

Figura 5

Trata de recorrerlos sin pasar dos veces por el mismo arco y cuenta el número de vértices pares e impares de cada uno. Anótalo en la tabla de abajo:

	Nº vértices pares	*Nº vértices impares*	*¿se puede?*
Figura 1			
Figura 2			
Figura 3			
Figura 4			
Figura 5			

Euler encontró la siguiente propiedad de los grafos:

Un grafo puede dibujarse de un solo trazo sin pasar dos veces por el mismo arco si tiene todos los vértices pares o dos vértices impares

Euler transformó el problema de los puentes de Königsberg en un problema de grafos: si los puentes son los arcos y la tierra son los vértices, éste es el grafo de los puentes de Königsberg:

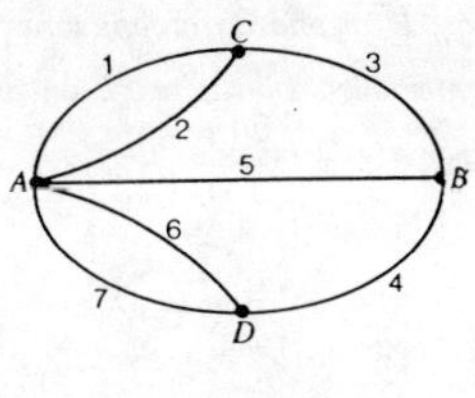

Usa la propiedad anterior para decidir si se puede o no resolver este problema. después respc
estas preguntas:

- *Si añades un puente, ¿el grafo podría recorrerse de un solo trazo? Si la respuesta es q ¿dónde lo añadirías?*
- *Si cambias un puente de sitio, ¿podría recorrerse el grafo de un solo trazo? Si la respue afirmativa, ¿qué puente podrías mover?*

Grafos en el espacio

Los grafos también pueden ser tridimensionales. Aquí tienes algunos. ¿puedes recorrerlos sin pasar dos veces por el mismo arco?¿por qué?

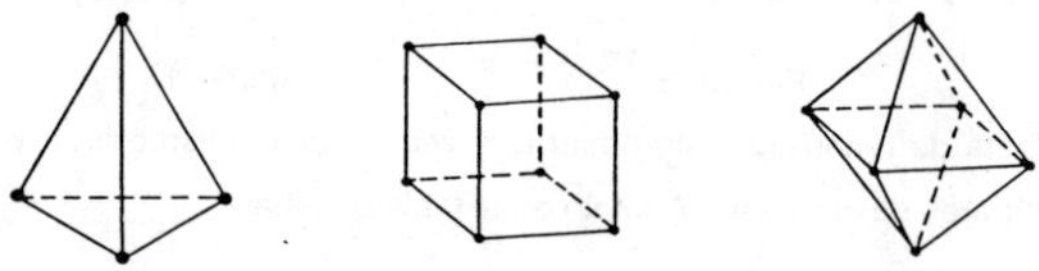

Un cuboctaedro es un poliedro que se obtiene truncando un cubo cortándolo por los puntos medios de sus aristas como muestra la figura.

¿Puedes recorrer de un solo trazo sus aristas?

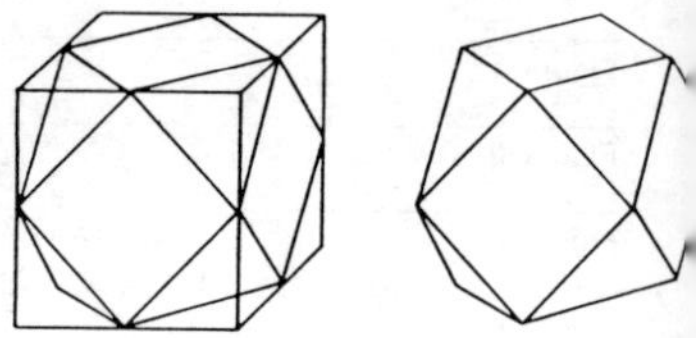

Sabías que ...

- *Euler fue probablemente el más prolífico escritor de la historia de las matemáticas. Su nombre unido a casi todas las ramas de esta materia. En 1735, Euler perdió la vista de su ojo derech comentario fue: "Ahora tendré menos distracción". En 1766 perdió la vista del otro ojo y totalmente ciego, pero no paró de trabajar y dictaba sus notas a su secretaria.*
- *Euler fue tan productivo que aunque murió en 1783, se publicó al menos un artículo suyo por año 1818.*
- *El trabajo de Euler con grafos puso los fundamentos de la teoría de grafos que tiene aplicaciones economía, los circuitos eléctricos, el diseño de ordenadores, etc.*
- *Euler fue no sólo un gran matemático sino también un gran conocedor de áreas tan diversas co astronomía, la botánica, la medicina o la historia.*

Bibliografía utilizada

Student Math Notes, NCTM, Septiembre, 1984

TEMAS MATEMATICOS

Club matemático IEPS

CAMINOS

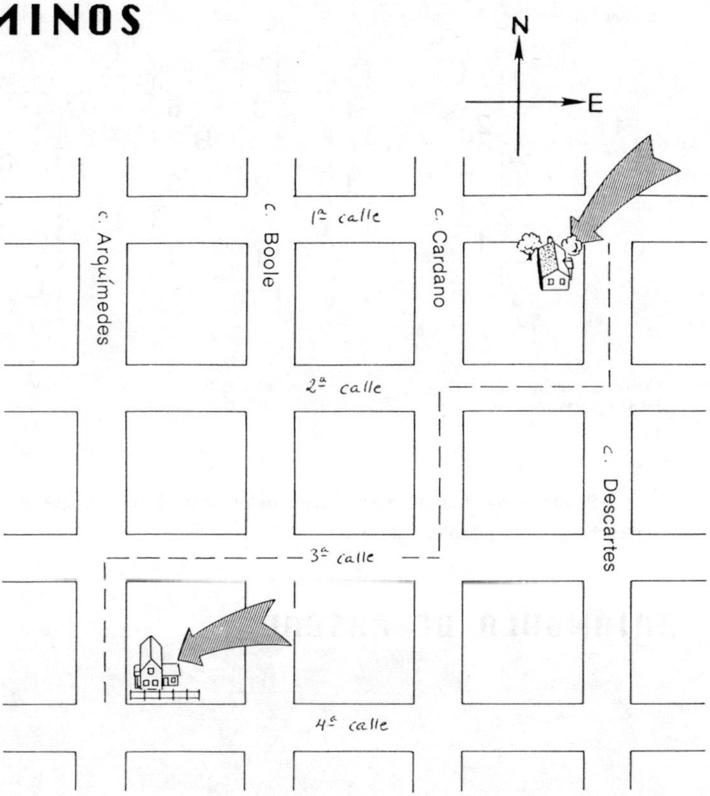

¿Por cuántos caminos distintos puede ir Pedro desde su casa hasta la casa de María si sólo se mueve hacia el Norte o hacia el Este por las calles del plano?

Traza y registra cada recorrido que encuentres. Para ello usa números para las calles horizontales y las letras A (Calle de Arquímedes), B (Calle de Boole), C (Calle de Cardano) y D (Calle de Descartes) para las calles verticales. Por ejemplo, el recorrido trazado en el plano puede registrarse como A-2-2-C-3-D. Si recorres varias manzanas de una misma calle repites el número o la letra tantas veces como manzanas recorras.

CASOS MAS SIMPLES

Consideremos algunos casos más simples. Para seguir la pista de los caminos, p número en cada cruce que indique el número de caminos que llegan a él yendo sólo hacia el N hacia el Este.

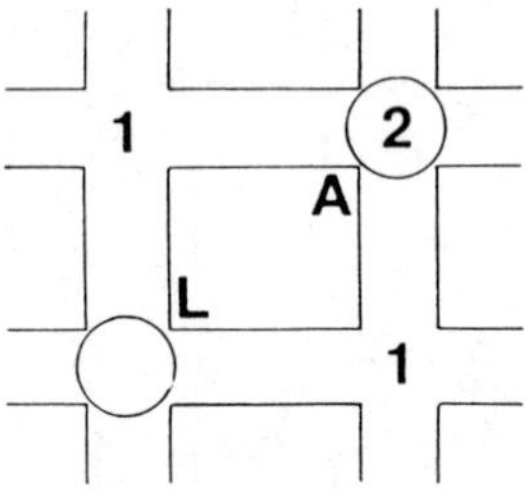

¿Cuántos caminos hay desde L hasta A?____

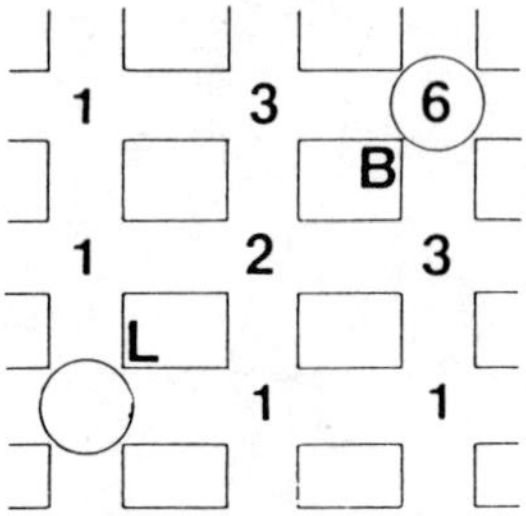

¿Cuántos caminos hay desde L hasta B?____

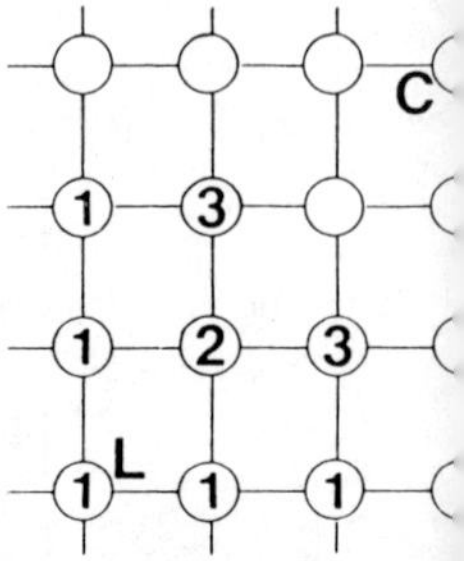

Completa los números gráfico para encontrar el número de caminos desde L hasta C

¿Puedes encontrar un modelo para determinar el número que hay que poner e intersecciones de un plano de este tipo?

TRIANGULO DE PASCAL

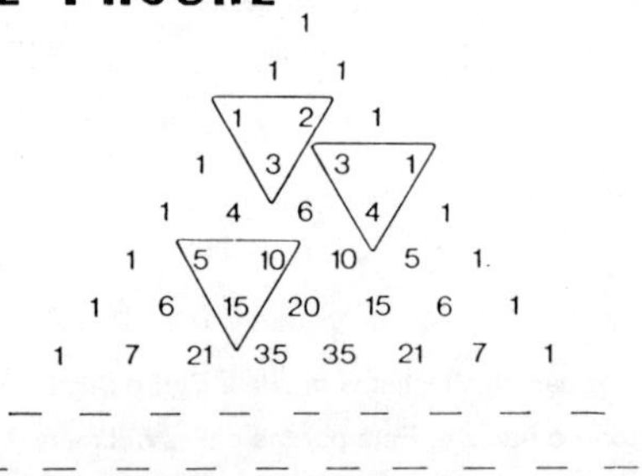

El **triángulo de Pascal** te puede ayudara saber el número que hay que poner en cruce. Este triángulo tiene dos lados formados por 1. Cada fila se calcula a partir de l anterior, sumando los dos números que están justo encima de aquél que se quiere conocer, muestran las tres regiones triangulares señaladas. Completa las dos filas siguientes del triá de Pascal.

En el tablero de la derecha ¿cuántos caminos diferentes hay para llevar una ficha de la posición A a la posición B mediante los movimientos del rey y desplazándose siempre hacia arriba? Puedes comenzar con algunos casos más simples situando a B más cerca de A

¿Qué limitaciones surgen en los bordes del tablero cuanto tratas de aplicar el triángulo de Pascal?

BUSCA LA PALABRA

```
                    L
                L   A   L
            L   A   C   A   L
        L   A   C   S   C   A   L
    L   A   C   S   A   S   C   A   L
L   A   C   S   A   P   A   S   C   A   L
    L   A   C   S   A   S   C   A   L
        L   A   C   S   C   A   L
            L   A   C   A   L
                L   A   L
                    L
```

¿De cuántas formas puedes deletrear la palabra PASCAL? Debes empezar en el centro y continuar a la derecha, a la izquierda, arriba o abajo.

¿Has descubierto cómo puede usarse el triángulo de Pascal para resolver problemas como el anterior?

PROBABILIDAD DE UN CAMINO AL AZAR

Recientemente, con objetivo de variar el recorrido, Pedro decidió que en cada cruce donde tuviera que elegir lanzaría una moneda al aire para determinar si iría al Norte (cara) o al Este (cruz). Pedro comenzó a andar en A para encontrarse con María en L, ¿cuál es la probabilidad de que pase por H? Recuerda que la probabilidad de obtener cara o cruz al lanzar una moneda es 1/2.

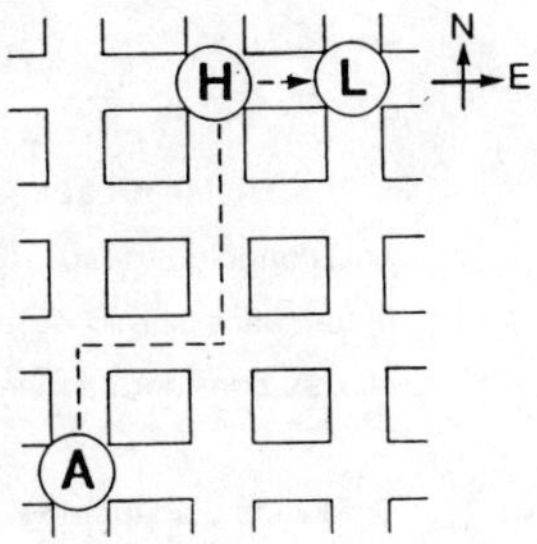

Un recorrido posible se muestra en el plano. Resultó de las cinco tiradas CXCCX. Fíjate que no hay elección posible en el quinto movimiento, así que no es necesario lanzar la moneda.

PROBABILIDADES MAS SIMPLES

Consideremos primero un caso más simple. Si Pedro empieza en A su camino ha entonces la probabilidad que tiene de pasar por B es 1/2, ya que lanza la moneda en A. D modo, por simetría, la probabilidad de pasar por E es también 1/2. La probabilidad de pasar es la suma de las probabilidades de venir de B y de E. Por ejemplo:

P(F desde B)= $\frac{1}{2}$ P(B)= $\frac{1}{2} \times \frac{1}{2} = \frac{1}{4}$

De igual forma, P(F desde E)= $\frac{1}{4}$. Por tanto P(F), esto es la probabilidad de llegar a F desde es $\frac{1}{4} + \frac{1}{4} = \frac{1}{2}$

Razonando de igual manera, P(C)=P(I)=1/4. Ya que no hay elección posible de dir yendo de I a J, P(J desde I)=1. P(I)=1·1/4=1/4.

¿Cuál es P(J desde F)?________

¿Cuál es P(J)?________

Ahora completa las probabilidades que faltan. Si las has calculado correctamente, si L es el destino final, P(L) debería ser 1.

P(D)= ...	P(H)= ...	P(L)= ...
P(C)=1/4	P(G)= ...	P(K)= ...
P(B)=1/2	P(F)= 1/2	P(J)= ...
P(A)= 1	P(E)= 1/2	P(I)= 1/

SABIAS QUE...

Los números del triángulo de Pascal también son los coeficientes del desarrollo c potencias del binomio x+y.

Usa los números de la fila apropiada del triángulo de Pascal para desarrollar $(x+y)^n$ n=0,1,2,3...

$$(x + y)^0 = 1$$
$$(x + y)^1 = 1x^1 + 1y^1$$
$$(x + y)^2 = 1x^2 + 2xy + 1y^2$$
$$(x + y)^3 = 1x^3 + 3x^2y^1 + 3x^1y^2 + 1y^3$$
$$(x + y)^4 = 1x^4 + 4x^3y^1 + 6x^2y^2 + 4x^1y^3 + 1y^4$$

Blaise Pascal, francés, de quien toma nombre el triángulo, vivió de 1623 a 1662. P era conocido desde los 12 años como un brillante matemático. La noción de probab matemática surgió de una discusión entre Pascal y Pierre de Fermat sobre un juego de aza ello, se considera a menudo a Pascal como el padre de la probabilidad.

Traducido y adaptado de: *Student Math Notes*, NCTM, Marzo 1985

TEMAS MATEMATICOS

Club matemático IEPS

LABERINTOS

¿Cuál es la mejor manera de adentrarse en un laberinto desde la entrada para llegar a una meta interior? ¿Hay algún modo de alcanzar ésta y regresar al punto de partida sin hacer dos veces el mismo camino? ¿Puede evitarse el dar vueltas interminablemente? Supongamos que alguien se da cuenta de que se ha perdido, ¿cómo podrá hallar el camino de retorno a la entrada sin adentrarse aún más en el laberinto? Poco a poco vamos a intentar responder a estas preguntas.

El laberinto de abajo se encuentra en Chevening, en el condado inglés de Kent y está hecho de setos. Fue construido hacia 1820. Intenta encontrar un camino que lleve desde la entrada (1) al centro (18). ¿Qué estrategia has utilizado?

La regla de la mano derecha/izquierda

Una de las estrategias posibles para recorrer un laberinto es elegir siempre en cada cruce el camino situado más a la derecha o más a la izquierda. Esta estrategia se llama *regla de la mano izquierda* o *regla de la mano derecha,* según el caso. Pero esta regla no funciona siempre bien. Intenta aplicarla al laberinto de Chevening, ¿qué sucede?

Por si acaso te ha resultado difícil, vamos a representar el laberinto anterior de manera mucho más simple mediante un *grafo:* fíjate que cada número está en un cruce de caminos, luego es un *vértice* del grafo, y unimos los cruces entre los que hay caminos mediante *arcos.* Así tenemos un grafo donde los caminos desde la entrada hasta la meta se ven enseguida:

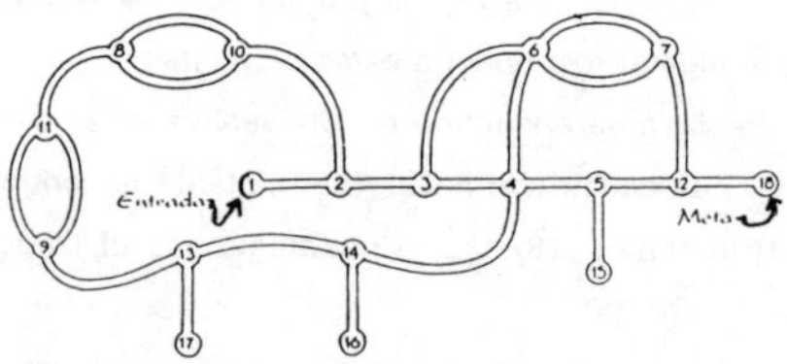

Esta regla funciona bien en los laberintos que no tienen ningún camino cerrado, es decir, sin islas, pero falla en aquellos que tienen una isla en torno a la entrada o a la meta. El laberinto de Chevening tiene una isla en torno a la entrada, la ruta 2-10-8-11-9-13-14-4-3-2 y otra en torno a la salida, la ruta 4-5-12-7-6-4. Por si falla esta regla existen otras como las de Trémaux.

Las reglas de Trémaux

Estas reglas aparecieron publicadas en una obra de 1882, *Recréations mathématiques*, de una de las figuras más famosas de la matemática recreativa, Edouard Lucas. Las reglas de Trémaux emplean los conceptos de *nudo viejo* y *nudo nuevo*, según se haya pasado antes o no por un nudo. El recorrido hay que marcarlo en el suelo o en la pared por algún procedimiento. Las reglas las puedes ver en las figuras de abajo:

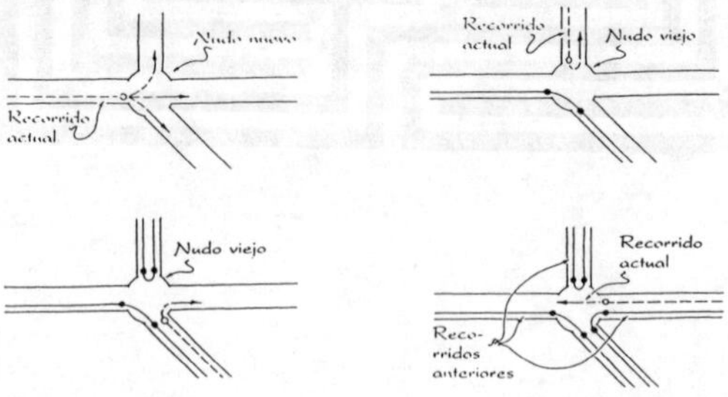

Estamos perdidos en un laberinto

Si nos encontramos perdidos dentro de un laberinto y no hemos dejado marcas, ¿qué podemos hacer para regresar a la entrada sin adentrarnos más en el laberinto? El método que se propone a continuación fue diseñado por Oystein Ore, de la Universidad de Yale, en 1959. Se trata de numerar los extremos de las ramas e indicar en su caso si el camino es cerrado.

Por ejemplo, si estamos perdidos en el nudo *x* de la figura de abajo, exploramos todas las ramas que salen de él y las marcamos. Pueden ocurrir dos cosas:

- que lleguemos a un nudo nuevo, entonces marcamos los extremos de la rama con una señal, por ejemplo un palote, y regresamos a *x* ;
- que lleguemos a un nudo viejo, entonces marcamos los extremos de la rama e indicamos además que es cerrada mediante la letra c

Seguidamente exploramos las otras ramas del nudo *x* de la misma manera.

Una vez finalizada esta operación con el nudo *x* la repetimos en cada uno de los nudos del otro extremo de las ramas que salen del nudo *x*, esto es, a una distancia de una rama de *x*, marcando cada uno de los extremos de una rama con la misma señal. Si llegamos a un nudo ya visitado o nudo viejo, indicaremos que esta rama es cerrada, es el caso de la rama que une los nudos *a* y *b* de la figura. Luego regresamos a *x* y hacemos todas las exploraciones a una distancia de dos ramas de *x*. Para regresar a *x* desde cualquier nudo alejado hemos de seguir un camino en que el número de marcas vaya aumentando.

La entrada del laberinto de la figura de abajo se alcanza ampliando las exploraciones hasta una distancia de 4 nudos de x. Continúa las exploraciones:

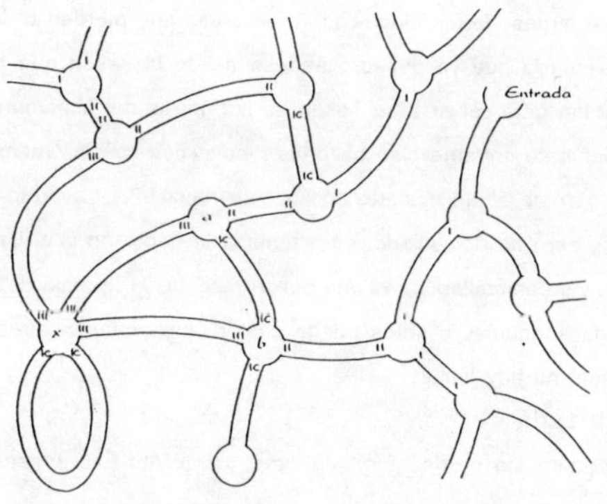

La ruta más corta

Si queremos recorrer un laberinto pasando por el mínimo número de ramas podemos ayudarnos de la teoría de grafos y de las matrices. Empezamos numerando los nudos del laberinto y construyendo su grafo. Luego hacemos una tabla de doble entrada, que denominamos matriz, en la que indicamos en número de conexiones directas entre nudos. Por ejemplo:

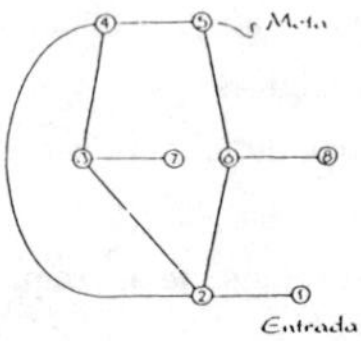

M	1	2	3	4	5	6	7	8
1	0	1	0	0	0	0	0	0
2	1	0	1	1	0	1	0	0
3	0	1	0	1	0	0	1	0
4	0	1	1	0	1	0	0	0
5	0	0	0	1	0	1	0	0
6	0	1	0	0	1	0	0	1
7	0	0	1	0	0	0	0	0
8	0	0	0	0	0	1	0	0

M'	1	2	3	4	5	6	7	8
1	1	0	1	1	0	1	0	0
2	0	4	1	1	2	0	1	1
3	1	1	3	1	1	1	0	0
4	1	1	1	3	0	2	1	0
5	0	2	1	0	2	0	0	1
6	1	0	1	2	0	3	0	0
7	0	1	0	1	0	0	1	0
8	0	1	0	0	1	0	0	1

Al multiplicar la matriz por sí misma se obtiene qué nudos están conectados por un ruta compuesta de dos ramas: son aquellos que tienen como valor un número distinto de cero, por ejemplo, el 4 y el 6. Si volvemos a multiplicar la matriz podemos saber qué nudos están conectados por un ruta de tres ramas, y así sucesivamente.

Sabías que ....

En Europa, especialmente en Inglaterra, cada vez hay más afición por los laberintos. De piedra o de seto, saben diseñarlos tan bien, que conocen cuál debe ser la longitud exacta para mantener al visitante en vilo. Completar uno de estos recorridos resulta un pasatiempo apasionante.

Los laberintos de adoquines, ladrillos o piedra de sillería son más fáciles de construir y de mantener. Los sinuosos corredores de seto exigen mucho más trabajo. En Chatsworth, arca de Nottingham, la poda estival e invernal ocupa durante veinticuatro días a dos jardineros armados de largas sierras eléctricas. Y no creas que pierden el tiempo buscando el camino: utilizan una cuerda que va desenrollándose desde la salida que guía sus pasos. El mismo truco usó Ariadna para salvar a su Teseo de las garras del Minotauro.

En los laberintos se entremezclan historias medievales con la Geometría y la mitología grecorromana, pero, ¿existe algún misterio en su construcción? El secreto está en concebirlo suficientemente largo, pero no demasiado, para tener a la gente en vilo. Unos 800 metros, es decir, veinticinco minutos deambulando, es una buena medida. ¿El precio de este suspense? Un laberinto aceptable de adoquines o setos puede costar como mínimo alrededor del millón de pesetas, a partir de ahí no hay límites.

Bibliografía utilizada

Cómo cruzar un laberinto sin perderse ni aturdirse, J.J. WALKER, *Investigación y Ciencia*, Febrero 1987

Laberintos: caminos de perdición, X.T./ Rebeca Sastre, *Muy interesante*, Abril, 1992

TEMAS MATEMATICOS

Club matemático IEPS

PASEOS AL AZAR

¿Cuál es la probabilidad de que un rey que se encuentra en la casilla A y se mueve al azar en el tablero llegue a la casilla B en menos de 20 movimientos? ¿Cuál sería la probabilidad de que llegase si no ponemos límite al número de movimientos?

Si nos encontramos en el centro del laberinto de Chevening y al llegar a cada nudo elegimos un tramo al azar, ¿cuál es la probabilidad de que lleguemos a la salida habiendo recorrido exactamente 6 tramos?

NO TE PRECIPITES EN DAR LA SOLUCION

Estos y otros problemas pueden formalizarse mediante **matrices estocásticas** y resolverse mediante las **cadenas de Markov**. Veamos qué significan estos conceptos.

DEFINICIONES Y PROPIEDADES

Un vector $u = (u_1, u_2, ..., u_n)$ se llama **vector de probabilidad** si sus componentes no son negativas y su suma es 1.

Una matriz cuadrada P es una **matriz estocástica** si cada una de sus filas es un vector de probabilidad.

Se puede comprobar que el producto de dos matrices estocásticas es también una matriz estocástica.

Una matriz estocástica P es **regular** si existe un número m natural tal que los elementos de la matriz P^m son todos positivos.

Recuerda que sin una matriz estocástica tiene un 1 en una diagonal principal, no es regular.

El teorema siguiente expresa las propiedades fundamentales de las matrices estocásticas regulares:

TEOREMA DEL VECTOR FIJO

Si P es una matriz estocástica regular entonces

- existe un único **vector de probabilidad** t tal que $t \cdot P = t$, que llamamos **fijo** y que todas sus componentes positivas.

- la sucesión de matrices P, P^2, P^3,... se aproxima tanto como se quiera a una matriz T filas son cada punto fijo t.

- si p es un vector de probabilidad, entonces la sucesión de vectores pP, pP^2, pP^3 aproxima al punto fijo t.

Cuando hablamos de "aproximación" queremos decir que cada componente del vector o de la matriz se aproxima a la componente correspondiente del vector o de la matriz.

A VER SI HAS COMPRENDIDO...

Define la matriz estocástica del problema del tablero de ajedrez para un caso más sencillo, por ejemplo en un tablero 3x3. La matriz será de orden 9.

G	H	I
D	E	F
A	B	C

	A	B	C	D	E	F	G	H	I
A									
B									
C									
D									
E									
F									
G									
H									
I									

En la *fila A* aparece la probabilidad de que el rey se desplace a cada una de las otras casillas.

¿Esta matriz es regular?

LAS CADENAS DE MARKOV

Las **cadenas de Markov** no son ni más ni menos que sucesiones de procesos estocásticos que cumplen dos condiciones:

- que el conjunto de resultados posibles es finito
- que el resultado de una prueba depende a lo sumo de la prueba anterior.

La matriz estocástica de una cadena de Markov se llama **matriz de transición** y sus elementos **probabilidades de transición.**

Las probabilidades de transición de una cadena de Markov pueden representarse por un grafo denominado **grafo de transición**, donde los nudos representan los resultados y las aristas las probabilidades de transición.

Haz el gràfo de transición del laberinto de Chevening.

PROBABILIDADES TRAS N PASOS

La matriz P^n se llama *matriz de transición de n pasos* y representa el estadio del sistema tras n pasos.

Si denotamos para p^0 el vector de probabilidad inicial, o sea la distribución cuando el proceso comienza y p^n el vector de probabilidad del paso enésimo y P es la matriz de transición tenemos que

$$p^n = p^0 \cdot P^n$$

PROBABILIDADES TRAS UN NUMERO INDEFINIDO DE PASOS

En las cadenas de Markov que son regulares, esto es, aquéllas cuya matriz de transición P es regular, podemos explicar el teorema del vector fijo y encontrar la probabilidad de que a_p suceda para n suficientemente grande.

UNA NUEVA OJEADA AL PROBLEMA DE LA MOSCA

Haz la matriz de transición para el problema de la mosca. ¿Podemos aplicar el teorema del vector fijo para calcular la probabilidad de que la mosca llegue a F, a G o ni a F ni a G?

	A	B	C	D	E	F	G	H
A								
B								
C								
D								
E								
F								
G								
H								

La matriz anterior se dice que es **absorbente** porque permanece en los estados F y G una vez que entra en ellos, por eso aparecen 1 en la diagonal principal.

Las matrices con estados absorbentes no son regulares

Resuelve ahora los problemas planteados al principio. Para facilitarlos simplifícalos un poco; considera un tablero 3x3 y un laberinto con menos nudos.

TEMAS MATEMATICOS

Club matemático IEPS

NUMEROS PRIMOS

Sabes que un **número primo** es un número natural que sólo es divisible por sí mismo y por la unidad. Pero, *¿ sabes cómo se obtienen los números primos?, ¿cuántos hay?, ¿cómo están distribuidos?*

La criba de Eratóstenes

Eratóstenes, nacido en Grecia hacia el año 230 antes de Cristo, fue bibliotecario de la Universidad de Alejandría, en Egipto. Inventó un método para encontrar números primos que todavía se utiliza, la **criba de Eratóstenes**.

Se colocan los números del 1 al 100 en una tabla 10 x 10. Se tacha el 1 porque no es primo. Se rodea con un círculo el 2 que es el primer primo y se tachan todos sus múltiplos. Luego se encierra en un círculo el siguiente número que no se ha tachado, el 3, y se tachan todos sus múltiplos. Se continúa así hasta llegar al último número de la lista. Los números que no se han tachado son los números primos menores que 100.

~~1~~	2	3	4	5	6	7	8	9	10
11	12	13	14	15	16	17	18	19	20
21	22	23	24	25	26	27	28	29	30
31	32	33	34	35	36	37	38	39	40
41	42	43	44	45	46	47	48	49	50
51	52	53	54	55	56	57	58	59	60
61	62	63	64	65	66	67	68	69	70
71	72	73	74	75	76	77	78	79	80
81	82	83	84	85	86	87	88	89	90
91	92	93	94	95	96	97	98	99	100

Dibujos: Daniel Vidal

¿Cuántos números primos hay?

Euclides, nacido en Grecia hacia el año 300 antes de Cristo, fue un famoso matemático que mostró que el número de primos es infinito. Esto significa que la lista de números primos no termina nunca. Lo hizo demostrando que si se hace una lista de números primos de 2 a P:

$$2, 3, 5, 7, 11, 13, 17, ..., P$$

siempre se encuentra un número primo que no está en la lista. Su forma de proceder fue la siguiente. Al producto de todos los números de la lista le sumó 1. Entonces tuvo:

$$N = 2 \times 3 \times 5 \times 7 \times ... \times P + 1$$

Entonces o bien N es primo o no lo es. Si N es primo, puesto que no es igual a ninguno de los números de la lista, resulta que se ha definido un nuevo número primo. Si N no es primo sabemos que se puede escribir como producto de números primos. En particular se puede escribir N = qN', siendo q un número primo divisor de N. ¿Puede ser que q sea alguno de los números de la lista de 2 a P? No, es un nuevo número. ¿Por qué? Porque para los números de la lista la división no es exacta: si dividimos N entre q, el resto es cero; pero si dividimos N por cualquiera de los números primos entre 2 y P, se obtiene 1 como resto. De esta forma Euclides encontró un nuevo número primo que no estaba en la lista. Esto significa que no es posible elaborar una lista finita con todos los números primos, lo que concluye la demostración.

PRIMOS GEMELOS

Algunos primos están distribuidos por parejas, por ejemplo 3 y 5, 5 y 7, 11 y 13. Estas parejas se llaman **primos gemelos** por razones obvias. Completa la lita de todos los primos gemelos menores que 100. Calcula también su suma y su producto.

Primos gemelos	Suma	Producto
3 y 5	________	________
5 y 7	________	________
11 y 13	________	________
________	________	________
________	________	________
________	________	________
________	________	________
________	________	________

- ¿Encuentras alguna regularidad en la columna de las sumas? ¿Podrías demostrar algún resultado sobre la suma de primos gemelos?

- ¿Encuentras alguna regularidad en la columna de los productos? ¿Podrías demostrar algún resultado sobre el producto de primos gemelos?

- Observa los primos de la lista mayores que 5. ¿Qué dígitos aparecen en la posición de las unidades de estos primos? Un número primo mayor que 100, ¿podría terminar por un número distinto a los que has encontrado?

- El número 13 es primo y si le damos la vuelta tenemos 31 que es también primo. Podemos llamar a 13 número **omirp** (primo deletreado al revés) porque 31 es también un número primo diferente. Pero 11 no es omirp. Haz la lista de todos los omirps menores que 100.

BUSCANDO NUMEROS PRIMOS

Con el paso del tiempo hemos aprendido muchas cosas sobre los números primos. Pero sin embargo no se ha descubierto una fórmula que permita obtener todos los números primos desde 2 en adelante. Deberán continuarse los intentos para encontrar dicha fórmula. Una de las fórmulas ha sido

$$P_n = n^2 - n + 41$$

P_n es un número primo si n toma valores desde 1 hasta 40: $P_1 = 41$, $P_2 = 43$, $P_3 = 47$. Calcula P_4, P_5, P_6,..., P_{40} con una calculadora. ¿Cuál es el valor de P_{41}? ¿Es primo o compuesto?, ¿por qué?

- ¿Cuáles son los valores de $n > 1$ tales que P_n es un número compuesto?
- P_n es primo para algunos valores de $n > 41$. Busca alguno.

El francés **Fermat** hizo muchas aportaciones a las matemáticas y con excepción de una de ellas, todas se han probado o se cree que son ciertas. La excepción es que Fermat afirmó que los números de la forma $2^{2^n} + 1$ son primos. En 1732 **Euler** mostró que si n=5 la fórmula da 4422994496677229971 que es igual a 641 x 677000417.

SABIAS QUE...

- Una conjetura dice que el número de primos gemelos es infinito. Hasta ahora nadie la ha refutado ni demostrado.

- Un tipo especial de números primos son los **números de Mersenne** que se obtienen mediante la fórmula 2^p-1 siendo p un número primo que toma los valores 2, 3, 5, 7, 13, 17, 19, 31, 67, 127, 257. Fueron necesarios 304 años para descubrir los errores de esta lista: además de poder añadirse otros números como 61, 89 y 107, en el año 1922 se encontró que $2^{257} - 1$ no es primo.

- El mayor número de Mersenne conocido 2^{216091}-1, tiene 65050 dígitos y fue descubierto en Houston, Tejas, en una supercomputadora Cray X-MP por los científicos de Chevron Geosciences Company.

- Golbach (1690-1764) conjeturó que todo número par mayor que 4 es igual a la suma de dos números primos. Hasta ahora nadie lo ha demostrado.

SABRIAS...

- Poner en cada espacio un signo "+" o "_" para obtener una relación de igualdad.

17 =	1	2	3	5	7	11	13	13		
19 =	1	2	3	5	7	11	13	17		
23 =	1	2	3	5	7	11	13	17	19	19
29 =	1	2	3	5	7	11	13	17	19	23

- Escribir una sucesión de un millón de números consecutivos que sean todos compuestos. Por ejemplo, 24, 25, 26, 27, 28 es una sucesión de cinco números consecutivos compuestos. Para escribir tu sucesión basta que digas cuáles son el primer y último término de ésta.
- Demostrar que si el número $2^n - 1$ es primo, entonces el número n es primo.
- Demostrar que si P_1 y P_2 son dos números primos gemelos y $P_1 + P_2 = 2Q$, entonces Q es un número compuesto.
- Demostrar que la expresión $n^2(n^2-1)(n^2-4)$ es divisible por 360, para todo número positivo n.

Bibliografía utilizada

El placer estético de las matemáticas, S. LANG, Alianza, Madrid, 1992
Student Math Notes, NCTM, Noviembre, 1986

TEMAS MATEMATICOS

Club matemático IEPS

NUMEROS DE FIBONACCI

Leonardo Pisano, más conocido como **Fibonacci** (hijo de buen carácter) publicó en el año 1202 un libro titulado **Liber Abaci**. En este libro se encuentra nuestro actual sistema de numeración, que es de origen arabigo-hindú, y la mayor parte de los resultados que habían obtenido los árabes en álgebra y en geometría. Pero este libro es más conocido por un problema de cría de conejos:

Una pareja de conejos esta lista para tener cada mes una nueva pareja de conejos. Pero los conejos recién nacidos no podrán tener descendencia hasta que no cumplan dos meses de vida. ¿Cuántos parejas de conejos habrá al cabo de doce meses?

Si se supone que los conejos no mueren. ¿Sabrías dar la respuesta? Ayúdate de la siguiente tabla:

Mes	1	2	3	4	5	6	7	8	9	10	11	12
Parejas: f_n	1	1										

Los números que acabas de obtener se llaman **números de Fibonacci** y la sucesión de estos números **sucesión de Fibonacci**. Cuatro siglos después, **Kepler** afirmaba lo que seguramente Fibonacci advirtió: que cada número de la sucesión se obtiene sumando los dos anteriores, por ejemplo el número de parejas del noveno mes es 34 y es igual al número de parejas del séptimo mes, 13, más el números de parejas del octavo mes, 21. Kepler también observó que las razones entre términos consecutivos f_{n+1}/f_n se aproximan al **número áureo**. Compruébalo ayudándote de la siguiente tabla:

Números de Fibonacci: f_n	1	1	2	3	5	8	13	21	34	55	89	144
f_{n+1}/f_n												

PROPIEDADES DE LOS NUMEROS DE FIBONACCI

Descubre algunas propiedades y relaciones de estos números, completando las tablas y sacando alguna conclusión:

- ¿Cómo se puede expresar la *suma de los n primeros términos?*

Nº de términos:	1	2	3	4	5	6	7	8	9	10
Suma	**1**	**2**	**4**							

- ¿Cómo se puede expresar la *suma de los n primeros términos pares?*

Nº de términos:	1	2	3	4	5	6	7	8	9	10
Suma	**1**	**4**	**12**							

- ¿Cómo se puede expresar la *suma de los n primeros términos impares?*

Nº de términos	1	2	3	4	5	6	7	8	9	10
Suma	**1**	**3**	**8**							

- ¿Cómo se puede expresar la *suma de los cuadrados de los n primeros términos?*

Nº de términos	1	2	3	4	5	6	7	8	9	10
Suma cuadrados	**1**	**2**	**6**							

- Elije un número de Fibonacci, *elévalo al cuadrado y réstale el producto de los números anterior y posterior de la sucesión*. ¿Qué has obtenido? Repítelo varias veces. ¿Sucede siempre lo mismo?

Término f_n	1	1	2	3	5	8	13	21	34	55
$f_n^2 - f_{n-1}f_{n+1}$	**-**	**- 1**								

NUMEROS DE LUCAS

Una sucesión parecida es la del matemático francés **Eduardo Lucas** (segunda mitad del siglo XIX): empieza con los términos 1 y 3 y los demás términos se obtienen sumando los dos anteriores:

1 3 4 7 11 18 29 47 76 123 ...

Se llama **sucesión de Lucas.** Se pueden encontrar relaciones entre las dos sucesiones:

- Examina qué sucede cuando se suman dos términos alternos de la sucesión de Fibonacci ... o cuando se suman dos términos alternos de la sucesión de Lucas.
- Multiplica cada término de la sucesión de Lucas por el correspondiente de la sucesión de Fibonacci. ¿Qué obtienes? Completa la siguiente tabla y haz una conjetura.

Términos:	1	2	3	4	5	6	7	8	9	10
Producto	1	3	8							

INTERPRETACION GEOMETRICA

Podemos representar gráficamente algunas propiedades de los números de Fibonacci. Por ejemplo la suma de los cuadrados de estos números. Continúa la representación y extrae alguna conclusión acerca de la suma de los cuadrados. ¿Coincide con la que obtuviste anteriormente?

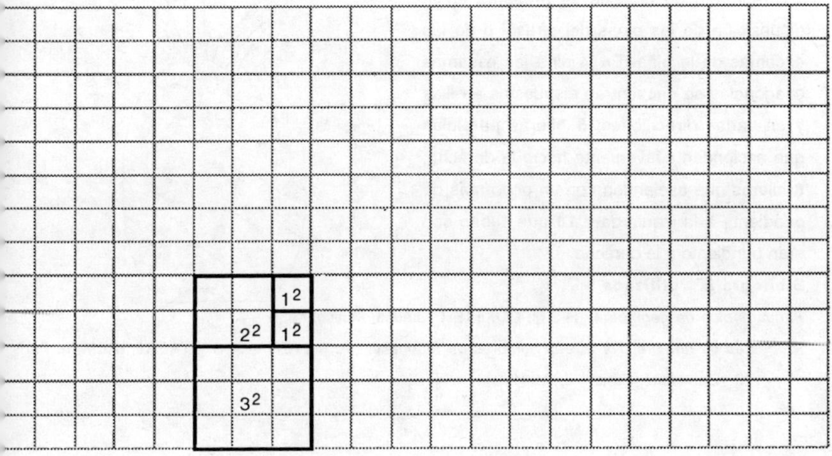

SABIAS QUE ...

El **triángulo de Pascal** tiene algo que ver con la sucesión de Fibonacci: La suma de los números de las diagonales son los términos de la sucesión de Fibonacci:

1							
1	1						
1	2	1					
1	3	3	1				
1	4	6	4	1			
1	5	10	10	5	1		
1	6	15	20	15	6	1	
1	7	21	35	35	21	7	1

• Seguramente te has dado cuenta de que el cuadrado de un término de la sucesión de Fibonacci menos el producto del anterior y posterior da 1 o -1, según que el término sea impar o par respectivamente. Este resultado se llama **identidad de Simson**.

• **Lagrange** verificó que los dígitos finales de la sucesión de Fibonacci empiezan a repetirse a partir del término 60.

• Los números de Fibonacci se aplican en botánica al fenómeno que se llama **filotaxia**, esto es, a la disposición de hojas. En árboles como el olmo y el tilo las hojas de una rama están en dos lados opuestos y se dice "filotaxia de **1/2**"; en otros como el avellano y la haya se pasa de una hoja a la siguiente por una rotación de 1/3 y se habla entonces de "filotaxia de**1/3**"; el roble y el albaricoque tienen filotaxia de **2/5**; el álamo y el peral de **3/8**; el sauce y el almendro de **5/13**. Estas fracciones representan cocientes de términos alternos de la sucesión de Fibonacci.

• Otra forma de filotaxia se presenta en la disposición de las pipas del girasol o de las escamas de la piña. En la piña las escamas exagonales se encuentran dispuestas en filas y en varias direcciones: **5** hileras paralelas que ascienden suavemente hacia la derecha, **8** hileras que ascienden con un poco más de pendiente a la izquierda y **13** que suben con gran pendiente a la derecha.

Bibliografía utilizada

Fundamentos de geometría, H.S.M. COXETER. Limusa, Méjico, 1988

Propriétés du nombre d'or et des nombres de Fibonacci, A. MEYER y C. STEYAERT, IREM de Paris VII, Université Paris VII, 1981

—5

Pautas para la resolución de problemas*

Primera fase:
FAMILIARIZACION CON EL PROBLEMA

- Lee el problema despacio, trata de entender todas las palabras.
- Distingue los datos de la incógnita; trata de ver la relación entre los datos y la incógnita.
- Intenta expresar el problema con tus propias palabras
- Si puedes, haz un dibujo o un esquema de la situación.
- Si los datos del problema no son cantidades muy grandes, intenta expresar la situación jugando con objetos (fichas, botones, papel, ...).
- Si las cantidades que aparecen en el enunciado son grandes, entonces imagínate el mismo problema con cantidades más pequeñas y haz como dice el punto anterior.
- Si el problema está planteado de forma general, da valores concretos a los datos y trabaja con ellos.

Segunda fase:
BUSCA UNAS CUANTAS ESTRATEGIAS
PARA SOLUCIONAR EL PROBLEMA

La siguiente lista te puede ayudar:

- ¿Es semejante a otros problemas que ya conoces? ¿Cómo se resuelven éstos? ¿Alguna idea te podría servir?

* Adaptado de *Aventuras matemáticas*, M. de Guzmán, Labor, Barcelona, 1986.

- Imagínate un problema más fácil para empezar y así animarte.
- Experimenta con casos particulares, ¿te dan alguna pista sobre la posible solución?
- ¿Puedes ayudarte de un dibujo o de una representación gráfica?
- ¿Puedes elegir una buena notación para pasar del lenguaje natural al lenguaje matemático?
- Supón el problema resuelto, ¿cómo se relaciona la situación de partida con la situación final?
- Imagínate lo contrario de lo que quieres demostrar, ¿llegas a alguna contradicción?
- ¿El problema presenta alguna simetría o regularidad?
- ¿Será el caso general más sencillo que éste particular?

Tercera fase:
SELECCIONA UNA DE LAS ESTRATEGIAS
Y TRABAJA CON ELLA

- No te arrugues fácilmente.
- No te emperres con esta estrategia. Si ves que no conduce a nada, déjala.
- Si la estrategia que elegiste no va bien, acude a otra de las estrategias que seleccionaste o a una combinación de ellas.
- Trata de llegar hasta el final.

Cuarta fase:
REFLEXIONA SOBRE EL PROCESO
SEGUIDO

- ¿Cómo ha sido el camino? ¿Dónde te atascaste? ¿En qué momento y cómo has salido de los atascos?
- ¿Cuáles han sido los momentos de cambio de rumbo? ¿Han sido acertados?
- ¿Entiendes bien tu solución? ¿Entiendes por qué marcha? ¿Tiene sentido esta solución o es absurda?
- ¿Sabes hacerlo ahora de manera más sencilla?
- ¿Sabes aplicar el método empleado a casos más generales?
- ¿Puedes resolver otras situaciones relacionadas con el tema que sean interesantes?

6

Pautas para el trabajo en grupo

- Las sesiones suelen durar entre 30 y 40 minutos. El número de participantes está comprendido entre 4 y 6 alumnos. Uno/a de ellos/ellas ha de ser el moderador/a de la sesión y otro el secretario/a.
- El *moderador/a* ha de guiar la sesión sin controlarla ni dirigirla.
- El *secretario/a* toma nota de la lista de las ideas emitidas durante la sesión.

Desarrollo de la sesión

Comienza la sesión planteando el moderador/a el problema. La sesión se desarrollará en dos partes:

1. Exposición de ideas.
2. Selección de ideas.

Durante la *exposición de ideas* no se hace ninguna valoración de las mismas. Debe omitirse cualquier juicio o punto de vista. Se evita todo tipo de comentarios. Puede darse cualquier criterio, cualquier idea. El moderador/a ha de impedir que se critiquen las ideas emitidas.

Cuando el moderador/a considere que hay un número suficiente de ideas para seleccionarlas y valorarlas, pasará a la segunda parte de la sesión. La selección puede obedecer a distintos criterios de valoración:
— ideas de utilidad inmediata;
— áreas que requieren mayor exploración;
— nuevos enfoques del problema.

Las tareas del moderador/a son:

1. Impedir que se valoren y critiquen las ideas, sean de quien sean.
2. Evitar que más de una persona hable al mismo tiempo, que se interrumpa a otra persona o que alguien acapare la palabra.
3. Dar sugerencias cuando hay un prolongado silencio o solicitar del secretario que lea la lista de ideas.
4. Proponer el uso de alguna técnica concreta.
5. Proponer el problema al inicio de la sesión y recordarlo en caso de que la atención se desvíe del mismo.

Bibliografía comentada sobre resolución de problemas

Presentamos a continuación una bibliografía brevemente comentada sobre resolución de problemas que recoge artículos y libros. Está dividida en siete apartados: el primero es de carácter global y los otros hacen referencia a los distintos capítulos del libro, aunque se han reunido en un solo apartado los capítulos 4-5 y 7-8. Para tener una bibliografía más extensa se pueden consultar las referencias bibliográficas.

0. OBRAS GENERALES

BURKHARDT, H. y SCHOENFELD, A. (1988). Overview of Problem Solving. En: *Problem Solving: A World View: Proceedings of Problem Solving Theme Group: V ICME,* H. BURKHARDT, S. GROVES, A. SCHOENFELD y K. STACEY (Eds.), Shell Centre for Mathematical Education, Universidad de Nottingham, 3-42.

Puesta al día sobre la resolución de problemas presentada en el ICME V celebrado en Adelaida en 1984.

GAULIN, C. (1982). La résolution de problèmes: le mot d'ordre pour les années 1980-90. Quoi en penser? En: *La didactique mathématique au primaire. Actes du Colloque mathématique.* Departement des Sciences de l'éducation. Université du Québec au Chicoutimi.

Análisis crítico de las recomendaciones de «Una Agenda para la Acción» publicada por la Asociación de Profesores de Matemáticas de EE. UU. (NCTM) en 1980.

KILPATRICK, J. (1985). A Retrospective Account of the Past 25 Years of Research on Teaching Mathematical Problem Solving. En: *Teaching and Learning Mathematical Problem Solving: Multiple Research Perspectives*, E.A. SILVER (Ed.), LEA, Londres, 1-15.

Puesta al día de las investigaciones en resolución de problemas llevadas a cabo hasta 1985.

KILPATRICK, J. y WIRSZUP, I. (Eds.) (1970-1975).*Soviet Studies in the Psychology of Learning and Teaching Mathematics*, SMSG, Stanford University and Chicago.

Serie de investigaciones en psicología del aprendizaje y de la enseñanza de las Matemáticas, desarrolladas con métodos cualitativos, llevadas a cabo en la antigua Unión Soviética. Incluye métodos de enseñanza de las Matemáticas directamente influenciados por la investigación psicológica.

1. EL PROCESO DE RESOLVER PROBLEMAS

1.1. Heurística

FREUDENTHAL, H. (1983). Is Heuristics a singular or a plural? En: *Proceedings of the VII ICPME*, R. HERSHKOWITS (Ed.), Rehovot, 38-50.

Discusión sobre la diferencia entre las heurísticas (tácticas) y la heurística (estrategias) y sobre la posibilidad de enseñarlas a los alumnos.

GUZMAN, M. de (1985). Enfoque heurístico de la enseñanza matemática. En: *Aspectos didácticos de Matemáticas, 1. Bachillerato, Aula Abierta* nº 57, ICE de la Universidad de Zaragoza, 31-46.

Conjunto de consideraciones sobre los aspectos implicados en un enfoque heurístico de la matemática

GUZMAN, M. de (1986). *Aventuras matemáticas*, Labor, Barcelona.

Se exponen de forma bella y elegante métodos potentes de resolución de problemas. Asequible, claro, profundo y de gran interés.

NCTM (1980). *Problem Solving in School Mathematics. 1980 Yearbook*. NCTM, Reston.

Análisis de diversas perspectivas de la resolución de problemas como centro de la enseñanza de las Matemáticas en la década de los 80 y sugerencias prácticas para la instrucción y la evaluación.

POLYA, G. (1966). *Matemáticas y razonamiento plausible*, Tecnos, Madrid (Or. 1954)

Este libro se centra en la intuición en matemáticas. Trata de las formas de razonamiento plausible (inducción y analogía) y de los patrones de inferencia plausible.

POLYA, G. (1972). *Cómo plantear y resolver problemas*, Trillas, México (Or. 1945)

Primer libro de Polya sobre la resolución de problemas. Es de lectura obligada. Plantea su modelo basado en el método socrático. Contiene un diccionario de heurística.

POLYA, G. (1981). *Mathematical Discovery* (Ed. combinada), Wiley, Nueva York (Or. 1962)

Continuación de los dos libros anteriores, persigue un objetivo teórico: el estudio de la heurística, y un objetivo práctico: mejorar la preparación de los profesores de matemáticas.

SCHOENFELD, A. (1979). Can Heuristics Be Taught? En: *Cognitive Process Instruction. Research in Teaching Thinking Skills*, J. LOCHHEAD (Ed.), Franklin Institute Press, Filadelfia, 315-338.

Discusión acerca de la enseñanza de la heurística. Expone la naturaleza de las heurísticas, así como las limitaciones de ciertos modelos de instrucción.

SCHOENFELD, A. (1985). *Mathematical Problem Solving*, Academic Press, Orlando.

Análisis de los elementos de la conducta implicados en la resolución de problemas y algunas investigaciones del autor. Muy recomendable.

SCHOENFELD, A. (1992). Learning To Think Mathematically: Problem Solving, Metacognition, and Sense- Making in Mathematics. En: *Handbook of Research on Mathematics Teaching and Learning*, D.A. GROUWS (Ed.), McMillan, Nueva York, 334-389.

Este capítulo recopila y actualiza el pensamiento del autor acerca de la resolución de problemas.

1.2. Creatividad

BONO, E. de (1986). *El pensamiento lateral: Manual de creatividad*, Paidós, Barcelona.

El autor presenta el pensamiento lateral como complementario del pensamiento vertical para la creatividad científica y da ideas útiles para favorecer esta capacidad.

HADAMARD, J. (1975). *Essai sur la psychologie de l'invention dans le domaine mathématique*, Gauthiers-Villars, Paris (Or. 1934)

Recopilación y sistematización del autor sobre los informes de matemáticos y científicos acerca de sus propios procesos de pensamiento.

POINCARE, H. (1974). La invención matemática. En: *Matemáticas en el mundo moderno*. M. KLINE (Ed.), Blume, Madrid, 14-17.

Paradigma de un proceso creativo en el que se describen los fenómenos que se producen en el transcurso del mismo: preparación, incubación, inspiración y verificación.

1.3. Metacognición

GAROFALO, J. y LESTER, F.K. (1985). Metacognition, Cognitive Monitoring and Mathematical Performance, *Journal for Research in Mathematics Education*, 16, 163-176.

SCHOENFELD, A. (1987). What's All the Fuss About Metacognition? En: *Cognitive Science and Mathematics Education*, A. SCHOENFELD (Ed.), LEA, Hillsdale, 189-215
Estos artículos profundizan en el difícil concepto de metacognición. En el segundo se dan sugerencias para su enseñanza.

1.4. Afectos

McLEOD, D.B. (1992). Research on Affect in Mathematics Education: A Reconceptualization. En: *Handbook of Research on Mathematics Teaching and Learning*, D.A. GROUWS (Ed.), McMillan, Nueva York, 575-598.
Se estudia la componente afectiva en la educación matemática y se analizan sus diferentes aspectos: emociones, actitudes y creencias.

McLEOD, D.B y ADAMS, V.M. (Eds.) (1989). *Affects in Mathematical Problem Solving*, Springer-Verlag, Nueva York
Recopilación de trabajos, algunos muy interesantes, que tratan sobre la componente afectiva en la resolución de problemas.

1.5. Contexto

ADDA, J. (1985). Pragmatique et questionnements scolaires en mathématiques. En: *Discours, Essays in Educational Pragmatics-1*, M. SPOELDES, F. VAN BEISEN, F. LOWENTHAL y F. VANDAMME (Eds.), ACCO, Louvain, 223 320.
Artículo en que se expone y discute las implicaciones de la práctica escolar en los comportamientos de los alumnos ante las cuestiones matemáticas.

SCHOENFELD, A. (1989). Problem Solving in Context(s). En: *The Teaching and Assessing of Mathematical Problem Solving*, R. CHARLES y E. SILVER (Eds.), LEA y NCTM, Reston, 82-92.
Trata sobre los contextos que hay que recrear para que los alumnos afronten la resolución de problemas con las actitudes más adecuadas.

WOODS, D.R. (1987). Misconceptions About Problem Solving, *Teaching Thinking and Problem Solving*, 9 (4), 8-9
Lista de concepciones falsas de los alumnos acerca de la resolución de problemas.

1.6. Bloqueos

ADAMS, J.L. (1986). *Guía y juegos para superar bloqueos mentales*. Gedisa, Barcelona.
Elenco de los distintos tipos de bloqueos (cognitivos, afectivos, culturales, etc.), que impiden encontrar la solución de un problema.

2. MODELOS DE INSTRUCCION

CALLEJO, M.L. (1992). Currículum de matemáticas y resolución de problemas. *Suma,* 10, 25-35.

Artículo que trata de las implicaciones de la resolución de problemas en el currículum de matemáticas.

GUZMAN, M. de (1991). *Para pensar mejor,* Labor, Barcelona.

Libro destinado fundamentalmente a los adultos que quieran mejorar sus procesos de pensamiento. Contiene orientaciones prácticas, previamente fundamentadas.

IREM de Strasbourg (1973). *Le livre du problème. Fascicule 1: Pédagogie de l'exercice et du problème,* Cedic, Paris.

Conjunto de consideraciones teorico-prácticas sobre la inclusión de los problemas en el currículum de matemáticas.

KRULIK, S. y RUDNICK, J. (1980). *Problem Solving: A Handbook for Teachers,* Allyn & Bacon, Boston.

Libro que pretende ayudar a enseñar a resolver problemas. Contiene actividades y problemas que ya han sido experimentados en clase.

MASON, J., BURTON, L. & STACEY, K. (1988). *Pensar matemáticamente,* MEC- Labor, Barcelona (Or. 1982)

Libro que presenta un modelo de aprendizaje de la resolución de problemas y encierra ideas muy valiosas para llevar a la práctica. Contiene muchos problemas muy sugerentes. Muy recomendable.

O'DAFFER, P. (Ed.) (1988). *Problem Solving: Tips for Teachers.* NCTM, Reston.

Ideas para mejorar los programas de enseñanza. Se discuten estrategias, se comenta el clima de la clase, se dan sugerencias para llevar a la práctica y se presentan problemas.

SHELL CENTRE FOR MATHEMATICS EDUCATION (1984). *Problems with Patterns and Numbers,* Shell Centre/JMB, Nottingham.

Unidades Didácticas que ponen el énfasis en algunas estrategias específicas de resolución de problemas. Contienen material para el alumno, orientaciones metodológicas para el profesor y pautas para la evaluación.

SCHOENFELD, A. (1985). Sugerencias para la enseñanza de la resolución de problemas matemáticos. En: *La enseñanza de la Matemática a debate.* MEC, Madrid, 31-65.

Consideraciones sobre la enseñanza de la resolución de problemas centradas en el papel el profesor y en la organización de la clase. Contiene una colección de problemas.

WICKELGREN, W. (1974). *How to Solve Problems,* Freeman, San Francisco.

Presentación de diversas heurísticas para resolver problemas acompañadas de una colección de problemas.

3. POPULARIZACION DE LA RESOLUCION DE PROBLEMAS

CALLEJO, M.L. (1988). Un Club matemático, *Cuadernos de Pedagogía*, nº 159, 50-52.

CALLEJO, M.L. (1990). *La resolución de problemas en un Club matemático*, Apuntes IEPS nº 53, Narcea, Madrid.

CALLEJO, M.L. (1993). Un Club matemático para la diversidad. *Cuadernos de Pedagogía* , nº 218, 56-60.

CALLEJO, M.L. (1991). *Les représentations graphiques dans la résolution de problèmes de type Olympiades. Une expérience de Club Mathématique.* Tesis doctoral. Université Paris VII. (Inédita)

CALLEJO, M.L. (1994). Les représentations graphiques dans la résolution de problèmes: Une expérience d'entraînement d'étudiants dans un Club mathématique. *Educational Studies in Mathematics* (en prensa)

Diversos trabajos de divulgación e investigación que tratan de los objetivos, la metodología, la organización el desarrollo y los recursos del Club matemático IEPS.

RABIJEWSKA B. & TRAD, M. (1984). A Mathematical Camp for Bright Pupils. *Educational Studies in Mathematics*, 16, 41-57.

Artículo que expone el conjunto de actividades que se llevar a cabo en un campamento matemático para alumnos bien dotados para las Matemáticas.

4 - 5. EXPERIENCIAS EN RESOLUCION DE PROBLEMAS

ARSAC, G. GERMAIN, G. y MANTE, M. (1991). *Problème ouvert et situation-problème*, IREM de Lyon.

Este libro presenta dos tipos de actividades para proponer a los alumnos: los problemas abiertos y las situaciones-problema. Se dan numerosos ejemplos llevados al aula.

GOMEZ, I.M. (1992). *Los juegos de estrategia en el currículum de matemáticas.* Apuntes IEPS nº 55. Narcea, Madrid.

Este trabajo presenta una experiencia con juegos de estrategia llevada a cabo en clases de Bachillerato. Se fundamenta el trabajo y se presentan numerosos ejemplos.

Grupo CERO (1987), *De 12 a 16, un proyecto de currículum de matemáticas*, Mestral, Valencia.

Libro que presenta una experiencia de desarrollo curricular centrada en la resolución de problemas.

Grupo DECA (1990). *Didáctica de la resolución de problemas.* CEP de Burgos.

Este libro presenta una experiencia en resolución de problemas con alumnos de Bachillerato en la que se trabajaron los modelos de instrucción de G. Polya, J. Mason y A. Schoenfeld.

6. EVALUACION DE LA RESOLUCION DE PROBLEMAS

CHARLES, R., LESTER, F. y O'DAFFER, R. (1987). *How to Evaluate Progress in Problem Solving*, NCTM, Reston.
Libro eminentemente práctico que va desmenuzando aquellas cuestiones que conducen a elaborar un plan de evaluación de la resolución de problemas.

7-8. RECURSOS

1. Actividades y problemas

BOLT, B. (1987). *Divertimentos matemáticos*, Labor, Barcelona.
BOLT, B. (1988). *Actividades matemáticas*, Labor, Barcelona.
BOLT, B. (1988). *Más actividades matemáticas*, Labor, Barcelona.
BOLT, B. y HOBBS, D. (1991), *101 Proyectos matemáticos*, Labor, Barcelona.
Selección de pasatiempos, investigaciones, entretenimientos, juegos y actividades prácticas dirigidas a profesores de matemáticas, participantes en clubs matemáticos y estudiantes que se preparan para ser profesores.
FISHER, R. y VINCE, A. (1990). *Investigando las matemáticas*, Akal, Madrid.
Colección de actividades de investigación y resolución de problemas destinadas a los alumnos. Junto a cada hoja de trabajo para el alumno incluye una página de notas para el profesor.
ROUSE BALL, W.W. & COXETER, H.S.M. (1974). *Mathematical Recreations and Essays*, Universidad de Toronto, Toronto (12ª edición).
Excelente recopilación de problemas denominados de «matemática recreativa» y ensayos sobre los mismos.

2. Historia de las matemáticas

NCTM (1989). *Historical Topics for the Mathematics Classroom*, NCTM, Reston. (2ª edición)
Materiales de historia de las Matemáticas para utilizar en las clases con indicaciones para su uso.

Referencias bibliográficas

ADAMS, J.L. (1986). *Guía y juegos para superar bloqueos mentales.* Gedisa , Barcelona.

ADDA, J. (1976). Difficultés liées à la présentation des questions mathématiques, *Educational Studies in Mathematics*, 7, 3-22.

ADDA, J. (1985). Pragmatique et questionnements scolaires en mathématiques, *Discours, Essays in Educational Pragmatics-1*, M. SPOELDES, F. VAN BEISEN, F. LOWENTHAL y F. VANDAMME (Eds.), ACCO, Louvain, 223-320.

BONO, E. de (1972). *La pensée latérale*, Stock, Paris.

BOUVIER, A. (1982). Que nous apprennent les erreurs de nos élèves?, *Bulletin de l'A.P.M.E.P.* nº 355, 657-669.

BURKHARDT, H. y SCHOENFELD, A. (1988), Problem Solving - An Overview, *Proceedings of Problem Solving Theme Group: V ICME*, H. BURKHARDT, S. GROVES, A. SCHOENFELD y K. STACEY (Eds.), Shell Centre for Mathematical Education, Universidad de Nottingham, 3-42.

CALLEJO, M.L. (1988). Un Club matemático, *Cuadernos de Pedagogía*, nº 159, 50-52.

CALLEJO, M.L. (1990). *La resolución de problemas en un Club matemático*, Narcea, Madrid.

CALLEJO, M.L. (1991). *Les représentations graphiques dans la résolution de problèmes de type Olympiades. Une expérience de Club Mathématique.* Tesis doctoral. Université Paris VII. (Inédita)

CALLEJO, M.L. (1992). *Développement d'attitudes pour résoudre problèmes dans un Club mathématique.* Comunicación presentada en el ICME 7, Universidad Laval, Québec.

CALLEJO, M.L. (1993). Un Club matemático para la diversidad. *Cuadernos de Pedagogía*, nº 218, 56-60.

CALLEJO, M.L. (1994). *Les représentations graphiques dans la résolution de problèmes: Une expérience d'entraînements d'étudiants dans un Club mathématique.* Educational Studies in Mathematics (en prensa).

CAÑON, C. (1993). *La matemática: creación y descubrimiento.* UPCO, Madrid

CHARLES, R., LESTER, F. y O'DAFFER, R. (1987). *How to Evaluate Progress in Problem Solving*, NCTM, Reston.

D'AMBROSIO, U.(1985). *Da realidade a açao: Reflexoes sobre educaçao e matematica*, Summus Editorial, Sao Paulo.

DELTHEIL, R. (1962). L'analogie en mathématiques, *Les grands courants de la pensée mathématique*, F. le LIONNAIS (Ed.) Blanchard, Paris.

DONY, R. (1986). *Grafismo científico con ordenador*, Masson, Barelona.

ERNEST, P. (1991). *The Philosophy of Mathematics Education*, Falmer Press, Londres.

FREUDENTHAL, H. (1983). Is Heuristics a singular or a plural?, *Proceedings of the VII ICPME*, HERSHKOWITS, R. (Ed.), Rehovot, 38-50.

GAROFALO, J. y LESTER, F.K. (1985). Metacognition, Cognitive Monitoring and Mathematical Performance, *Journal for Research in Mathematics Education*, 16, 163-176.

GAULIN, C. (1982). La résolution de problèmes: le mot d'ordre pour les années 1980-90. Quoi en penser? *La didactique mathématique au primaire. Actes du Colloque mathématique.* Departement des Sciences de l'éducation. Université du Québec au Chicoutimi.

GLAESER, G. (1971). *Mathématiques pour l'élève-professeur*, Hermann, Paris.

GLAESER, G. (1979-1980). *La didactique expérimentale des mathématiques*. Cours polycopié de 3ème cycle. Universidad de Estrasburgo.

GLAESER, G. (1980). Quelques thèmes heuristiques. *Proceedings of the IV ICPME*, R. KARPLUS (Ed.), Berkeley, 207-212.

GLAESER,G. (1983). A Review of F.K. Lester and J. Garofalo (Eds.), Mathematical Problem Solving: Issues in Research. *Educational Studies in Mathematics*, 14, 213-215.

GLAESER, G. (1986). La crise de l'éducation géométrique. *Etudes sur l'enseignement des mathématiques. Vol. 5: L'enseignement de la géométrie*, Unesco, Paris, 113-128.

GUZMAN, M. de (1984a). *Cuentos con cuentas*. Labor, Barcelona.

GUZMAN, M. de (1984b). El papel de la matemática en el proceso educativo inicial, *Enseñanza de las Ciencias*, 2, 91-95.

GUZMAN, M. de (1985). Enfoque heurístico de la enseñanza matemática. Aspectos didácticos de Matemáticas, 1. Bachillerato, *Aula Abierta* nº 57, ICE de la Universidad de Zaragoza, 31-46.

GUZMAN, M. de (1986). *Aventuras matemáticas*, Labor, Barcelona.

GUZMAN, M. de (1991). *Para pensar mejor*, Labor, Barcelona.

HADAMARD, J. (1975). *Essai sur la psychologie de l'invention dans le domaine mathématique*, Gauthiers-Villars, Paris (Or. 1934)

HALMOS, P. (1991). ¿Qué es un matemático?, *Epsilon*, nº 20, 33-40.

HOZ, R. (1981). The Effets of Rigidity in School Geometry Learning, *Educational Studies Mathematics*, 12, 171-190.

IREM de Strasbourg (1973). *Le livre du problème. Fascicule 1: Pédagogie de l'exercice et du problème*, Cedic, París.

IVANITSYNA, I. (1970). Achieving Skill in Solving Geometry Problems, *Soviet Studies in the Psychology of Learning and Teaching Mathematics*, Vol. 4, SMSG, Stanford University and Chicago, J. KILPATRICK and I. WIRSZUP (Eds.), 149-153.

KILPATRICK, J. (1985). A Retrospective Account of the Past 25 Years of Research on Teaching Mathematical Problem Solving, *Teaching and Learning Mathematical Problem Solving: Multiple Research Perspectives*, E.A. SILVER (Ed.), LEA, Londres, 1-15.

KIMBERLING, C. (1983). Random Numbers, *The Mathematics Teacher*, 681-683.

KOEHLER, W. (1927). *L'intelligence des signes supérieurs*, Alcan, París.

KRUTETSKII, V.A. (1976). *The Psychology of Mathematical Abilities in School Children*, University of Chicago Press, Chicago.

LAURIERE, J.L. (1985). Raisonnement Humain et Systèmes-experts, *Cognitiva 85*, Paris, 335-341.

MASON, J., BURTON, L. & STACEY, K. (1988). *Pensar matemáticamente*, MEC-Labor, Barcelona (Or. 1982)

McLEOD, D.B. (1992), Research on Affect in Mathematics Education: A Reconceptualization, *Handbook of Research on Mathematics Teaching and Learning*, D.A. GROUWS (Ed.), McMillan, Nueva York, 575-598.

McLEOD, D.B y ADAMS, V.M. (Eds.) (1989). *Affects in Mathematical Problem Solving*, Springer-Verlag, Nueva York

PARSZYSZ, B. (1989). *Représentations planes et enseignement de la géométrie de l'espace au lycée. Contribution à l'étude voir/savoir.* Thèse de doctorat, Université Paris VII.

PENROSE, R. (1991). *La nueva mente del emperador*, Mondadori, Madrid (Or. 1989)

PIMM, D. (1990). *El lenguaje matemático en el aula*, MEC-Morata, Madrid (Or. 1987)

PLATON (1980). *Obras completas*. Coedición de la Presidencia de la República y la Univ. Central de Venezuela. Trad. de J.D. GARCIA BACCA, Caracas.

POINCARE, H. (1932). *La valeur de la science*, Flammarion, París.

POLYA, G. (1958). L'heuristique est-elle un sujet d'étude raisonnable, *La méthode dans les sciences modernes*, F. le LIONNAIS (Ed.), Blanchard, París, 279-285.

POLYA, G. (1966). *Matemáticas y razonamiento plausible*, Tecnos, Madrid (Or. 1954)

POLYA, G. (1972). *Cómo plantear y resolver problemas*, Trillas, México (Or. 1945)

POLYA, G. (1981). *Mathematical Discovery* (Ed. combinada), Wiley, Nueva York (Or. 1962)

RABIJEWSKA B. & TRAD, M. (1984). A Mathematical Camp for Bright Pupils, *Educational Studies in Mathematics*, Vol. 16, 41-57.

SCHOENFELD, A. (1979). Can Heuristics Be Taught?, *Cognitive Process Instruction. Research in Teaching Thinking Skills*, J. LOCHHEAD (Ed.), Franklin Institute Press, Filadelfia, 315-338.

SCHOENFELD, A. (1985). *Mathematical Problem Solving*, Academic Press, Orlando.

SCHOENFELD, A. (1987). What's All the Fuss About Metacognition?, *Cognitive Science and Mathematics Education*, A. SCHOENFELD (Ed.), LEA, Hillsdale, 189-215

SCHOENFELD, A. (1989). Problem Solving in Context(s), *The Teaching and Assessing of Mathematical Problem Solving*, R. CHARLES y E. SILVER (Eds.) LEA y NCTM, Reston, 82-92.

SCHOENFELD, A. (1992). Learning To Think Mathematically : Problem Solving, Metacognition, and Sense- Making in Mathematics, *Handbook of Research on Mathematics Teaching and Learning*, D.A. GROUWS (Ed.), McMillan, Nueva York, 334-389

SERRANO, T. (1989). Las actitudes en el aprendizaje de la biología. *Aspectos didácticos de las Ciencias Naturales (Biología). 4. Educación Abierta* nº 85, ICE de la Universidad de Zaragoza, 11-54.

SILVER, E.A. y SMITH, J.P. (1980). Think of a Related Problem. *Problem Solving in School mathematics*, S. KRULIK y R.E. REYS (Eds.), NCTM, Reston, 146-156

STEINHAUS, H. (1980). *Mathématiques en instantanés*, Flammarion, Paris.

SUYDAM, M. (1987). Indications from Research on Problem Solving, *Teaching and Learning: A Problem-Solving Focus*, F.C. CURCIO (Ed.), NCTM, Reston, 99-114.

WAGNER H. & ZIMMERMANN, B. (1986). Identification and Fostering Of Mathematically Gifted Students, *Educational Studies in Mathematics*, Vol. 17, 243-259.

WALLAS, G. (1926). The Art of Thought. Selections in P.E. VERNON (1970), *Creativity*, Penguin, Middlesex, 91-97.

WICKELGREN, W. (1974). *How to Solve Problems*, Freeman, San Francisco.

WOODS, D.R. (1987). Misconceptions About Problem Solving, *Teaching Thinking and Problem Solving*, 9 (4), 8-9

ZEMLIAKOV, A. (1982). *Mathématiques venues d'ailleurs*, Belin, París.

Indice de problemas